服務產品設計

陳覺◎著

序 言

　　陳覺先生在桑德蘭大學（University of Sunderland）就讀MBA時，我和他之間的合作就非常愉快，他為我們MBA課程服務業管理方向的教學研究工作做出了不少的努力，提供了有效的幫助。我非常高興看到他關於《服務產品設計》新書的出版。因為在這本書裡，我們共同討論和研究過的服務管理的理念得到了充分的應用和發展。對於許多國家來說，服務業都是一種支柱性產業。而豐富的關於服務管理與設計的學術研究和實務經驗總結又會幫助我們進一步理解服務業管理的實質，指導服務管理者應該「做什麼」和進行「我為什麼這樣做」的策略性思考。我相信陳先生能以其特有的熱忱和能力為大家呈上一本有關服務設計的好書。

John Maguire

John Maguire
於英國桑德蘭大學商學院

目　錄

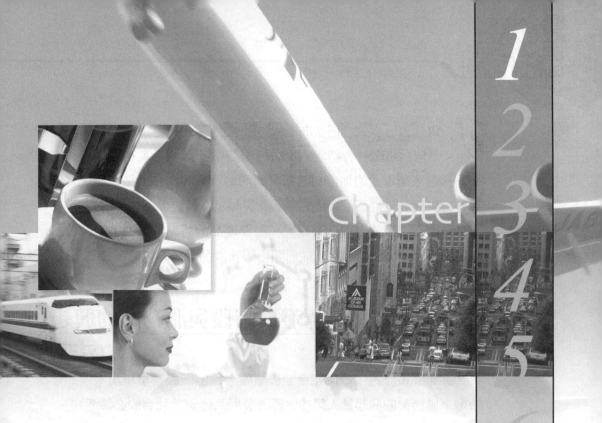

Chapter

1
2
3
4
5
6
7
8
9
10
11

・第一章・
服務業與服務產品

　　人類社會已步入一個新的階段——後工業化社會，高度發達的服務業成爲這個社會階段的重要經濟特徵。這個行業在國民經濟結構中占據越來越重要的地位，其提供的門類眾多的服務產品不僅豐富了現代社會生活，更提高了人們的生活品質和工作品質。

　　了解服務業的整體行業概況和服務產品的特點與類型，有助於服務組織把握行業發展的趨勢，從而開拓服務產品設計的思路。

第一節　社會經濟發展階段與服務業的興起

　　人類社會歷經了多個社會經濟階段，每個階段都呈現出不同的經濟特徵。服務業的興起是人類社會經濟發展到後工業社會的必然產物。

一、社會經濟發展階段

　　根據哈佛大學丹尼爾·貝爾的研究，人類社會經濟型態可分爲三個基本發展階段：前工業社會、工業社會與後工業社會。經濟不同發展階段具有不同的經濟特徵。

　　前工業社會表現人類自然的抗爭。人類主要依靠體力，遵循傳統，投入農耕、開採和漁獵，生活力水準很低，技術成分極小。人類生活主要受到自然資源如水、土地、天氣的影響，生活節奏較慢。社會生活是家庭生活簡單的延伸。低生產率與龐大的人口量導致了社會就業的不足。此時雖有人從事服務行業，但這些服務所涉及的範圍都很有限，主要是與一些家庭生活和個人事務相關的內容。總之，前工業社會是典型的農業社會，傳統、權威和單一構成了這一時期的主要特徵。

　　製造物質產品是工業社會的主要經濟活動，其焦點就是怎樣以較少的投入獲得更大的產出。能源與機器的投入使勞動效率較農業社會大大

提高。勞動分工提高了效率，但卻使工作任務變得簡單乏味，降低了對工人的技術要求。工人們在工廠喧囂的環境中與機器一起共同從事生產。人類生活變得十分「人造」，城市、工廠、水泥馬路構成人們的生活環境。生活節奏也如同機器一般爲嚴格的工作時間所限定，變得緊張和規律性極強。爲組織複雜的機器生產和產品運輸，工廠被設計成金字塔式的官僚型組織，組織內成員必須在組織內擔當確定的角色、承擔確定的職責。組織內成員之間的關係是非人際的，工人在組織中被當成了要素而不是活生生的人。個人成爲社會生活的基本單位。社會被視爲個人行爲的簡單總和。在這一時期生活的標準是對有形物質商品的消費量的多少。

與工業社會不同，後工業社會關注的不是商品消費量，而是一種以享受到的服務爲衡量標準的高品質生活，如教育、健康、娛樂等。後工業社會的中心角色是具有很強專業知識與技能的專家，如律師、醫生，而不是體力勞動者。因爲這個時期，知識和資訊是主要資源。如果說前工業社會表現的是「人與自然」之間的一種關係，工業社會體現的則是「人與人造環境」的聯繫，那麼後工業社會則更多的是一種「人與人」之間的遊戲。社會生活因人與人之間的多重複雜聯繫如政治、社會權利等而變得複雜。個人行爲的綜合對社會影響加大，社團或組織取代個人成爲組成社會的基本單位。

表1.1彙整了三個社會經濟發展階段的主要特徵。

二、服務業的興起

盡善盡美的服務組成的高品質生活是後工業社會的基本特徵。那麼，在工業社會向後工業社會過渡的過程中，毫不起眼的零星服務又是如何發展至滲透到社會生活各個角落的高度發達的服務業呢？推動服務業發展的原因主要有兩方面，產業推動因素和社會趨勢變化因素。

表1.1　不同社會經濟發展階段的主要特徵

經濟階段	關係	主要活動	人力的使用	社會單位	生活衡量標準	結構	技術特徵
前工業社會	人與自然	農耕、漁獵、礦業	體力	家庭	物資	單一、傳統、權威	簡單的手工工具
工業社會	人與人造環境	製造	操作機器的能力	個人	商品數量	官僚型、層級型	機器
後工業社會	人與人	服務	審美力、創造力、智力	社團	生活品質，如教育、健康、娛樂	相互影響甚至全球化	資訊

(一)產業推動因素

　　首先是為工業發展提供支持的服務行業的自然發展，如交通運輸業、能源供應服務等。另外節省勞動力的機器設備和技術引入工業生產後，更多的工人從生產第一線轉至了生產服務部門，如維修、保養等。工業競爭的日益加劇，許多企業不得不在傳統的產品、價格競爭中運用服務策略，以提供更多的顧客服務來加強有形產品的競爭力。

　　其次，人口和商品消費量的劇增對工業生產的大量化（mass production）和客製化（customization）的要求提高，使工業生產和銷售過程變得更加複雜化，原有的工業企業內部管理的一部分職能不得不被剝離出來，交由社會分工去完成。如銷售職能被越來越多的商品批發商零售商所承擔；許多管理顧問公司、市場營銷企劃公司、財稅顧問公司也加入了企業管理的各個環節；企業和數量規模的擴大增加了融資的需求，這刺激了銀行、保險、證券等金融機構的產生。最後，新技術特別是資訊技術的發展也帶動了許多與資訊相關的服務業，如電腦軟體設計、使用培訓、網上媒體、電腦維護等的興起。

(二)社會趨勢變化因素

近三十年來，隨著生產力水準的大幅提高，特別是資訊技術觸發了第二次工業革命，人類社會已發生了巨大的變化並引發了更多的服務需求，從而促成了服務業的高度發展。

(1)社會財富和個人可支配收入增加，使他們有更多的錢用於服務產品而不是生活必需品的消費上。

(2)閒暇時間的增多，刺激了休閒產品和相關服務的消費，如旅遊、娛樂和業餘教育。

(3)更多的婦女加入就業市場，促進了家務勞動的社會化，如家事服務、嬰幼兒托育和外出用餐。

(4)人們更加關注身體健康，對護理、健身等服務有了更多的需求。

(5)許多耐用消費品變得更加精密和複雜，如何維護、修理和正確使用這些東西需要有專門技術的人員來完成，如電腦使用培訓、汽車修理等。

(6)現代生活的複雜化增加了人們對就業諮詢、法律顧問、稅務代理和理財投資顧問等服務的依賴。

(7)能源節約和生態保護已引起越來越多人的關注，也刺激了許多相關服務業的發展。如許多人不再買自用車，而是求助於汽車租賃公司，另外，大眾運輸也因此越加發達。

另外，值得一提的是高等教育和政府服務職能。後工業社會對高素質技術人才的需求也刺激了高等教育的發展，使高等教育逐步趨向大眾化，教育服務的模式亦需走出傳統的束縛。同時，人們對社會公正和服務的更多要求也導致了政府服務職能的增強，隨著環境的日益惡化人們環境意識的增強也要求政府更多地干預社會生活，政府提高效率改善服務的任務顯得日益艱鉅。

第二節　後工業社會的服務業

　　人類經濟活動的形式經歷了農業社會、工業社會，到而今的後工業社會。目前，絕大部分西方已開發國家已步入了這個經濟階段。如果說工業社會的標誌是高品質的有形商品，那麼後工業社會所關心的則是以高品質服務爲衡量標準的高品質生活，高度發達的服務業是這一經濟階段的鮮明特徵。

一、服務業在國民經濟中的地位

　　高度發達的服務業是後工業社會的鮮明特徵，它的經濟地位可以從其對GDP的貢獻比例和吸引就業人數比例兩個方面得到體現。

　　從服務業提供的就業機會來看，美國在二十世紀初全社會只有30％的就業人員從事服務業，而1999年這一數字則增至80.4％，日本是72.4％。英國在1998年的數據爲76％。製造業就業人數減少，服務業創造絕大部分就業機會，成爲後工業社會就業的主要特徵。

　　從服務業對GDP的貢獻來看，與其創造的就業機會相稱，服務業所創造的國民收入在國家的GDP中占有絕對的統治地位。美國1999年的數據顯示，服務業對GDP的貢獻是70％。另外我們再看看英國《金融時報》1998年12月10日頒布的GDP分析表（見**表1.2**）。

　　很明顯，已開發國家製造業的地位迅速下降，而服務業成爲國民濟的支柱產業（1997年英國服務業的GDP總貢獻率爲66.8％）。

表1.2　《金融時報》1998年12月10日公布的GDP分析表

	占GDP的比例（％）	
	1970（年）	1997（年）
製造業	33％	21％
飯店、物流業	13％	14.4％
交通、通訊業	7.9％	8％
金融、工商服務業	12％	22％
公共管理業	6％	5.5％
教育、健康、社會服務業	7.5％	12％
其他服務業	4％	4.8％

二、服務業的範疇

　　服務業的傳統形象是麥當勞的速食服務和理髮店笑容可掬的理髮師傅，低薪水低技能成為服務業就業的典型特徵。但自人類社會進入後工業時代以來，服務業的形象大為改觀，因為它的範疇已遠遠超越了傳統意義上的服務業，更多的需要高技能和專門知識的新型服務業企業加入這一行業。仍以英國《金融時報》1998年12月10日公布的服務業分析圖為例（如圖**1.1**）。

　　代表傳統服務業的旅館、餐飲業出現了負增長，而新興的通訊業是增長最快的，其次是工商服務業和金融業。再綜合前文的GDP分析表，飯店業的GDP貢獻率從1970年到1997年只增長了1.4％，而金融和工商服務業卻增長了10％，可以說，當前服務業的增長主要的原因實質上是由於需要高技能專門知識的新型服務業的加入，即服務業外延的拓展，而不是傳統服務企業自身規模或數量的增加。當前的服務業的形象已遠非傳統服務所能代替，它已滲透到國民經濟的各個角落，為國民經濟的整體發展起著至關重要的作用。

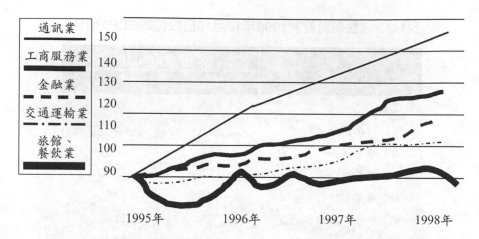

圖1.1　《金融時報》1998年12月10日公布的服務業增長分析

　　所以在已開發國家服務業是一個非常廣義的概念，它的範疇概括起來，可包括五個方面：

(1)工商服務，如諮詢、金融等。

(2)貿易服務，如零售、維修、物流等。

(3)基礎設施服務，如交通運輸、通訊。

(4)個人或社會服務，如餐飲、健身、旅遊、醫療、社區服務等。

(5)公共管理服務，如教育、政府服務等。

以上還未包括工業企業為顧客提供的除物質產品之外的其他服務。可見，服務業實質上已在社會生活各個方面發揮作用，它不僅僅能為人們的高品質生活提供必需的服務，還成為其他產業的支柱性產業。

三、「體驗經濟」──後工業社會服務經濟的主要特徵

　　西方學者用「體驗經濟」或「經歷經濟」描述後工業社會服務經濟的特徵。它的主要涵義就是透過一種人性化和令人難以忘懷的方式與顧

客進行接觸，讓顧客親身去體驗服務所帶來的快樂，服務業應在這一體驗過程中扮演特定的角色，參與服務的體驗並從中獲得利潤，而不是從純粹的服務交易中獲得利潤。強調人性化，強調經歷過程，強調角色扮演，是「體驗經濟」的核心。**表1.3**說明了不同經濟階段的生產交易特徵：

表1.3　不同經濟階段的生產交易特徵

項　目	農業社會	工業社會	服務經濟	體驗經濟
功能	獲得	製造	提供	扮演
本質	可交換的	有形的	無形的	值得回味的
特點	自然	標準化	個性化	人性化
供應方式	大量儲存	倉儲	按需要提供	始終提供
賣者	交易商	製造者	提供者	舞台演員
買者	市場	使用者	客戶	客人

圖1.2說明了四種基本服務體驗類型。

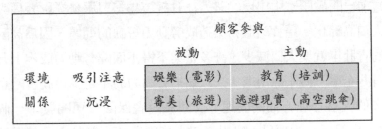

		顧客參與	
		被動	主動
環境	吸引注意	娛樂（電影）	教育（培訓）
關係	沉浸	審美（旅遊）	逃避現實（高空跳傘）

圖1.2　四種服務體驗類型

四、「體驗經濟」的挑戰

人類社會進入後工業社會時代，資訊技術高度發達，服務業範疇不斷拓展，服務體驗成為服務消費的核心，這一切都給新服務經濟的參與

者提出了新的課題。

(一)服務創新

與有形產品製造業不同，作為體驗型產品，服務業產品創新很難進行實驗室式的測試。很多服務產品都是未經任何測試就直接投入市場，所以服務新產品的失敗率都很高。為避免這種損失，研究一種仿真測試新服務產品的方法變得十分必要。Burger King就在這方面作出了嘗試。它利用一家舊倉庫來模擬新的服務方式、設施布置和菜單，並邀請部分顧客代表來嚐試，聽取其意見和建議，最後再加以改進和定型，並投放市場。這僅僅是餐飲的先例，其他行業的測試方法有待進一步的研究和探索。

開拓思路是服務創新的關鍵。創新來源是多方位的，管理者需時刻關注任何可能引發產品創新的因素，開發新的服務項目，提供顧客「新的體驗」，增強企業競爭力。

(二)社會趨勢

當前已開發國家中出現的三大社會發展趨勢對服務業影響極大。首先是人口高齡化。這會給服務業造成勞動力短缺的問題，因為高齡化使適齡的青壯年就業人口減少，許多企業不得不面臨勞動力成本上升的窘境；有些企業不得不雇用老年人以彌補勞動力的不足，這就會給企業帶來更多的人事管理方面的問題。美國旅遊者保險公司開發了一個名叫「退休工作銀行」的項目，吸引老年人特別是技術勞動力為其填補在營業高峰期的勞動力的不足。當然，高齡化也為服務業開發新服務項目提供了思考方向，如退休服務、老人俱樂部等。

其二，是雙薪家庭的增多。不同於傳統家庭的丈夫工作妻子持家，雙薪家庭需要更多的家庭服務，如小孩接送、快速食品、外出用餐等。同時家庭收入的增加，也會刺激對旅遊、休閒、娛樂服務的需求。

其三，單身貴族的增多。外賣、送餐服務因此會大行其道，以群體爲單位的娛樂休閒活動也將大受歡迎，因爲單身貴族總希望能和其他的單身貴族們接觸交流。

服務業管理需研究這些社會變化因素，從中發現開發服務新產品的思路和企業管理應面對的挑戰。

(三)管理挑戰

經濟全球化加劇了世界服務市場的競爭，資訊技術很大程度上改變了傳統服務業的運作模式，服務業管理者將面臨一些全新的管理課題。

❖規模經濟

規模經濟是建立在用於新技術的固定成本被增大的營業收入所抵銷的基礎之上，單位交易的成本大大下降而實現的。如醫療用CAT掃描儀，其價格十分昂貴。爲降低單位成本，只能將其置於一地區的幾個有限的大醫院，實行集中服務。資本密集型的技術投資決策必然導致服務提供的集中化，以實現規模經濟。

❖範疇經濟

範疇經濟的實現，實質上是用極少的追加成本就能將全新的服務產品透過已經完備的分銷網路銷售出去。資訊技術特別是網路技術的發展，爲範疇經濟的實現提供了可能。因爲這些技術可使企業更加直接地與消費者聯繫，對他們的回饋訊息做出更及時的反應。

❖複雜化

資訊技術的高度發達爲服務業處理資訊提供了利器，如航空公司的全球預訂系統能在極短時間內處理極其龐大的訂票數據，大大地提高了效率。但同時，對於這種資訊處理系統的管理又是複雜的，因爲技術的引入畢竟是要與管理相結合的。如何利用資訊技術對傳統的管理模式和運作流程進行徹底的改造，又是服務業管理者所面臨的新課題之一。

❖跨行業滲透

　　服務業內部各行業間的相互滲透和相互競爭已十分常見。金融業就是一個典型的例子。銀行、保險公司、證券公司其實就提供著類似的金融理財服務，他們之間的傳統業務界限十分模糊。就連製造業也透過給消費者提供消費貸款加入零售行列等方式進入服務行業，可以說，跨行業滲透加劇了服務業競爭，使競爭來自於多方面。

❖國際競爭

　　在資訊技術與交通運輸技術的推動下，服務業國際化乃至全球化的速度大大加快。二十世紀六〇年代，美國經濟只有6％參與了國際競爭，而二十世紀末，這一數據則達到了75％。全球經濟一體化把世界各國的服務業聯繫在一起，也把競爭帶到了世界各地，服務業不得不面臨來自世界各地的競爭。

第三節　服務產品的涵義與特性

　　隨著服務業的繁榮，越來越多的服務產品呈現到人們面前。這就引發了人們對這些門類眾多的服務產品的概括性思考。許多專家、學者都對服務產品的內涵和特性進行了探索和挖掘，提出了多方觀點和理論。

一、服務的定義

　　西方國家自二十世紀六〇年代就開始了對服務管理的研究，幾十年來，不少專家學者都對「服務」這個核心概念做出了仁者見仁、智者見智的描述。這些描述也基本表現了服務管理學的研究深化進程。現列舉部分主要的定義：

(1)服務是可獨立出售或與商品共同出售的一些行為、利益或滿足。
（美國營銷協會，1960）

(2)服務是一種供出售的能產生有價的利益或滿足的活動，這些活動
是消費者本身不能完成或本身不願意去完成的。（貝森，1973）

(3)服務是一種供出售的能產生利益和滿足的活動，這些活動不會導
致以商品形式出現的物理性變化。（布羅伊斯，1974）

(4)服務是一種或一系列發生在與人或有形設施相互接觸影響過程中
的行為，這些行為能為消費者帶來滿足。（內蒂諾恩，1983）

(5)服務是一方給另一方提供的一種無形的行為或利益，它不會導致
任何所有權的轉移，它的生產（提供）過程可能會與物質產品相
聯繫，也可能不與它們相聯繫。（科特勒和布諾，1984）

(6)服務是一種或一系列在一般情況下體現為無形本質的行為，這些
行為發生在顧客與服務提供者有形資源或商品或服務提供系統之
間的相互影響過程中，它們能為顧客解決某種問題。（格農魯
斯，1990）

(7)服務是事件、過程和結果。（雷森摩爾和比特勒，1996）

(8)服務是一種易逝性的無形體驗過程，消費者在這一過程中充當共
同生產者的角色。（費茲西蒙斯，2000）

　　這一系列定義描述了服務管理學研究的逐步深化過程。服務最早被
認定為是一種行為或活動，隨之成為一個「過程」，到最後被定義為
「體驗過程」；服務最早是局限於「可出售」的商業性活動，其範疇逐
步擴大到「一種提供利益的行為」。服務提供因素也從無到「有形產品」
至「人或有形設施」直至「服務提供系統」；服務的特性也被逐步發掘
出來，如無形性、無所有權的轉移和顧客的參與。另外，服務目的也從
「提供某種利益或滿足」發展至「能為顧客解決某種問題」。

　　綜合對這些定義的分析，我們可把服務定義為：服務是一個為解決

某種問題，在服務提供者及服務提供系統的幫助下，消費者參與生產並從中獲得體驗的過程。

二、服務的本質屬性

與工業製成品相比，服務產品表現出多方面的獨有特性。這些特性的存在給服務管理造成了相當的影響，對服務管理、服務設計的方法和側重點提出了特別的要求。

(一)無形性

區別於有形的工業產品，服務產品的主體由人類行為組成，因而是無形的，無法以形狀、質地、大小等標準去衡量和描述。在某種程度上服務產品是一個概念或一個主意，而不是一個實實在在的物品，因而它很難具有專利性。由於這個特性的存在，服務組織的創新產品很容易被人模仿，失去其壟斷性。因此，服務組織的產品創新必須是一個持續而且迅速的過程。對需求變化的迅速反應，對任何開發新服務的思路的關注，對新產品開發的不懈探求，是服務組織管理者必備的素質。當然，對服務產品進行全方位的包裝，組合各種服務要素，採用特許經營方式，則產生到保護服務產品專利的作用。如麥當勞的經營，還有中國大陸一家餐飲企業透過對宴會菜餚、裝飾、服務程序的組合，申請了「百筍宴」的服務專利，有效地保護了自己的服務產品。

無形性也給消費者帶來了更大的購買風險，因為消費者無法在購買決策之前去嘗試和感知無形服務的「樣品」。消費在做購買決策時更大程度依賴的是服務企業的聲譽，因而服務企業的形象樹立是非常重要的。從社會管理角度來看，政府透過立法行政干預等手段來規範服務企業的經營也是非常必要的。如醫生需取得醫師執照，旅行社需繳納品質保證金。

(二)生產消費的同步性

製造業從生產到消費是一個前後繼起的過程,而服務業的生產過程和消費過程是同步的,只有當顧客開始消費,服務產品才能提供出來。顧客在消費過程中不是被動的,而是還擔任著第二角色——合作生產者,對服務的現場提供有著重要的影響。正是在這個意義上,服務過程被稱之為「體驗過程」。

顧客在消費的同時參與服務的提供,給服務管理增加了難度。服務管理者無法像工業品品質控制一樣事先檢查服務「成品」的品質,因為在顧客結束消費前,服務是沒有「成品」的。當服務品質問題出現了,而顧客也已感受到了。因此,服務品質很大程度上取決於服務提供者與顧客接觸的那一刻,這在西方被稱之為「眞相時刻」(moment of truth)。爲使這一刻成爲顧客體驗服務的美好時刻,服務組織必須進行「服務接觸」(service encounter)管理。良好的人員培訓、完善的預防性品質檢查和及時的服務補救措施顯得十分必要。另外,爲減少顧客在參與生產的過程中給正常生產帶來的干擾,符合顧客消費習慣的服務設施、路線的設計和及時恰當的消費引導也成爲服務管理要解決的重大難題之一。

顧客的參與也爲服務管理帶來了啓發性思路。首先,服務組織可充分利分顧客作爲合作生產者的優勢,推出更多的自助服務產品。這樣既節省了服務組織的人力成本,提高了服務的效率,又增加了顧客消費的自由度。如歐洲國家的短程鐵路售票服務,50%以上是由自動售票機完成的。目前日益風行的「自助旅行」大有取代「跟團」成爲旅遊市場主角的趨勢,這也是自助服務發展的一個典範。

其次,顧客參與也爲服務提供者開展現場促銷提供了機會。這使服務業的促銷具有兩個層次,第一層次是透過外部促銷使更多的顧客前來消費;第二層次則爲服務提供者可在服務現場擔任推銷者的角色,向顧

客當場推銷更多的服務，以提高營業收入。

再次，由於顧客必須在服務現場進行消費，服務容量很大程度上取決於其物理容量（如營業面積、座位等），這就限制了服務組織的供給量和生產規模的進一步擴大。隨著資訊技術的高度發展，不少服務組織開始嘗試著把消費者「請」出物理上的服務現場，而進行服務容量和生產規模的非物理性拓展。如銀行已減少了營業分支機構的增設，以「網路銀行」取而代之，既拓展了業務量，擴大了生產規模，又方便了消費者。

（三）易逝性

西方服務業流傳這麼一句話：「世界上最不容易儲藏的東西有三件，一是律師的時間，二是飛機的座位，三是飯店的客房。」服務業產品不似工業製成品，可以利用倉儲這一槓桿來調節供給與需求的失衡。服務產品一旦未被出售或消費，其價值就永遠地失去了，無法將其儲藏起來。因此，服務產品具有很強的時間性和易逝性。

這一特徵主要帶來了服務容量管理的問題。服務容量在很大程度上是相對固定的或伸縮性很小，而消費需求則更多地表現為不規則波動。因此需求和供給（服務容量）的對比總是不平衡的。服務高峰期，供給不足，服務容量短缺。而服務淡季，服務容量過剩，需求不足。如何調節需求量與服務容量，準確的需求預測、合理而有彈性的服務容量設計、及時的服務容量調節成為服務管理和設計的重要研究課題。

（四）異質性

服務產品作為一種「行為」或「體驗」而不是有形物品的特性，決定了服務生產的實質是一種「人與人的遊戲」，服務產品的提供主要是依靠人而不是機器來完成的。因此服務品質會由於服務提供者和消費者雙方的個人因素發生變化波動，而失去其穩定性。如一位酒吧服務員在

不同個人情緒的支配下會表現出對顧客的不同態度，或熱情或冷淡，或靈活或生硬。一名提款的顧客可能由於個人心情欠佳而對正常服務的銀行職員表示不滿。服務的這一特性，增加了對服務品質管理的人為因素控制的難度。控制人為因素必須從兩個方面同時著手。其一，提高服務的標準化、規範化程度。設立合理、量化程度高的服務標準，建立嚴格的服務監督機制和獎懲制度，強化員工培訓，都是十分有效的措施。其二，關注員工，提高其工作滿意度。「沒有高興的員工，就不會有高興的顧客」，世界著名飯店連鎖Marriott集團的創始人J. W. Marriott對此深有感觸。因此服務組織應注重對員工，特別是第一線員工的人事管理。合理的薪酬制度、完善的培訓、充足的職業發展機會、科學的工作設計以及針對員工心理疲勞週期所進行各種調節性「活動」，都應列入服務管理的日程表。

服務的這四大特徵不是孤立的，而是相互關聯的。服務的易逝性與其生產消費的同步性是直接相關的。服務產品不易儲藏，主要的原因就在於其不存在單獨的生產過程，不能在消費開始前生產出「成品」，因而不能像工業品一樣進行倉儲。而異質性的產生也是由於顧客參與生產過程，生產者與消費者直接接觸而導致的。

第四節　服務的分類

服務管理的原則應適用於服務業中各種類型的服務組織。如醫院管理者應該可以從餐館、旅館管理中借到一些有用的東西。律師、稅務諮詢的從業者雖然具備某方面的專業知識，但也需要掌握企業管理方面的知識和技能。對包羅萬象的服務業進行分類，有助於總結行業類同性，打破行業間的行業界限，歸納管理原則，採取有針對性的管理措施和進行合理的服務產品設計。

一、按服務的生產過程特點劃分

按服務的生產過程特點劃分，見**圖1.3**。

確定任何組織的生產特徵都必須解決好產品產量與產品類型的關係。**圖1.3**橫軸指的是產量變數。縱軸指的是產品類型變數。根據這兩個變數的不同組合，可將服務劃分為四個類型。

(一)專業服務

指產品產量小而類型較多的服務。這類服務提供者與顧客接觸的時間長，服務個性化程度較高，服務的生產過程能適應各種不同的顧客需求，服務的提供主要在前台進行，服務系統的組織以人員為主而不是設施設備。如律師服務、管理諮詢、軟體設計等。

(二)大量服務

指與專業服務相反、產品類型少而產量大的服務。這類服務與顧客接觸時間短，個性化程度低，服務的生產主要在後台完成，前台服務人員只能在較短的時間作出服務判斷來完成整個服務。這類服務對服務提供者的專業技能要求很低，服務的標準化和程序化程度很高，設施設備

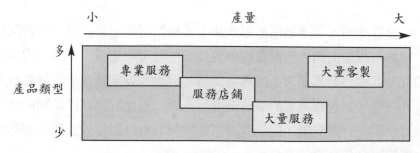

圖1.3　按生產過程特點劃分的服務

在服務系統中占有主要地位。如大型超市、機場服務、鐵路交通、通訊、圖書館、警察局、水電供應等。

(三)服務店鋪

服務店鋪的生產產量和產品類型介於專業服務和大量服務之間。服務的提供需前台與後台的共同合作、服務人員與設施設備的組合。這類服務的典型有銀行、商店、旅行社、汽車租賃、大部分餐廳、旅館等。

以上三種是傳統的按生產特徵劃分的服務類型。

(四)大量客製服務

大量客製（mass customization）是西方管理學者近年來提出的一個新概念。它表現了一種產量和產品類型都處於較高水準的服務類型。傳統生產管理理論認為，大量和客製化是不可能同時實現的。而隨著資訊技術的高度發達，生產技術的不斷現代化，在大量生產的同時按顧客的要求對產品進行個性化處理已成為現實。作者對中國大陸近年出現的大型點菜餐飲企業進行了研究，發現其綜合了傳統點菜餐廳（專業型服務）與快餐餐廳（大量服務）的特點，可按顧客的不同需求（點菜）進行大量生產（這類餐廳通常可同時容納上千人用餐），呈現出大量客製化的生產特徵。

這種劃分方式有利於管理者明確服務生產的特徵，對服務流程設計有著重大的影響。本書的後面章節將更多地利用這一分類。

二、按服務的組成要素劃分

按服務的組成要素劃分如圖**1.4**。

圖**1.4**很明確地說明了按服務主要對象和服務行為本質進行劃分的四種服務類型。這種劃分方式給傳統的服務提供方式提出了挑戰。如，顧

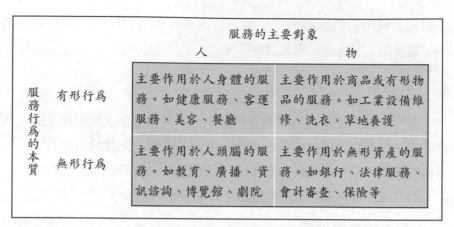

		服務的主要對象	
		人	物
服務行為的本質	有形行為	主要作用於人身體的服務。如健康服務、客運服務、美容、餐廳	主要作用於商品或有形物品的服務。如工業設備維修、洗衣、草地養護
	無形行為	主要作用於人頭腦的服務。如教育、廣播、資訊諮詢、博覽館、劇院	主要作用於無形資產的服務。如銀行、法律服務、會計審查、保險等

圖1.4　按服務的組成要素劃分的服務

客是否要自始至終親自參與服務提供過程，還是只需要提出服務的要求或最後服務結束時出現就行了。如果顧客必須親自全程參與，那他們必須來到服務場所或服務者必須來到顧客的所在地（如醫療救護服務）。這就對服務設施布局的設計和服務人員的現場服務提出了很高的要求。另外，服務場所地點的選擇和營業時間的安排也必須考慮到方便消費者。

這種劃分還為服務提供方式的創新甚至以產品代替服務提供了思路。如以錄影帶或線上教學方式來替代傳統的課堂教學，使消費者不必親自來到服務現場就可方便地得到服務所帶來的好處。

三、按與顧客的關係劃分

按與顧客的關係劃分如**圖1.5**。

服務組織比工業企業有更多的機會與顧客建立長期聯繫，因為工業企業必須依賴各類中間商才能與顧客聯繫。**圖1.5**表明了以服務組織與顧客關係和服務提供特點劃分的四種服務類型。許多服務企業都意識到了與顧

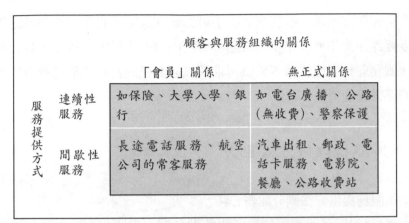

圖1.5　按與顧客的關係劃分的服務

客關係的重要性，所以許多汽車租賃公司和飯店都參加了航空公司的常客
項目，許多收費公路也透過發放收費年卡來固定其與顧客的關係。

四、按服務需要與供給的實質劃分

按服務需要與供給的實質進行劃分如**圖1.6**。

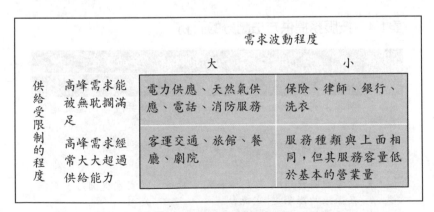

圖1.6　按需求與供給的實質劃分的服務

正如前文所述，服務產品的不可儲藏性決定了服務需求與供給管理難度要比工業生產大很多，但隨著服務內容的不同，其難度係數有所不同。服務管理者應根據本組織需求與供給關係的特點來確定適合於本企業的經營管理特點。

五、按服務提供方法劃分

按服務提供方法劃分如**表1.4**。

表1.4說明了服務組織場所的特點和顧客與服務組織之間關係的實質。擁有多個服務場所的服務組織必須十分注重服務品質在不同點的一致性和一貫性。隨著資訊技術的發展，在極短距離完成服務交易成為服務業發展的一大趨勢，因為這能為顧客提供方便並提高服務組織的工作效率。如利用與網際網路相連的電話中心服務（call center）可以讓顧客向服務組織即時迅速地提出個人需求，服務組織亦可提高服務的個性化程度和工作效率，同時也減少了顧客親自參與服務生產的時間。因此，如何利用資訊技術來設計一種高效的服務提供系統成為服務產品設計的一大課題。

表1.4　按服務提供方法劃分的服務

		獲得服務的場所的多寡	
		單一場所	多個場所
顧客與服務組織之間關係的實質	顧客來到服務組織	劇院、美容院	公共汽車、速食連鎖店
	服務組織到顧客處	草地養護、稅務	快遞服務
	顧客與服務組織在很短的距離進行交易	信用卡公司、地方電視台	國家電視網絡、電話公司

Chapter

1
2
3
4
5
6
7
8
9
10
11

· 第二章 ·

服務產品設計方案

隨著人類社會步入「體驗經濟」時代，門類齊全的各種服務成為高品質生活的標誌，服務業進入一個高速發展階段。服務的形式越來越多，服務的品質越來越高，服務組織之間的競爭也越來越激烈。進行科學的服務產品設計成為服務組織參與競爭的前提和贏得競爭的必需手段。

服務設計方案是服務產品設計的總規劃，是明確服務產品設計的內容、步驟和方法的總的藍圖。服務產品設計必須以服務設計方案為起點。

服務產品特點涵蓋了服務內容本身和服務提供方式上所表現出的所有特性，明確服務產品的特點，找到服務產品的競爭優勢，可為服務組織進行服務產品設計確立設計的基調和重點，為進一步的服務產品包裝設計和服務流程設計乃至改善性服務設計提供指導原則和方針。服務產品特點的確立是服務設計方案制定的起點。

本章將介紹服務產品設計活動的過程和內容及服務設計方案的制定，並討論服務產品特點和服務設計格調的確定。

第一節　服務產品設計的基本內容和步驟

服務產品設計活動是服務管理活動的重要組成部分，但它又有別於一般的管理活動。與一般管理活動相比，設計活動具有更強的觀念性和基礎性。設計活動主要是一個觀念和思路的醞釀、產生和形成過程，並不涉及人、財、物等資源的實際運作。設計活動雖是一種觀念性活動，但它產生的結果卻是奠基性的，因為它規定了服務提供系統的基本運作方式和服務提供的基本內容。從這個意義上說，設計活動是服務管理活動的前提和基礎。

一、服務產品設計的涵義

對於服務產品設計一詞，目前尚未有統一的定義，但它基本可看作是一種對服務產品本身和提供該服務的服務系統的進行規劃的觀念性活動。它包括下列四層涵義：

(1)設計活動的目的是滿足顧客的需求。

(2)設計活動包括產品本身設計和產品提供過程的設計兩方面內容。

(3)設計活動本身是一個轉形處理過程。

(4)設計活動開始於設計理念的形成，結束於設計理念被轉化成各種具體要求。

(一)設計是滿足顧客需求的活動

設計就是要對即將提供的產品及產品生產流程進行規劃，對二者的具體特徵、結構和功能進行規定，而從事這項活動的目的是為了使產品及產品提供過程更加符合目標客源的具體要求，並為今後的生產管理活動指明基本方向，以使今後的產品提供能符合顧客的期望。

(二)設計活動包括服務產品本身設計和服務產品生產流程設計兩方面

這是服務產品設計有別於工業產品設計的重要特徵之一。設計活動要對這兩個方面都進行強調，而不是如許多製造業設計一般，只強調前者，即產品本身的設計。服務生產和消費的同時性表明服務產品本身沒有獨立存在的形式，它必須與提供它的生產流程相結合。因此，在服務產品設計中，服務產品本身設計和產品生產流程設計是統一的。

(三)設計活動本身也是一個轉形加工處理過程

所謂轉形處理過程，就是將某一事物經過一個處理系統的加工而轉化成另一種形式的事物的過程。這個過程也表明了運作管理的基本模式，如圖**2.1**。

圖2.1　轉形加工處理過程示意圖

設計活動本身也是這麼一個過程。設計投入包括各種資訊，如市場預測、顧客檔案、技術檔案等，還有設計人力、物力、財力的投入。轉形處理過程由設計人員所控制的設計流程和行為方法組成，最後的產出結果是設計方案。

(四)設計活動是一個從抽象概念具體到設計細節的過程

一個完整、具體的設計不可能在設計活動開始時就形成了，設計總是開始於一個非常模糊簡單的對可能的解決方案的認識，經過一段時間，這種認識（當初可能只是一個「主意」或「概念」）被逐步提煉並細化，最後形成一個具體完整的產品服務內容及生產流程的設計。這個過程分為六個階段，我們將在後面節次詳細討論。在每一個階段，任何一個設計決定的作出都意味著可選擇設計方案數目的減少。每一個設計都有多種可供選擇的方案，而設計活動的進行就是要逐步排除不合適者，也就是排除與這些可能方案相關的一些不確定因素。

二、服務產品設計的基本內容

設計一種服務產品，應包括下列基本內容：

(1)服務理念：這是指顧客消費該服務所期望獲得的「利益」和「效用」。

(2)服務內容：這是指為實現顧客期望的利益和效用所必須向顧客提供的各種服務要素。如具體的服務內容、輔助服務提供的有形物品等。

(3)服務提供過程（系統）：這是指完成服務提供所必須依賴的系統、方法。如設施佈局方式、服務地點選擇、服務流程類型等。

(一)顧客購買的是一種服務「理念」所代表的利益

顧客購買某一種產品或服務不是為了「擁有」這種產品或服務，而是要利用消費該產品或服務來獲得某種「效用」或「利益」，來滿足自己的某種需求。顧客購買一台DVD，不是為了擁有一個會發聲、顯示圖像的金屬盒子，而是為了利用DVD發聲、放映的功能來滿足自己欣賞音樂、觀看影片的娛樂需要。同樣的，顧客購買旅行社的團體旅遊服務，是為了獲取下列利益：

(1)放鬆身心，減輕工作壓力所帶來的生理緊張。

(2)增長知識，開闊眼界，了解異國（地）民情風俗，了解傳統文化。

(3)享受旅行方便，無須自己費時費神安排旅行事務。

(4)與他人交流，結交新朋友，擴大社交範圍等等。

服務設計者必須深刻理解某種服務所包含的服務理念，這是做好服務產品具體設計的前提。

(二)服務理念透過各種服務要素的組合（服務內容）來實現

　　服務產品設計需把服務理念具體化，將服務理念「翻譯」成服務要素的組合。為體現團體旅遊產品的服務理念，旅行社必須向顧客提供下列服務要素：

(1)豐富的旅遊觀光內容，包括人文和自然的旅遊景點。

(2)方便的旅行服務，包括住宿、餐飲、交通、導遊等。

(3)一定的設施設備，如先進的交通工具、通訊設備和其他膳食設施。

(4)一定的有形商品，如食品、飲料、旅遊紀念品。

(三)以服務系統和流程來完成服務產品的提供

　　在工業設計中，產品設計和產品生產流程設計的區別是明顯的，而在服務業中，進行這種區分就很困難了。服務產品的生產和消費是同一的，沒有單獨的生產過程和可以「拿出」的完整的服務產品。服務生產過程本身就是服務產品的組成部分，它們與服務要素一起組成一個完整的服務體驗，來滿足顧客的需求。以旅行社的團體旅遊產品為例，它的生產過程包括：

(1)後台資訊處理流程，如預定處理、日程表的確定、財務收銀處理、旅行社地點確定和設施佈局。

(2)前台顧客處理流程，如導遊服務安排、顧客接待程序等，其中前台顧客處理流程同時也是服務產品的重要內容。

三、服務產品設計步驟

　　服務產品設計是一個由抽象概念到具體設計方案的轉化過程。最後

形成的設計方案要包括完整的服務理念、服務要素組合（service package）和服務系統及流程三個部分。為達到這一目標，服務產品設計活動要經過一系列步驟和環節，如圖**2.2**。

服務理念的產生開始於某一個「主意」或「點子」，這些「主意」或「點子」需要進行歸納的提煉，形成一種初步的服務理念。接下來，服務組織各部門要「掃描」和研究這種服務觀念是否能真正成為一種新的服務產品。這兩個階段的完成將形成完整的服務理念。然後這個服務理念將被「翻譯」成初步的設計方案。當然，這個初步方案還需經過仔細的評估，發現其問題並加以改進。最後，可進行設計方案的模擬實驗，如成功則確定最後的設計方案，否則重新評估加以改進直至模擬實驗成功。

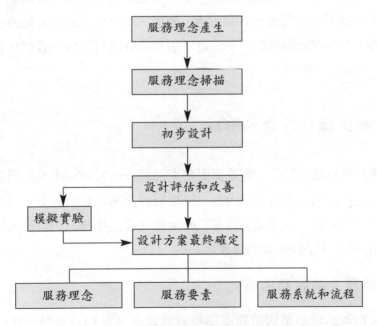

圖2.2　服務設計步驟示意圖

第二節　服務設計方案的形成和確定

服務理念形成並確定後，服務設計就進入了由理念到具體方案的轉化進程。

這個過程要經過三個階段，首先是初步設計方案的形成，然後是設計方案的評估和改善，最後是完成模擬實驗並最終確定具體設計方案。

一、服務理念的形成

服務理念是服務產品的核心，是服務組織提供給顧客能滿足其某一種或某幾種需要的服務產品的功能、效用。服務理念的確定是服務設計的基礎，服務理念的合理性，決定了服務設計的科學性。我們將在下一章詳細討論這一問題。

二、初步設計方案的形成

服務產品初步設計方案是對服務產品設計內容的初步的總規劃和安排，它包括四個方面的基本內容。一是服務產品特點的確定，二是服務要素組合的確定，三是提供該服務的流程（提供系統）的設計，四是服務產品的改善性設計，如圖2.3所示。

(一)服務產品特點的確定

服務產品特點是指服務產品相對於顧客需求和競爭對手在可獲得性、可靠性、個性化程度、價格、服務範圍、服務品質和服務速度等方面所具有的特徵。明確了服務產品的特點，就確定了服務產品設計的基

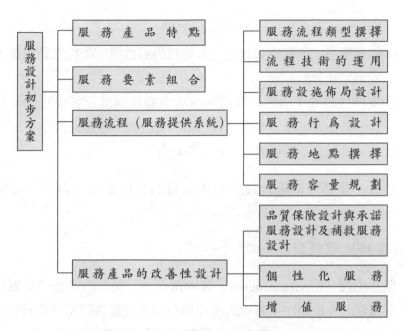

圖2.3　服務設計初步方案的組成

本格調。如速食店服務設計的特點在於強調服務的速度和價格，而豪華型旅館服務則把設計重點置於服務的個性化程度、服務品質和服務範圍之上。服務產品設計基本格調的確立，爲服務要素組合和服務流程的設計規定了設計原則，明確了設計重點。本章下一節將詳細討論這一論題。

(二)服務要素組合的確定

服務要素的確定即服務內容的確定。服務要素的組合是指服務組織爲滿足顧客需要必須向顧客提供的服務內容，它包括顯性服務、隱性服務、支持性設施和支持性物品四方面。我們以一家英式酒吧爲例，簡要說明要素組合設計。具體內容將在下一章討論。

(1)顯性服務：透過調酒師和服務員的服務，顧客能享受飲用各種酒

品飲料所帶來的生理快感和精神放鬆。

(2)隱性服務：顧客感到自己社會地位得到體現，人格受到尊重，還能滿足社會的需求。

(3)支持性設施：酒吧的建築和內容裝修陳列以及各種設備。如吧台、杯架、吧椅、小桌、台球桌、遊戲機、音響設備等。

(4)支持性物品：各種酒水飲料、小吃等。

總之，服務要素組合設計的主要目的在於確定「向顧客提供什麼」。

(三)服務流程設計

服務流程（service process）有兩個涵義。狹義的流程是指服務程序，即服務的先後順序。廣義的流程指整個服務提供的系統和服務提供方式。如無特別指明，本書所提之服務流程均為廣義的服務流程。

廣義的服務流程設計包括服務流程類型的撰擇、流程技術的運用、服務設施佈局、服務行為設計、服務地點選擇和服務容量規劃等。可以看出，服務流程設計關係到整個服務系統的組成要素（服務設施、服務行為）、服務提供的方法（服務流程類型、流程技術）以及服務提供的地點（服務地點選擇）和服務提供的數量（服務容量規劃）。

總之，設計服務流程就是要解決「怎樣向顧客提供服務」的問題。

(四)服務產品的改善性設計

服務要素組合與服務流程設計構成了一項「常規服務產品」的設計。但在競爭日趨激烈的服務業市場，服務組織僅僅依靠常規產品還不足以立足和發展。因此，服務組織還需對服務產品進行更深層次的改善性設計，使之更具有競爭力。近年來，許多服務組織在這個方面做出了有益的探索，提出了承諾服務、個性化服務和增值服務等多種競爭力較強的服務形式。本書在總結這些實踐經驗的基礎上，提出了改善性服務

設計的理論和方法，包括服務品質保險設計、承諾服務設計、補救性服務設計、個性化服務設計和增值服務設計等多種內容。

總之，服務產品的改善性設計的目的在於「怎樣使服務產品更具競爭力」。

三、設計方案的評估和改善

在將初步設計方案付諸於市場實驗之前，還必須對它們進行評估，檢查是否有不足之處，以便加以改進。進行評估的依據是服務品質，即服務設計是否能向顧客提供合適的服務品質。所以在這裡還要運用一些服務設計評估的技巧與方法──Taguichi法，如品質功能分配表、SERVQUAL法等。另外還可運用一種品質保險設計方法──Poka-Yoke，對設計方案加以改進。這部分內容將在本書第8章中詳細討論。

四、模擬實驗和最終設計方案的確定

在製造業的設計中，一般要在最後設計方案定稿之前製作樣品模型，並對其進行各種性能測試，根據測試結果確定是否進一步改進。而服務業卻不能按相同的方法來進行這一步，因為服務產品的生產和消費是同步的，沒有一個獨立的「產品」存在形式。也就是說，服務產品設計沒有「樣品模型」。那麼，服務業如何進行模擬實驗以確保設計方案的完美性呢？

傳統方法是小規模實驗法。如Wendy's漢堡公司在新的服務設計方案初步確定後，利用公司一個小型倉庫，按設計方案進行了設施設備的布置擺放，並讓員工按新的服務方式在其中為自願的顧客提供服務，然後聽取顧客的意見和建議，以此來評估設計方案的有效性。

另一種方法是利用發達的資訊科技，即電腦輔助型設計（computer-

aided design, CAD）。運用CAD進行設計，在製造業中十分普遍。不少服務組織也充分利用CAD從事服務設計與評估，如航班時刻表的安排，服務容量設計（特別是解決排隊問題）。運用電腦技術模擬設計效果，可以大大地減少實驗所需的成本，而且能方便地對原有設計方案進行修改，以測試設計方案在各種條件下的效果。另外，運用電腦的標準化設計程序，還可大大減少人工設計的錯誤。近年來，西方軟體業推出了不少服務設計軟體，爲服務組織的設計活動特別是模擬實驗帶來了極大的方便。

模擬實驗通過後，服務設計方案就可最終定稿，付諸於實際運作了。

本書後面九章將對本節所述的服務設計步驟與內容進行詳細討論，其結構如**圖2.4**。

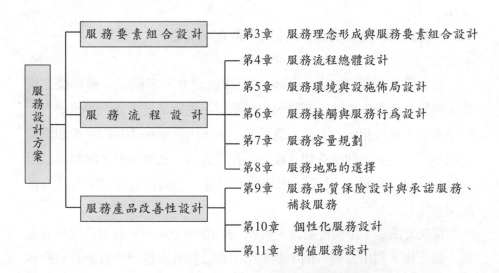

圖2.4　服務設計方案與本書主要內容

第三節　服務產品特點確定的思考方向

　　服務產品特點是指服務產品相對於顧客需求和競爭對手在可獲得性、可靠性、個性化程度、價格、服務範圍、服務品質和服務速度等方面所具有的特徵。服務產品特點的確定必須建立在對目標市場的競爭形勢和顧客需求特點的科學分析的基礎之上。泰瑞・希爾（Terry Hill）的「競爭優勢因素—資格取得因素」理論，為進行這一分析提供了基本的思考方向。確定了服務產品特點，也就明確了服務組織的競爭優勢，同時也規定了服務設計的重心和基本格調。

一、服務產品特點與競爭優勢

　　服務產品特點是產品在服務內容本身和服務提供方式上所表現出的特性，它體現了服務產品的功能與顧客需求的適合程度，也揭示了服務產品區別於競爭對手產品的異質性。服務產品的特點只有符合顧客需要，才具有競爭力，此時服務產品特點才能轉化為競爭優勢。

　　服務產品設計的主要目標也就在於使本組織的服務更具競爭力。因此，進行服務產品設計應首先明確服務產品特點，使其能體現出本組織服務產品的競爭優勢。

(一)服務產品的特點

　　服務產品特點涵蓋了服務內容本身和服務提供方式上所表現出的所有特性，具體表現在以下十個方面：

❖服務的可獲得性

這是指顧客得到的服務的容易程度。引入ATM後的銀行可為顧客提供24小時的服務,大大高於傳統服務的可獲得性(每天8小時營業時間)。

❖服務的方便性和可進入性

這裡主要指服務的地點是否為顧客獲得服務提供了方便。許多服務組織非常依賴於服務地點的選擇,如加油站、速食店、旅館、美容院、乾洗店和其他社區服務。

❖服務的可靠性

服務的可靠性是指服務提供的可靠程度,是否準時、是否準確無誤等。對汽車維修來講,可靠性就是顧客第一次光臨就把維修問題解決。對航空公司來說,可靠性就是飛機能按航班時刻表準時起飛。

❖服務個性化程度

針對顧客的個人需求特點提針對性很強的服務,這就是個性化。如餐廳、旅館的服務生能叫出常來惠顧的顧客的姓名、介紹顧客最喜歡的菜餚和安排顧客鍾愛的特定的客房。

❖服務產品價格

這是與服務組織成本直接相關的一個因素,採用總成本領先策略往往意味著服務組織要提供一種競爭力非常強的價格。

❖服務品質

這裡是指顧客對服務產品的期望與他們實際所感受到的服務體驗之間的對比關係。

❖服務組織的聲譽

服務產品生產與消費的同時性決定了顧客在購買服務產品之前所感

覺到的服務風險是較大的。爲避免或減小這種風險，顧客常常會根據服務組織的聲譽來進行購買決策。

❖服務產品的安全性

服務組織在提供服務過程中給顧客人身和財物所提供的保障，特別在某些服務如航空服務、醫療服務中，顧客對安全的要求表現得十分突出。

❖服務速度

這裡是指等待服務時間的長短和服務提供本身的速度，對於一些緊急服務，如消防、治安，反應時間是非常重要的服務要素。

❖服務產品範圍

這是指服務組織向顧客提供的服務產品種類的多寡，有時這一特性又被歸入服務的個性化程度的範疇。

服務業的競爭也就是圍繞這些特點展開的，可說，服務產品特點在以上十大方面的表現，實質上就是服務業競爭的十大焦點。

(二)競爭二因素理論

競爭二因素理論即「競爭優勢因素」和「資格取得因素」。

根據目標市場的競爭形勢和需求特點，分析服務組織的競爭優勢所在，是確定經營管理重點和服務設計基調的前提。倫敦商學院的泰瑞·希爾教授提出了「競爭優勢因素—資格取得因素」理論，協助組織實施競爭優勢分析。這格理論最早用於製造業，但其基本原理對服務業也具有重要的指導意義。

希爾教授提出「競爭優勢因素—資格取得因素」理論來分析各種競爭要素對於不同服務組織取得競爭優勢的重要性。他認爲，競爭因素很多，但並不是每個因素對服務組織競爭的重要性都是一樣的。根據這種重要性的不同，競爭因素可分爲兩類：競爭優勢因素和資格取得因素。

資格取得因素是指服務組織進入某一特定市場在服務提供上所必須具備的「資格」。只有具備這些資格要素，顧客才會考慮購買服務組織的服務。不具備這些要素，服務產品便不會列入顧客考慮的範圍。如航空公司，安全性就是非常明顯的一個資格取得因素。而對於餐廳，衛生很顯然應列入顧客考慮的範疇。但僅僅依靠資格取得因素還不能為服務組織贏得競爭。

競爭優勢因素是直接導致顧客購買服務產品，服務組織贏得競爭的要素。它們是顧客對比各種服務產品作消費決策時考慮的主要衡量標準，也是服務組織贏得競爭的主要原因。不同類型的服務組織，其贏得競爭的因素不同。如航空公司，豐盛可口的機上用餐和空服員親切的微笑可能是競爭取勝的要素。而餐廳可能由於其獨具風格的舒適用餐環境而贏得顧客的青睞。

「資格取得要素」和「競爭優勢要素」對於服務組織來說不是固定不變的，它們可能在某種條件下互相轉化。當整個行業的水準提高，某些曾經是「競爭優勢因素」的服務為全行業所普通採用時，「競爭優勢因素」就成了「資格取得因素」。如西方速食業，為汽車駕駛提供服務的外賣窗口設計曾一度是某些速食店的競爭優勢因素，但絕大部分速食店都配備這種設施之後，這也就成了一個「資格取得因素」。當某特殊情況發生，顧客對原來的「資格取得因素」的某一個或某幾個有了特別的需求時，資格取得因素也可能成為競爭優勢因素。如「九一一」事件後，顧客對特別強調飛行安全的航空公司就青睞有加。「資格取得因素」和「競爭優勢因素」的相互轉化說明了這兩種因素的確定不僅與顧客需求直接相關，而且受到服務行業的整體競爭態勢的影響。

二、競爭優勢與服務產品設計

顧客對服務的要求和行業競爭狀態決定了服務組織必須擁有的競爭

優勢。為實現這一競爭優勢，服務組織必須根據競爭優勢的要求確定內部動作的重點，並進行相應的服務設計。**圖2.5**表明了服務產品設計與運作管理及競爭優勢的關係。

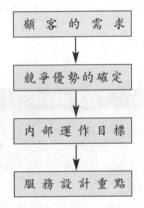

圖2.5　服務產品設計與運作管理及競爭優勢的關係

下面，我們以銀行業的兩種不同類型的服務為例，具體說明這個模型。西方銀行業分工很細，其中有兩種風格迥異的銀行服務。一種是零售服務，主要提供個人金融服務，如個人貸款、存取款、信用卡服務等。另一種是企業服務，主要為各種機構客戶，如公司、政府單位、社團等提供特殊服務。這兩種服務的目標客源各自不同，因而對服務的具體要求也不同。前者以個人為目標客源，數量較多，後者則針對少數的機構客戶。前者顧客需要的大多為快速的程序化服務，後者則要求針對其個性需要提供特別服務。這就決定了兩種服務在競爭中各自擁有的不同的競爭優勢，前者強調價格的吸引力、方便度和服務速度，後者則應重視服務的個性化、品質和可靠性。因此相應的服務設計要求也因競爭優勢的不同而各有側重，前者應設計價格低、服務速度較快的服務內容（服務要素組合）和相應的低成本、高效率、標準化程度較高的服務流

程。而後者則應注意服務系統的靈活性和可靠性，服務內容更加個性化，**圖2.6**說明了這一推理過程。

從以上分析可知，明確服務產品的特點，找到服務產品的競爭優勢，可為服務組織進行服務產品設計確立設計的基調和重點，為進一步的服務要素組合設計和服務流程設計乃至改善性服務設計提供指導原則和方針。

服務產品	銀行零售服務	銀行企業服務
顧客	個人	機構
產品類型範圍	中等但相對標準化	廣泛、個性化
品質	無差錯服務	密切的顧客關係
每種服務類型的提供數量	大	小
利潤率	較低	較高

競爭因素		
競爭優勢因素	價格、方便度、速度	個性化、品質、可靠性
資格取得因素	品質、服務範圍	速度、價格
不太重要的因素		方便性

內部運作管理的重點和服務設計重點	成本	服務提供的靈活性
	速度	品質
	品質	可靠性

圖2.6　銀行服務設計與運作及競爭優勢的關係

第四節　服務產品特點確定的方法——服務品質的功能分配

　　上一節我們結合泰瑞‧希爾的「競爭優勢因素—資格取得因素」理論討論了服務產品特點和服務設計格調確定的基本思考方向，本節將沿著這一思路來進一步探討服務產品特點確定的具體方法。

　　服務品質是服務產品特點的重要組成，服務產品品質的特點涵蓋了服務產品特點的主要部分。確定了服務產品品質的特點，也就確定了服務產品特點的主要格調。

　　提供一種高品質服務，必須在設計階段就要把顧客需求因素考慮進來。將顧客的需求與產品設計相結合，成為服務產品品質特點設計的一大重要任務。能解決這一問題的方法就是服務品質的功能分配法。

一、品質功能分配的涵義

　　品質功能分配是將顧客需要與服務（產品）設計有機結合的一種產品設計法，起源於日本，為日本豐田公司及其供應商所廣泛採用。品質功能分配設計理念的核心是服務（產品）設計必須反映顧客的需要和期望，必須把顧客的需要和期望「翻釋」成可確定、可衡量的服務（產品）特徵。這種方法較為簡便，可視性也很強，最後形成一個房屋形的設計框架，所以又被稱為「品質之房」。

二、服務品質功能分配的步驟

　　雖然這種方法最早是用於有形產品設計，但其原理也可應用於無形

服務產品的設計。這種設計方法分爲九個步驟：

(1)確定設計的基本目的。

(2)研究顧客對服務的期望。

(3)描述服務的組成要素。

(4)確定服務各要素之間的關聯程度。

(5)確定服務要素與顧客期望之間的聯繫。

(6)評估服務各要素的重要程度。

(7)改善服務要素的難度評估。

(8)競爭形勢分析。

(9)根據分析結果制定新的策略或設立新的服務目標。

三、服務品質功能分配法的應用

下面我們以一家汽車維修公司爲例，說明這一方法的應用。這家公司專門爲BMW汽車用戶提供維修保養服務，其主要競爭對手是BMW汽車的經銷商。這家公司爲鞏固和加強競爭地位，決定運用品質功能分配法分析和評估做自己的服務系統，爲設計新的服務產品提供依據，其品質功能分配形成的最後圖形如**圖2.7**。

步驟1：研究目的的確定

在本例中，此次研究的目的是分析公司的服務系統在競爭中的優勢。當然，研究目的也可以是考慮建立一個新的服務系統。

步驟2：研究顧客對服務的期望

公司的目標顧客是BMW汽車用戶，其對服務的期望可透過發放調查表、顧客面談等方式了解。在這裡，我們可利用服務標準的五項內容

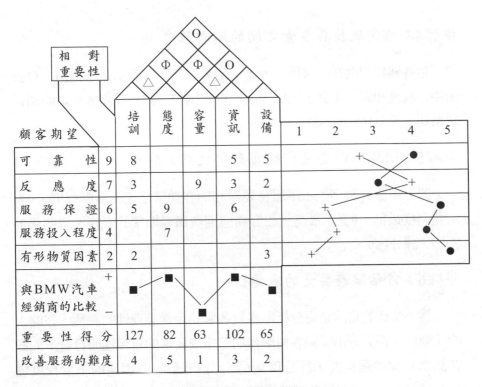

圖2.7　汽車維修服務的品質之房

來總結顧客對服務的期望，包括服務的可靠性、反應度、服務保證、服務投入程度和有形物質因素。當然，如果需做更進一步的研究，這個圖還可以做得更複雜。我們可以把上面五個標準再分細，如服務的可靠性可再拆分為準時性、錯誤率、一次成功率等。

步驟3：描述服務的組成要素

有多種方法可表示服務的組成要素，考慮到本例服務的特殊性，我們選擇了一種簡明的表示法，即培訓、態度、服務容量、資訊和設備。

步驟4：確定服務各要素之間的關聯程度

這些關聯程度在「房頂」上表示出來，其中△表示強烈相關，O表示中等程度相關，Φ表示關聯程度很低。例如培訓和服務態度之間關係很密切，而服務態度與資訊之間則無多大相關。

步驟5：明確服務要素與顧客期望之間的聯繫

圖形中心的數字表示了服務要素和顧客期望之間的關聯程度。0表示關聯度最低，9表示最高。如服務態度與顧客期望的服務保證關係最密切，評分為9。

步驟6：評估服務要素的重要性

這一步驟的目的是要分析顧客對各服務要素重要性的評估。在圖上的「煙囪」部分列出了顧客對服務期望組成要素的重要性的打分，如顧客認為可靠性最重要，評分為9，而認為有形物質因素的重要程度極低，評分為2。這些評分可透過顧客意見調查獲得。服務要素的重要性評分可透過將這些評分乘以步驟5中給出的評分來獲得。如服務要素「培訓」的重要性得分為：

$$9 \times 8 + 7 \times 3 + 6 \times 5 + 4 \times 0 + 2 \times 2 = 127分$$

而服務要素「態度」的重要性得分為：

$$9 \times 0 + 7 \times 0 + 6 \times 9 + 4 \times 7 + 2 \times 0 = 82分$$

依此類推，所有要素的得分列於「房屋」的底部。

這些得分反映了服務各要素滿足顧客需求方面表現出的不同的重要性。當然，求出這些得分必須十分謹慎，特別在評分時更應儘量避免一些主觀偏差。

步驟7：改善服務要素的難度分析

在「房屋」的最底部，是改善服務各要素的不同的難度係數（用數字1-5表示）。1表示要改善這個服務要素的難度最大，如服務容量，因為服務容量的改善需要大量的設備設施的投資。這個分析表示即使顧客認為某一服務要素非常重要，服務組織也不一定能對其進行改善，因為改善措施的成本或難度很大。

步驟8：競爭分析

首先要研究顧客對公司競爭對手即BMW汽車經銷商的服務評價，然後再將這一評價結果與顧客對本公司服務的評價相比較。這種評估結果最好是透過對本公司和競爭對手的共同顧客進行調查獲得。這一結果在圖形的右邊以5分制坐標標出。＋表示經銷商的得分，●表示公司的得分。另外還應在服務的組成要素方面與經銷商進行對比，這在圖的下方顯示出來，「＋」表示強於經銷商，「－」表示弱於經銷商。這一分析可協助公司找到自己在服務上的長處和弱項。

步驟9：分析透過製圖所獲得的資訊

首先，公司在競爭中處於領先地位，因為除了反應度略遜於對手之外，其他顧客期望值都要強於對手。

其次，服務要素的對比顯示，在服務態度和資訊兩方面公司都強於對手，但在服務容量、培訓和設備上都還存在問題。

再次，培訓的重要性得分最高，說明下一步公司應把培訓放在管理日程的首位，同時培訓改善的難度也不高（難度係數排在第四），且加強培訓還可改善與其相關聯的其他服務要素。因此，加強培訓完全可以成為公司下一步的主要管理措施。

服務品質的功能分配是一種競爭性分析。透過這種分析，服務組織

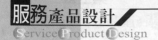

可以清楚地看到相對於競爭對手自身服務產品所表現出的長處和弱點，
這就為服務組織設計新型產品和進行原有產品改良提供了依據。

Chapter 3

1
2
3
4
5
6
7
8
9
10
11

· 第三章 ·

服務理念形成
與服務要素組合設計

服務理念的確定是服務設計的起點。服務理念的合理性，決定了服務產品設計方案的適用性。

服務內容的確定是服務產品設計方案的重要部分，而服務要素組合的設計則是一個將服務理念轉化爲具體服務產品內容的過程。

第一節　服務理念的產生和形成

服務理念是服務產品的核心，是服務組織提供給顧客能滿足其某種或某幾種需要的服務產品的功能、效用。服務理念的確定是服務設計的基礎，服務理念的合理性，決定了服務產品設計的科學性，最終影響到服務產品的提供和顧客的滿意。服務理念的最終形成要經過兩個階段：理念的產生和理念的掃描。

一、服務理念的產生

一種新的服務理念的產生可來自多種管道，包括服務組織的外部管道，如顧客、競爭對手，還有服務組織內部管道，如員工、特別是一線服務者和銷售人員，以及服務組織的R&D部門（產品研發部）等。這些理念首先表現爲一種「主意」或「想法」，而是完整精確的服務理念。但它們是服務理念的源頭，是服務理念的初級形式，因而值得管理者注意和重視。圖3.1表明了這些主意產生的各種管道。

（一）來自顧客方面的設計主意

這是非常重要的管道，同時也檢驗新的設計理念的可行性和針對性的標準。服務理念最終要成爲服務產品，必然要考慮該服務產品的市場可行性和滿足顧客需求的程度。服務組織必須時刻關注市場的變化，哪

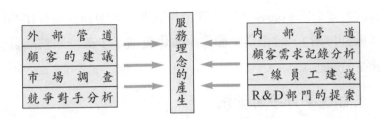

圖3.1　服務理念的產生管道

怕是任何一點微小的顧客需求的變化。只有如此，才能不斷地發現新的市場機會，產生新的設計理念。當然，了解市場、了解顧客需要透過正確可行的方式才能達到目的。服務組織可以透過正式的程序來了解顧客，如顧客意見調查表、正式面談等，也可以運用一些非正式和隨機的方法，如在日常服務活動中與顧客的隨意交談等。西方服務業運用較多的方法有焦點小組和蒐集顧客意見與建議。

❖焦點小組

　　這是一種較為正式的調查方式。焦點小組由7-10位互不熟悉的顧客組成，但他們都對服務的某一方面問題十分感興趣。顧客可以在寬鬆的「沒有正確與錯誤答案」的環境下自由地展開討論，各抒己見而不需達成任何最後統一意見。焦點小組的討論應由多批顧客多次進行，服務組織對討論內容加以詳細記錄，並對其進行系統分析，發現其中可能導致服務新理念的線索。

❖蒐集顧客意見與建議

　　有時這種方式也被稱為「傾聽來自顧客的聲音」，它是一種非正式的方式，當然也可以將其程序化、制度化，成為一種組織行為。服務組織在日常運作中可以透過多種管道了解顧客的想法。有的顧客會寫投訴信、打申訴電話，也有的顧客會在服務體驗過程中提出自己的想法等等。而對於服務組織，至關重要的是首先要有「意願」去聽顧客的心

聲，其次便是要吸納顧客意見的管道。歐洲一家服務企業提出的口號便是：「歡迎申訴」，該企業從顧客申訴中獲取不少改善服務品質和設計新服務產品的想法。

（二）來自競爭對手的資訊

正如我們上一節所談到的，服務競爭策略決定了服務的基本格調，同樣，分析競爭對手也能帶來新的服務設計思想。服務組織應關注主要競爭對手的動向，無論是其服務理念、服務流程還是銷售方式，再結合對市場需求的分析來決定相應的競爭策略和設計思路，或是跟隨，或是另起爐灶。

（三）來自員工的主意

一線員工和銷售人員與顧客直接接觸，最能感受到顧客需要什麼、不需要什麼以及服務提供過程服務品質最難做的是什麼、什麼是問題的關鍵所在。他們所反映的資訊往往能幫助服務組織設計更合適的服務產品，更有效地提供服務，滿足顧客的需要。

（四）來自R&D部門的提議

R&D部門的全稱是Research and Development Department，即產品研究發展部門。R&D在製造業中較爲普遍，而在服務業中較爲少見。但服務業組織可透過專家指導諮詢的方式來實現R&D部門的功能，或組織部分相關管理者和員工成立服務項目小組，實施服務產品設計。

在這裡值得一提的是與R&D和競爭對手都相關的一種設計方法——反向設計法。在製造業中，R&D部門仔細研究競爭對手的產品設計和產品的製造過程，找出其中值得模仿的產品特徵，以便企業可在這些方面進行一定程度的仿效或改進。當然這必須建立在不侵犯對手專利權的基礎之上。由於服務產品生產消費的同時性，服務產品不能被「拿」出來

交給R&D部門進行剖析研究。獲得對手資訊的最簡單的辦法就是雇用服務「嘗試者」去體驗對手的服務。許多超市就採用這種辦法來了解對手的價格、包裝、售後服務等內容，並將其與本身服務對比，從中發現問題，找到服務改善和服務設計的新思路。

　　一個主意或想法並不能成其為「理念」，因為服務理念是對一項服務產品的形式、功能、目的、效用的全面描述，也是一個可以進行組織操作（或商業操作）的概念。對於某項服務所產生的一個主意或想法，都必須轉化為完整的服務理念才能為服務設計指明確定的方向。以旅行社組織的探險旅遊為例，首先是一個「探險旅遊」的想法，然後將這個想法擴展開去，明確其目標客源、時間、內容、功能效用之後，才形成最後的「探險旅遊」的服務理念，如圖3.2。

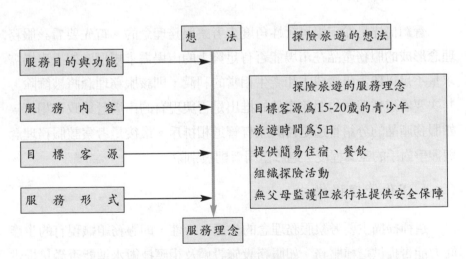

圖3.2　探險旅遊的服務理念的產生

二、服務理念掃描

　　某種服務理念形成後並不意味著它就值得服務組織將其發展成爲一種服務產品，因爲這個服務理念可能在實際運作中受到某個方面的局限性的約束（如服務組織的財力、技術力量）而不能眞正提供出來。所以形成後的服務理念還需要一個「掃描」過程，以考察其可行性、可接受性和風險度。這種「掃描」要經過若干階段，分別從服務組織不同的管理功能角度來進行考察，包括營銷、運作管理和財務等方面。掃描過程如同過濾過程，每經過一個掃描階段，都可能會有一部分服務理念由於不合適而被篩除，只有經過所有階段的考察的服務理念，才能最後成爲可爲服務組織採用的理念，如**圖3.3**所示。

（一）營銷掃描

　　營銷掃描是從市場可行性角度來考察服務理念的。首先要看該服務理念形成的服務產品在市場能否有足夠大的市場需求規模。如果市場需求量不足以覆蓋研發成本和產生相當的利潤，則該服務理念將被篩除。其次要看這種理念的服務產品的推出是否與現有的市場營銷政策相符，如服務產品的分銷管道是否與原有管道相排斥。最後是考察該服務理念與競爭對手的差異程度，過於雷同者則被剔除。

（二）運作管理掃描

　　這種掃描主要考察服務理念的生產可行性，即服務組織現有的生產能力能否提供這種服務。如服務設施設備及相應技術水準能否滿足提供該服務的生產要求，是否擁有能提供該服務的具有特別技能的員工，服務內容是否匹配等。另外，在這個過程中，還應估算出提供該服務的大致成本。

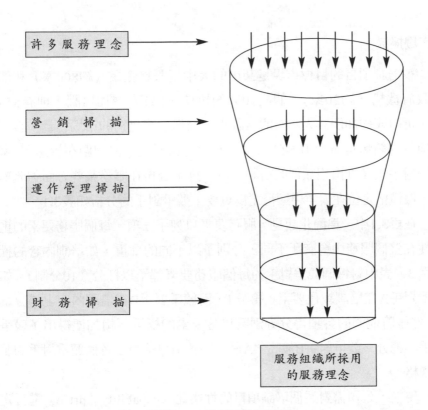

許多服務理念

營　銷　掃　描

運作管理掃描

財　務　掃　描

服務組織所採用
的服務理念

圖3.3　服務理念掃描

(三)財務掃描

顧名思義，財務掃描就是要從財務運作可行性的角度來衡量該服務理念。如提供該服務產品的資金需要量、運作成本、可能的利潤率、投資收益率、投資回收期、現金流量等。

下面我們以一家培訓公司推出某種培訓班爲例來說明服務理念的掃描過程。某市一家培訓公司擬推出服務運作管理培訓項目，需對這個服務理念進行掃描。

❖ **市場掃描**

該培訓項目的目標市場是某市的大中型服務企業（約800家）和部分政府機構（約20家）。假設70％的單位派出1人參加培訓，則有574人，可組成約20個30人左右的培訓班，因而具有足夠的市場容量。該培訓項目的銷售推廣管道與公司原有的管道相匹配。但問題在於還有3家競爭對手也在推出相類似的培訓項目，雖本公司在服務某些方面強於對手，但價格定位在競爭中顯得尤為重要，競爭對手的分析如**表3.1**。

在**表3.1**中，為簡化起見，服務要素只列了三項。每個服務要素的重要性在整個服務中會有所不同，分別予以不同的權重，如培訓內容的權重為3。表中對每個競爭對手的每個服務要素都予以打分（10分制），如競爭對手A在培訓教員要素上得分4，而競爭對手B在培訓內容上得分為7。然後將他們的各項得分分別乘以各要素的權重再相加便得出了競爭對手的總分。競爭對手B最高，A最低。表中也給出了各個競爭對手的服務價格。

現在，公司需對這個培訓項目的性價比（capability / price）進行定位，根據上面的分析，公司決定採用一個中等價位但服務偏好的定位。價格定在600元，但服務品質得分在38和43之間。**圖3.4**說明了這一性價比定位。

表3.1　市場掃描

權　　　重	服務要素的評分				價格
	培訓設施	培訓內容	培訓教員	總分	
權　　　重	1	3	2		
競爭對手A	8	4	4	28	450
競爭對手B	6	7	8	43	880
競爭對手C	6	6	7	38	680

❖運作管理和財務掃描

　　公司現有的培訓設施設備以及教員組成都適合於這種培訓項目，運作管理方面基本上沒有問題。

　　最後進行財務可行性分析。由於舉辦培訓班的一次性投資不大，資金方面無問題。而主要問題是成本─利潤分析。有兩種方法可進行此類分析。首先是「自上而下」或「價格遞減」方法。將預定價格減去分銷商（如其他培訓公司）的利潤，再減去推廣費用，這樣就得出公司的培訓成本與目標利潤之和。若分銷商利潤為10％，推廣費用為5％，則公司的培訓成本與目標利潤之和為$600-600×10\%-600×5\%=510$元。若公司的培訓成本與目標利潤率為50％，則公司的成本需控制在255元。經成本分析，公司顯然能將成本控制在255元以下。具體成本分析如下，培訓場地租金平均每人分攤80元，培訓資料10元，培訓設備折舊費用每人分攤20元，講課費每人分攤100元，其他人事費為20元，合計230元。

　　另一種方法為「自下而上」或「價格遞增」法。把各項成本相加得

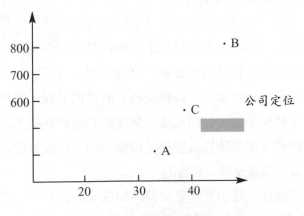

圖3.4　服務產品性價比定位

出總成本和目標利潤，由上面分析可知為230元，根據上面的分析可知，公司的培訓成本和目標利潤之和為510元，那麼減去成本可得出公司的利潤為510－230＝280元。公司可根據這個利潤額來分析投資回收率和投資回收期，考察該項目的財務可行性。

初步的服務理念經「掃描」之後，在可行性、可接受性和風險度三方面都通過了「考驗」，服務組織就可將其列為「已形成的服務理念」，並依據此理念制定服務產品設計方案，設計相應的服務要素組合和服務流程。

第二節　服務要素組合模型

服務理念形成之後，服務組織需將其「翻譯」成可以滿足顧客需求的服務產品，即把服務理念體現為具體的服務產品內容。服務要素組合的設計就是一個將服務理念轉化為具體服務產品內容的過程。服務要素組合模型則為服務要素組合的具體設計提供了理論依據。

一、服務要素組合的涵義

從服務的定義中，我們可以知道，服務是一個消費者參與生產的體驗過程，服務的生產提供因消費者的直接參與而變得複雜。服務產品的生產提供不存在一個單獨的「純粹服務」的提供過程，服務本身必須與許多相關因素聯繫起來，共同組成一個完整的服務產品。如要提供一種良好的飯店服務，優質硬體設施和可口衛生的菜餚以及親切熱情的態度乃至整個消費氣氛都是非常必需的。

所以，服務產品是由許多要素共同組成的，既有無形的所謂「純粹服務」，又有提供和消費這種服務的有形物質要素。服務組織把這些要

素組合在一起就形成了能滿足顧客某種需要的服務產品，如同服務組織
將所有服務相關要素捆綁在一起，形成一個服務要素的「包裹」提供給
顧客。這就是服務要素組合概念的由來。

　　我們可將服務要素組合定義爲：服務要素組合是能爲人們提供服務
體驗的在一定設施環境中的無形服務與有形物品的組合。

　　服務要素組合概念實質上是服務產品概念的發展，它秉承了服務產
品關於「服務體驗」的內容，並在此基礎上闡明了組成服務產品的各種
要素。因此，相對於服務產品概念，服務要素組合定義的提出對服務組
織進行服務產品設計具有更實際的意義。

二、服務要素組合模型

　　組成服務要素組合的要素較多且複雜，既有物質因素又有非物質因
素，既有功能性要素又有技術要素，還牽涉到生理滿足和心理感受。因
此有必要對這些因素進行分類考察。

（一）從服務要素的有形性與無形性來建立服務要素組合模型

　　服務要素組合模型如**圖3.5**。

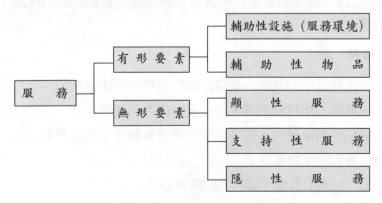

圖3.5　服務要素組合模型1

❖**輔助性設施（服務環境）**

這是提供服務的物質環境，是服務的物質載體，包括各種提供服務所需的硬體設施、設備和物質空間。如提供醫療服務的醫院建築及醫療設施，提供航空服務的飛機和機場。

❖**輔助性物品**

這是與服務提供相關的供消費者購買或消費的物質商品，如飯店服務中應提供給顧客的食品飲料、汽車修理服務的供替換的零件、銀行服務中應提交給客戶的文件等。

以上兩項屬於組成服務整體產品的有形要素部分。

❖**顯性服務**

顯性服務是指消費者經由體驗服務過程所能明顯感受到的該服務所帶來的利益。如經維修服務後的汽車運行變得正常、牙醫服務使病人免除了牙痛、諮詢公司的營銷方案使客戶產品銷售量大增。當然，顯性服務還包括能帶來這些利益的服務內容本身。

❖**支持性服務**

支持性服務是指為提供顯性服務所必需的支持性工作，常常表現為「後台」工作。如牙醫診所的病人檔案的整理、餐廳廚師的烹調工作和洗碗的清潔工作。

❖**隱性服務**

隱性服務是指消費者在體驗服務的過程中所能得到的隱含於服務當中的心理方面的滿足和利益。如在銀行辦理個人貸款時，客戶所能感到的個人隱私得到保護的心理滿足；在豪華餐廳享受美味和氣氛後得到的人格地位得到體現的滿足。

以上三項屬於服務整體產品的無形要素。

（二）從服務提供的層次和各要素可控制程度來建立服務要
素組合模型

服務要素組合模型2如圖**3.6**。

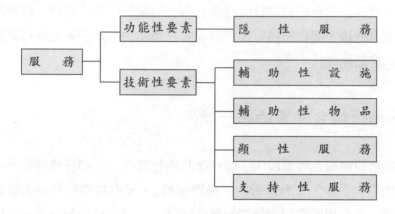

圖3.6　服務要素組合模型2

　　技術性要素構成了服務產品的技術品質，它們是可衡量的、可控
的，也可依據一定規則去設計。功能性要素構成的是服務的功能性品
質，是更深次的隱含性的心理因素，它很難被衡量和控制，受被服務者
的主觀感受的影響很大。

　　從以上兩個服務要素組合模型可看出，服務產品實質上是一種複合
型產品，包括有形和無形成分，也含有生理要素和心理要素。影響服務
品質不僅有客觀要素，也有消費者的主觀感受，這就決定了服務產品設
計的複雜性和難度。

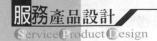
第三節　服務要素組合設計

　　服務要素組合模型闡明了組成服務產品內容的各種要素和各要素的性質，這就爲服務組織進行服務產品內容的設計提供了思路。根據服務要素組合理論，服務組織可確定組成服務產品的各種要素並進行針對各要素的細節性設計。

一、服務組合要素的逐一確定

　　服務要素組合模型說明了服務產品的整體性。一項完整的服務產品涵蓋的內容很多，既有無形的「純粹服務」，又有提供服務所必備的設施環境，還有與服務提供相關的有形物品。一項完整的服務產品不僅要滿足顧客的顯性需求，還要顧及其心理感受。

　　服務組織進行服務要素組合的設計，應首先從顯性服務要素著手。顯性服務是顧客完成服務消費後所能明顯感受到的「利益」或「效用」，也是顧客購買該服務產品所期望得到的主要「利益」或「效用」。所以顯性服務所帶來的利益是服務產品功能的核心，任何一個服務要素組合設計都必須把顯性服務列爲各要素組合的中心。服務組合其他要素的設計都必須圍繞這個中心來展開，顯性服務要素可依據服務理念的內容來確定。在服務設計中，顯性服務不僅僅表現爲消費某種服務所獲的利益或服務產品的功能，還應被「翻譯」成能提供這些利益或功能的服務內容，這些服務內容常常表現爲「前台服務」，即服務者直接與顧客接觸所發生的服務行動，在西方國家被稱作「服務接觸」（service encounter）。不同的服務組織提供迥異的服務產品，其顯性服務的內容與表現各不相同。

　　其次，根據顯性服務的要求來分析服務產品所帶來的隱含性的心理利益——隱性服務。我們前面所提到的服務產品是一種「體驗過程」就表現在此。體驗經濟時代的服務產品優越於過去，主要由於它們不僅僅能滿足人們的常規服務需求，還能使人們在消費過程中得到心理上的享受，使服務過程成為真正意義上的「身心體驗」。隱性服務要素的確定需基於對顯性服務的內容的理解和進一步的挖掘。如顧客視銀行ATM服務所帶來的顯性服務利益為「方便支取現金和其他支付行為」，而其中隱含的心理期望則有「個人隱私得到保護」，這就為ATM服務的設計提供了思路：許多銀行在ATM的外部加了一個類似雨棚的遮蓋物，遮蓋物只能容納一人，從而保證了顧客能在一個相對封閉的空間內接受服務，滿足了「個人隱私得到保護」的心理需求。

　　再次，根據顯性服務和隱性服務的內容設計支持性服務。支持性服務是為提供顯性服務所必需的支持性工作，一般被認為是所謂的後台工作，不為顧客所見到。支持性服務設計主要從工作功能性角度著手，強調效率和結果。

　　最後，圍繞前面所討論的所有的「純服務」的內容來考慮服務的有形要素——輔助性設施和輔助性物品。這些要素是服務提供系統的物質載體，同時也是服務產品的重要內容。輔助性設施設計的具體內容將在後面章節中詳細討論。

　　輔助性物品的作用在不同服務產品中有所不同。如零售商店、豪華餐廳服務中的有形物品的重要性就比諮詢服務、教育服務要大得多。服務產品的無形性在一定程度上影響了服務在人們記憶中印象的長久性，也可能影響人們對服務產品的價值評估（對許多人來說，一件實實在在的物品要比一次無形的服務經歷顯得更具價值）。因此，如何在一定程度上將無形服務產品「有形化」成為服務產品設計的一大任務。在涉及有形物品較少的服務產品設計中，這一點顯得尤為重要。服務消費結束後向顧客贈送小型紀念品或紀念性的日用品、辦公用品是這類服務組織

提供「有形化」服務的常用手段。

二、服務要素組合原則和趨勢

　　一項優質服務產品是一個各項要素組合適當的服務組合。服務組織不僅僅要確定服務組合的各要素的內容，而且應注意各要素的組合結構和比例。隨著體驗經濟和知識經濟時代的到來，服務組合設計的要素組合出現了一些新的趨勢，以下原則代表了這一設計潮流：

(1)突出顯性服務的核心作用，任何其他要素的設計都必須圍繞這個核心。

(2)注意有形因素與無形因素的搭配。特別在涉及有形物品較少的服務產品設計中，適當增加有形的輔助性物品的比重能取得較好的服務效果。

(3)加大「心理利益」的比例。在體驗經濟時代，提供更多的隱性服務是服務發展的方向。

(4)增強服務設施設備的作用，發揮先進技術的功能，將以人力服務為主的服務產品高科技化，也成為服務設計的一個重大趨勢。

(5)支持性服務要素的發展出現了兩個方向。一是減少前台服務（代表顯性服務），增大後台服務規模，以謀求後台工作的規模化和標準化，實現低成本運作。二是後台服務「前台化」，以高透明度降低顧客的購買風險和追求服務產品的表演性。如越來越多的「開放式廚房」。

三、衡量服務組成要素的具體標準

（一）輔助性設施

(1)坐落地與建築物。

(2)內部裝修：如裝潢格調、裝潢外觀、品質等。

(3)設備：如智能化程度、機器運轉的可靠性。

(4)建築物：如建築風格、外觀吸引力、與環境的協調程度。

(5)設施設備的佈局：如服務等候區域的安排、服務路線的順暢。

（二）輔助性物品

(1)標準化和一貫性：如物品成分的一貫性，餐廳菜餚配方、口味的
一貫性。

(2)品質：如大小、外形、耐用度、美觀度等。

(3)花色品種齊全與否。

（三）顯性服務

(1)靈活性：員工是否受到足夠的培訓、是否擁有應對各種服務場景
的能力、服務能否滿足顧客的特殊要求。

(2)一貫性：服務是否守時、服務是否標準。

(3)可獲得性：顧客是否能24小時得到服務、是否能透過多種管道與
服務組織進行聯繫。

(4)綜合性：能否向顧客提供多種綜合性的服務。

（四）隱性服務

(1)服務態度：服務態度是否親切、熱情、大方、友善。

(2)服務消費氣氛：消費氣氛的造就能否爲顧客更好地進行服務體驗提供幫助。

(3)等候時間：等候時間長短是否給顧客心理造成影響。

(4)能否滿足客人的自我成就感。

(5)能否滿足客人的私密性與安全性要求。

（五）支持性服務

(1)效率：後台工作效率是否適應前台服務的速度要求。

(2)及時性：後台工作是否能及時爲前台服務提供支持。

(3)可靠性：後台工作差錯率較低。

歐洲經濟型旅館、青年旅館的設計理念與服務組合要素

一、經濟型旅館

經濟型旅館（budget hotel）是近年來爲歐洲飯店業廣爲推崇的一種新型旅館形式，許多著名的高級飯店集團都相繼把開發這種旅館形式作爲自己產品結構改善的一個主要發展方向。

經濟型旅館概念的形成源自於對飯店業需求趨勢的分析。旅遊的大眾化和經濟蕭條減少了對高級飯店（hotel）的需求，而低價位的簡單客棧（hostel）和青年旅館（youth hotel）又過於簡陋。這就引發了對新的飯店產品的思考：能否在這兩者之間找到一種中間型產品？

經濟型旅館應運而生。它的服務理念是爲顧客提供一種低價位的簡單但十分有效的飯店服務。其價位比hostel和youth hotel略高，但大大低於hotel。它沒有hotel的齊備設施和綜合服務，但能滿足顧客外出旅行的基本要求：住宿和膳食以及一些簡單的配套服務。這比只提供住宿和自動膳食的hostel和youth hotel要好得多。

在這種理念的指導下，經濟型旅館的經營者們設計了自己獨特的服務組合。

1.輔助性設施

建築材料最好能用結實耐用且不需養護的材料，磚頭比較合

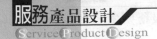

適。如果用石料或玻璃帷幕則成本太高。空調系統最好不採用中央控制，而用分體式，有利於節能。其他設施都以簡單、實用為好。

2.輔助性物品

選用用過即丟的杯具替代玻璃瓷器，供應的餐食也以簡單為宜。住經濟旅館的客人在吃的方面也會很節省。

3.顯性服務

客房服務員都以統一的標準打掃清理房間，餐廳服務員提供簡單快速的餐食服務。

4.支持性服務

後台服務和工作人員數量較少，支持性的工作如廚房工作、人事管理等都由前台人員兼任。

5.隱性服務

總服務台員工表現出良好的人際交往能力。

標準化的服務能滿足顧客的服務期望，顧客感到「物有所值」。

然後，我們將品質標準與服務要素組合結合起來，分析組成服務的要素如何達到品質要求，見**表3.2**。

二、青年旅館

我們再介紹一下青年旅館的服務產品的內容及特點。讀者可根據上面經濟型旅館的服務組合分析方法，自行總結青年旅館的服務組合。

歐洲是世界上最大的旅遊客源地，同時也是最大的接待區，旅館業極其發達。青年旅館是其中特點十分鮮明的一種類型。

表3.2 品質標準與服務組合

服務組合要素	詳細項目	衡量標準	對不合標準的修正
輔助性設施	建築物外觀	無脫漆	重漆
	地面	綠草地	澆水
	空調、供熱	溫度在25℃-28℃之間	修理或置換
輔助性物品	電視	正常收視	修理或重置
	肥皂供應	每床位一塊	添加
	冰塊	每房一桶（冰桶）	添加
	餐食	麵包、牛奶新鮮	調換
顯性服務	房間乾淨度	無污跡、垃圾	用清潔設備打掃
	總台服務	快速	培訓員工
	餐廳乾淨度	無污跡、垃圾	用清潔設備打掃
隱性服務	安全	有消防設施、通道和門鎖	修理或置換
	氣氛	友好、輕鬆	培訓員工

　　一般旅館、飯店的客源市場都呈現多元化結構（當然每個旅館都有其主導客源），極少把企業的經營捆綁在某一個單一的市場板塊之上。相應地，一般飯店的服務設計也反映了這一客源結構，即具有較廣市場範圍的適應度。這種設計理念就是我們平時了解的所謂飯店的基本形象，有敞亮的大廳、具衛生設備的客房、舒適的餐廳、無微不至的服務等。

　　而青年旅館則採用了另一種截然不同的策略和服務設計。青年旅館是專為青年學生提供膳宿服務的企業。它的目標市場是一個單一的特點鮮明的板塊──青年學生。近年來，青年學生外出旅遊為旅遊市場的一個重點。作為沒有穩定經濟收入的旅遊者，青年學生很難支付傳統旅館飯店的住宿費用。同時，他們在旅遊過程對膳宿要求亦保持在較低水準，不需要更多的配套設施。因此，為他們提供一種相應的膳宿服務便成為青年旅館的服務理念的起源。

　　由於目標市場單一且特點鮮明，學生旅館採用了針對性極強的

服務設計。設計理念的核心就是提供一種最基本最簡單從而是最廉價的膳宿。旅館選址在城市較偏僻的邊緣地帶，一般都利用舊房子改造而成，一般沒有直接的通道與街區相連。這樣就降低了土地成本或租金。

青年旅館的大廳很小，常常與簡易餐廳共用一個空間。地下室常被用來作為餐廳或娛樂活動室（只有一台電視機和一些舊家具）。客房內沒有單獨的衛生設備，往往十餘間客房共用一個公共衛生間。衛生間內沒有浴缸，只設淋浴，一般有熱水供應，但供應時間有限。衛生間內除衛生紙之外沒有盥洗用品和毛巾。房內無電視機、檯燈、落地燈和寫字台等家具，只有床和少量簡易座椅。這裡不使用一般飯店常用的彈簧床，而是多層的高低鋪。所以這種旅館出售床位而不是房間。

餐廳設施也很簡單，狹小的桌子和簡易椅，除幾張現代藝術畫之外無任何裝飾。廚房是開放式的，供青年學生自助烹調。烹飪設備僅限於簡易食品製作。

旅館的服務風格為簡單、樸素、自助。在這裡，找不到所謂樓層服務員、餐廳服務員、安全人員。唯一能看到服務存在的是總服務台，一般只有一位員工當班提供所有有關入住登記甚至結帳服務。

旅館雖設有餐廳，但除提供簡易的歐陸式早餐之外（麵包、牛奶或咖啡、水果），沒有任何正餐服務。廚房是為學生自助烹調而設的。

為適應青年學生的特點，旅館還設有小型網咖，但需收費。另備有一些青年雜誌和報紙及旅遊地圖，供消遣並為自助旅遊提供幫助。

青年旅館的價格十分低廉，一般在5-9英鎊之間。而一般經濟型旅館的價格則在20英鎊上下。

青年旅館通常不做廣告，只透過專業組織來進行銷售，如學生會、學生社團和部分學生旅行社。

Chapter

1
2
3
4
5
6
7
8
9
10
11

· 第四章 ·
服務流程總體設計

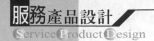

服務流程是服務組織向顧客提供服務的整個過程和完成這個過程所需要素的組合方式，是服務產品設計方案的重要組成部分。服務流程的總體設計則從服務提供系統的總體出發，確定服務提供的基本方式和服務生產特徵，爲進行服務流程各要素的具體的、細節性的設計規定基本方向和總體思路。

第一節　服務流程總體設計與服務流程的類型

服務組織進行服務流程的總體設計，首先應根據服務產品的特點來確定服務組織所屬的服務流程的類型。

一、服務流程的涵義

服務流程是服務組織向顧客提供服務的過程和完成這個過程所需要素的組合方式，如服務行爲、工作方式、服務程序和路線、設施佈局、材料配送、資金流轉等。

從運作管理的角度出發，服務流程可視爲服務組織對服務對象——顧客和必需的資訊與材料進行「處理」的過程，和這個過程的組成方式（如圖**4.1**所示）。

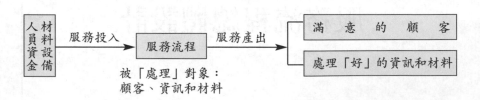

圖4.1　服務流程示意圖

服務業門類眾多，服務內容各自不同，自然也需要與之對應的服務流程來「處理」不同的服務對象：顧客、資訊和材料。

二、服務流程總體設計

雖然服務流程包括了服務提供過程的所有要素，但服務流程的總體設計並非對各要素進行細節性設計，而是從整個服務提供系統的總體出發，確定服務提供的基本方式和服務生產特徵，爲進行各要素的具體的、細節性的設計規定基本方向和總體思路。

所以，服務流程總體設計包括以下內容：

(1)確定提供服務產品的服務流程類型。

(2)根據服務流程的類型選擇服務流程設計的基本方法，以明確服務提供的基本方式和服務生產特徵。

(3)對服務提供（生產）系統進行總體描述和規劃設計。

(4)選擇基本流程技術。

三、服務流程的類型

由於服務對象、服務要求的不同和競爭態勢的差異，服務組織必須在服務流程的選擇上做出策略性的決策。流程的選擇具有重要的策略意義，因爲服務流程實質上已包括服務組織提供服務產品所需所有要素的組合方式，決定了服務組織的基本生產類型、技術要求、人員配備、設施佈局和相應的組織機構形式。不僅如此，從服務的特性來看，服務產品本身並不存在一個獨立的形式，而是顧客在服務系統協助下的一個體驗過程。從這個意義看，服務流程本身就是產品。選擇服務流程，實質上也就是選擇服務產品。

　　劃分服務流程可有多種方法，如前文所提的按產品數量及類型多寡，可劃分爲量產型、專業型和店鋪型。這裡爲研究方便，採用了一種類似但不完全一致的劃分方法，由休斯特克提出，劃分標準爲生產的複雜程度和產品類型的多少。**圖4.2**說明了金融服務業的不同服務類型。

　　縱坐標表示了服務提供的複雜程度，如服務環節的多寡、服務連接的緊密度。如外賣型速食店的生產與服務的複雜程度要遠遠低於點菜餐廳。橫坐標表示顧客對產品的需求的差異化程度（產品類型的多少），如銀行的一般個人存款服務的標準化程度很高，而個人理財服務則體現出非常強的個性化。服務業的各類服務組織都可在這個圖上找到自己的定位。

　　根據這個定位，我們可將服務流程進行分類。如**表 4.1**所示。服務流程基本分爲兩類，高的服務差異和低的服務差異（標準化和個性化）。然後再按其流程的主要服務對象再劃分成更小類別，分別有三類：顧客、資訊和有形物品。表中的另一欄對這些分類又進行了進一步

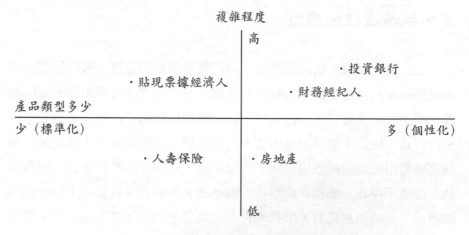

圖4.2　金融服務業的不同服務類型

的劃分，即按顧客與服務者的接觸程度分為無顧客接觸、間接顧客接觸和直接顧客接觸三種，而直接顧客接觸又可分為自助式服務和全面接觸服務。

(一) 產品差異化程度

產品差異化程度較低的服務以標準化服務形式出現。服務工作簡單、重複、技能要求低。由於工作重複性強，所以較容易實現自動化，以機器代替人力勞動。

個性化服務是一種產品差異化程度較高的服務，靈活性大，需服務者自己對服務情景做出判斷，因而對服務者的工作技能要求較高。同時服務組織也應將一定的決策權和處理權下放給一線員工，以便對顧客的需求做出快速反應。

表4.1　服務流程的分類表

顧客接觸程度	低產品差異化（標準化）			高產品差異化（個性化）		
	處理物品	處理資訊	處理顧客	處理物品	處理資訊	處理顧客
無顧客接觸	乾洗服務	處理信用卡的消費帳目		訂做西服、自動維修	建築設計	
間接顧客接觸		網路購物、電話銀行			地面控制的導航工作	
直接顧客接觸 自助服務	操作ATM	ATM提款	自動扶梯、操作電梯	自助餐	在圖書館查找資料	駕駛租來的汽車
直接顧客接觸 全面接觸服務	餐廳的食品服務、洗車	教師講課、銀行存取款	大眾運輸服務、接種疫苗	家庭地毯清潔服務	管理諮詢、畫像	理髮、外科手術

(二）服務對象的不同

雖然把有形物品作為流程「處理」對象是製造業的特徵，但從前面的服務要素組合模型來看，部分服務組織在為顧客提供服務時，還必須提供一些支持性物質產品和為顧客處理一些有形物品，如乾洗的衣物、餐廳的食品飲料、家電維修的零件等。

資訊是所有服務流程中都要「處理」的對象。當然，資訊有時是作為服務對象的主體出現的，如銀行的理財服務、會計師的服務等。在有些情況下，資訊處理是作為後台工作出現的，如銀行對顧客支票的處理過程。另外一些情形是，資訊交流是透過間接手段，如電話、網際網路實現的。在這種情況中，服務者必須每天對著螢幕、守著電話重複工作，這使員工激勵成為一個重要課題。還有一些服務，如管理顧問、資訊交流是透過直接的面對面接觸進行的，這就需要員工有高超的處理各種特殊問題的能力和人際交往的經驗。

「處理」顧客包括牽涉到對顧客的生理改變（如手術、理髮）和位置的改變（如交通）。由於服務者在大多時候都要直接面對顧客，他們必須掌握良好的人際溝通技能，同時服務設施佈局和地點的選擇也必須慎重，因為大多情況下顧客都會親自來到服務場所。

(三）服務接觸的程度

服務者與顧客接觸的程度在不同服務組織有三種形式。其一，顧客親自來到服務現場直接面對服務者；其二，雙方接觸透過間接的方式，如透過電話進行；其三，顧客無須參與服務的提供。銀行服務中這三種形式都存在。申請房屋貸款需顧客與銀行職員面談；取款服務可以透過網際網路或ATM進行；而顧客的財務活動記錄則是完全在銀行後台部門進行，無須消費者的任何參與。

直接性的顧客接觸又可分為兩種形式。一種是顧客來到服務現場而

無須與服務者發生聯繫（如自助式服務）。另一種是顧客與服務者在服務現場全面接觸。自助式服務目前非常流行，因爲顧客可以較高程度地參與服務提供，從而大大地降低了服務的勞動力成本。目前各種新技術都可引入進來發展這類服務。全面接觸的服務類型我們已在前文討論，這裡不再贅述。

間接性接觸的服務給服務組織較大的自由度，因爲顧客不必親自來到服務現場，不會給服務產品生產帶來影響。因此這類服務現場的設計比較可以運用製造業的設計原則。

第二節　服務流程設計的基本方法

服務流程設計的基本方法明確了服務提供的基本方式和服務生產的總體特徵，爲服務流程各要素的具體設計提供了設計總原則和思路。這些方法與服務流程的類型有著必然的聯繫，服務組織應根據各自不同的服務流程類型來選擇相應的流程設計的基本方法。

總的來說，流程設計可有三種基本方法。首先是生產線方法，用於設計標準化程度較高的服務流程。其次便是以鼓勵顧客參與爲目標的流程設計法——自助服務法。而介於兩者之間的中間型設計則將服務劃分成高顧客接觸和低顧客接觸兩種形式，這樣就可使低顧客接觸的那部分服務可以設計成獨立於顧客而存在的技術型單元。

當然流程設計不可能僅局限這三種形式，在實務中，更常見的是這三種形式的結合型。前文所提到的銀行服務就是一個典型，它將多種服務形式結合在一起。

服務產品設計
Service Product Design

一、生產線方法

　　這種方法的目標就是要設計一種可控制的服務環境，提供一種品質穩定的標準化產品並提高組織的工作效率。它適應於顧客對服務需求差異化程度較低的服務流程設計。雖然這類服務不能給顧客過多的個性化照顧，但其規範統一的服務形象、穩定可靠的服務品質和高工業化高效率的服務提供，滿足了那部分個性化要求不高的顧客，成為服務市場中一個特點鮮明的服務類型。許多實施成本領先策略的企業常採用這種方法設計服務流程。

　　麥當勞的就是一個典範。它基本採用工業化生產方式，食品原料在採購時就實現了標準化，入庫倉儲發貨直到烹製過程，都實施嚴格的工業化管理，如稱重、標準配方、標準操作。員工在製作過程中不需做出各種判斷，只要依照標準去做就行了。倉儲也是按產品的標準搭配設計的，沒有任何多餘的位置存放菜單上沒有的食品和飲料。當然，它的菜單也是十分簡單，食品和飲料的品種十分有限。

　　法式炒菜的做法說明了這種方法的細節設計。待炒製的菜餚都是事先切配好的半成品。炒鍋的大小是按標準菜量訂製的。炒好的菜餚被倒入一個大平盤，這樣不至於將菜餚散在盤子之外或撢落到地下造成衛生問題。炒菜用的鍋鏟也是按標準量訂製的，以保證每次操作時菜餚分量的恆定。這些細節設計使廚房生產環境能保持良好狀態，員工操作之後雙手不沾油腥、地面無油污、牆面無污垢。

　　這種流程可說是從頭至尾都經精心「工程設計」過，從預先包裝好的食品到鼓勵顧客自行清理桌面的標誌、明顯的垃圾筒，都體現了這種「匠心」。

　　總之，生產線設計就是將工業設計的理念引入服務設計之中，所形成的標準化服務流程。生產線型服務流程設計有四個方面的基本特徵。

（一）低「自由度」的服務行為

正如工業生產線旁的工人的工作任務是明確而簡單的，這類服務組織中的員工只能按標準進行服務操作，不能「自主」地決定服務行為。一貫的品質和標準化是這種流程的特點。

（二）嚴格細緻的勞動分工

生產線型的流程中，服務任務被拆分許多簡單的任務單元。每一個任務單元由少數幾人完成，這些人擁有一定的完成該項任務的特定技能。這樣，工資支付就只須體現在這些有限的技能上，因而額度較低，勞動力成本下降。

（三）以技術（設備）代替人力

生產線型流程的勞動特點使服務組織實施以技術（設備）代替人力的策略成為可能。標準化、重複性勞動可被設計適當的技術設備所替代，這樣不僅降低了勞動成本，而且還能保持較高的標準程度和一貫的服務品質。關於技術與流程的關係，我們將在後面內容中詳細討論。

（四）服務標準化

麥當勞只提供品種有限的食品和飲料，這樣可以預先組織、生產，減少了生產的不確定性。明確的勞動分工和有序的顧客消費路線使服務成為一個簡單明朗的流程，這樣的流程易於控制，從而也保證了品質的一貫性。另外，標準化的生產服務使服務組織易於採用特許經營的方式進行擴張。

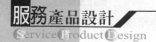

二、顧客作為「合作生產者」──自助服務法

服務產品消費的同時決定了大部分服務消費中的顧客總是扮演著一種非常主動的「合作生產者」的角色。顧客參與服務的生產過程，為服務組織提供了一個將部分服務工作轉移到消費者方面的機會，而且這種轉移還能增強服務的個性化程度。如「必勝客」比薩店的中午自助餐允許顧客自己製作合口味的沙拉並選擇不同作料口味的比薩，而廚師們則只須補充已賣光的品項就行了，而不需像晚餐一樣按顧客的需求製作比薩。鼓勵顧客參與生產，符合服務組織採取的成本領先策略，也能滿足那些喜歡自我服務的顧客的要求。

增加顧客參與的程度，使之在服務設施設備和少量甚至無人工服務的幫助下，依照一定的服務流程進行自我服務的服務方式，就是自助式服務。

（一）顧客選擇自助式服務方式所考慮的因素

在傳統服務與自助式服務之間作選擇，顧客會如何考慮呢？

服務學者貝特遜（J. E. C. Bateson）進行了一次調查，要求顧客運用以下七項標準來考察並選擇服務方式：

(1)完成服務消費所需的時間。
(2)顧客對各種服務情形的控制程度。
(3)服務流程的效率。
(4)服務中人際接觸的多寡。
(5)服務中可能存在的風險大小。
(6)完成服務享受所需付出的努力。
(7)顧客在服務消費中對他人的依賴程度。

調查結果顯示，喜愛自助式服務的顧客把第二項標準視爲選擇自助式服務的最重要的考慮因素。這一點說明了自助式服務的一個重要特徵，那就是顧客在服務消費中起到了主導作用，可以根據顧客自己的要求來完成服務消費，也就提高了服務個性化的程度。

結果還顯示，當服務中可能存在的風險較小、完成服務享受所需付出的努力也不多、顧客在服務消費中對他人的依賴程度較小、服務流程的效率高且簡單時，顧客也傾向於使用自助式服務。

實質上，以上七項標準中的絕大部分可以成爲服務組織在考慮是否採用自助式服務方式時參照的標準。

(二) 顧客參與服務生產的好處

依據顧客參與生產的程度的不同，服務流程可設計從自助服務到完全依靠服務者不等。顧客參與生產爲服務組織帶來下列好處：

❖以顧客參與代替服務勞動力

西方勞動力成本很高，服務組織十分注重用顧客參與來代替服務勞動力。越來越多的自助沙拉吧出現在餐廳中，航空公司更多地鼓勵顧客自己搬行李。許多的新技術都被用來鼓勵顧客參與生產，如ATM和自動長途撥號服務系統。現代消費者似乎習慣於成爲「合作生產者」，以享受參與服務所帶來的低成本。還有很多消費者十分喜歡自我服務所帶來的對消費過程的「控制感」。顧客參與生產還能擴展服務容量，而且是一種適時的擴展，即服務容量在顧客需要的時候得到了增加。

❖平衡服務需求

服務需求總是波動的，一天的不同時段不同（如餐廳），一週的不同日子不同（娛樂服務），一年的不同季節不同（旅遊度假村）。這給服務組織的服務容量管理帶來了相當的困難。讓顧客參與生產能夠平衡服務需求。服務組織常用的方法是透過預訂來調整顧客消費的時間，作爲

補償，顧客可避免服務高峰所帶來的長時間等候。當然，在服務高峰期以價格槓桿調節需求也是一種途徑。

若服務高峰無法避免，則必須讓顧客等候。顧客等候實質上也相當於增加了服務容量。爲此許多服務組織以較低的服務價格來作爲顧客等候的補償。很典型的標誌語是：您的等候使我們的價格更低！當然，這種做法並不一定能使所有顧客滿意，因爲不同顧客的時間觀念是不同的。

（三）自助式服務設計的要點

自助式服務設計的重心有兩個，一是減少服務中的人際接觸，二是提高服務的個性化程度。圍繞這兩個核心，進行自助式服務設計應遵循以下幾個設計原則：

❖以服務設施設備的投入來取代服務人力的投入

在服務提供中減少人力投入，而代之以服務設施設備，特別是一些新型技術設備。在這些設施設備的幫助下，由顧客完成自我服務。

❖簡化服務操作

顧客不喜歡在自我服務時投入較多精力來從事複雜的服務操作。服務組織必須簡化服務的操作流程。自助式服務設計要考慮顧客與服務設施設備的「人—機」互動關係。傻瓜型服務「人—機」關係最爲合適。

❖服務標誌明顯，服務資訊傳遞通暢

顧客置身於無服務者的情況下要完成自我服務，需足夠的資訊傳遞來告訴他們「下一步」應該怎麼辦。因此，服務標誌和表示服務流程等服務資訊的設備需大量在服務場所設置。而且這些傳遞資訊的設備設施需置於明顯處。

❖**服務路線與界面的設計應符合人們的自然消費習慣**

　　服務路線與界面（如網站的網頁）的設計應儘量符合「人之常情」，即人們的一般消費習慣。服務環節之間的連接應為「人之常情」的自然銜接，即顧客很「自然」地沿著服務路線（程序）繼續下一環節的服務體驗。如自助餐的擺設應按正常的用餐順序來安排，冷菜→熱菜→湯→點心→水果。網頁的設計也應考慮人們的自然視覺習慣，螢幕中心為核心資訊，遵循從左至右、從上到下的順序安排其他內容。另外，盡力使界面安排符合顧客的消費經驗，如網頁的安排與其他網站相類似，提高服務產品的「大眾適應性」。

❖**顧客培訓**

　　引入新設備時有必要對顧客進行「培訓」。「培訓」的方法如設置一些試用型設備，讓顧客在服務消費之前進行試用，熟悉使用方法。另外可在服務入口處設置簡明易懂的服務指南，指導顧客消費。

　　對顧客的「教育」和「培訓」還能增加服務容量，平衡服務需求。許多服務組織，特別是一些專業型服務，傳統上總認為讓顧客對服務保持「無知」狀態，以體現出服務的價值，但如果「教育」和「培訓」了消費者，反而會增加消費機會。如消費者對汽車知識了解較多，當汽車發出不正常聲響時馬上想到要送到維修廠檢查，而不會置之不理。另外，「培訓」過的消費者還可充當品質檢驗員的角色。

三、顧客接觸法

　　這是介於前兩者之間的一種方法，它兼顧了鼓勵顧客參與服務提供和組織有效後台生產兩方面，符合大部分服務組織的產品特徵，因而在服務業中得到較為廣泛的應用。

　　工業品的製造是在一個可控環境下進行的，工業流程設計集中在有

效地將生產投入轉化爲產出，並依靠倉儲這一槓桿來平衡需求與供給。但是這都是在顧客沒有參與的條件下進行的，而服務生產則不能回避這一問題。服務管理者切斯（R. Chase）認爲，服務系統可分爲高顧客接觸區與低顧客接觸區兩部分。低顧客接觸區，即後台區的運作與製造業類似，自動化生產也可引入它們的運作。高顧客接觸區即前台區的運作表現出服務業的獨有特徵；生者者與消費者直接發生接觸，共同完成服務的提供與消費。這種服務活動的區分使後台進行規模化生產的同時又能在前台爲顧客提供人性化服務。

當然，這取決於顧客接觸機會的多寡和將低顧客接觸的技術核心獨立出來的能力。所以這種方法在以「處理」物品爲主的服務流程或服務組合中涉及較多有形要素的流程中比較常見，如乾洗服務。

（一）顧客接觸

顧客接觸是指顧客親自來到服務現場。顧客接觸的程度可用顧客在服務現場的時間與總共服務時間的對比來衡量。在高顧客接觸的服務中，顧客決定了服務需求高峰的時間和服務的本質內容，服務品質的好壞取決於顧客的親身體驗。而在低顧客接觸的服務中，顧客對服務提供沒有直接的影響，他們很少或沒有參與服務中，顧客對服務提供沒有直接的影響，因爲他們很少或沒有參與服務提供。有些服務即使屬於高顧客接觸類型，我們仍然可以將一部分功能當成製造業組織來運作。如大眾運輸系統中的維修部門，飯店的洗衣房都屬於服務系統中的「工廠」。

（二）高顧客接觸與低顧客接觸的區分

這一區分在**表4.2**中已列出。在高顧客接觸區域員工應有良好的人際交往能力，其服務任務與服務活動也顯得不確定，因爲顧客決定了服務需求的高峰或者從一定意義上說，決定了服務本身。低顧客接觸的區域可以從服務系統中獨立出來，但並不是意味著這個區域完全不與顧客接

表4.2 高顧客接觸與低顧客接觸的設計要點

設計因素	高顧客接觸	低顧客接觸
服務地點	接近顧客	接近供應商、交通點或勞動力
設施佈局	滿足顧客的生理心理需要	方便生產、提高效率
產品設計	服務環境和有些產品都會影響服務	顧客主要關心的是服務何時完成
流程設計	生產過程受顧客影響	顧客沒有參與生產過程
生產時間安排	顧客影響必須考慮	顧客主要關心的是服務何時完成
生產計畫	訂單不能貯存,生產調節難度大	訂單可以貯存,生產可以調節
員工技能	人際交往能力	技術能力
品質控制	品質標準受顧客主觀影響,因此是變動的	品質標準是可度量的,因而是固定的
時間標準	服務時間取決於顧客,因此時間標準是鬆動的	時間標準嚴格
工　　資	不同的工作要按工時計酬	按件計酬
容量規劃	按營業高峰需求量確定服務容量	服務容量可按平均水準規劃
預　　測	短期的,以時間為導向	長期的,以產量為導向

觸。這種前後區分的主要好處就是後台可以像「工廠」一樣有效地運作。

　　航空公司有效地利用了這一區分。空服員穿著制服在前台區域為顧客服務,而行李員和維修人員卻很少露面,他們在「背後」像「工廠生產」一樣從事後台工作。

(三) 銷售機會與生產效率

　　高顧客接觸增加銷售機會,即服務者直接向顧客推銷更多的服務。而高顧客接觸對生產效率的影響是負面的,即接觸越多,生產效率越

低，反之則高。選擇服務流程時，應在這兩者之間做出選擇。當然，許多服務組織會選用多種服務流程來確保銷售機會和生產效率的同時提高。

第三節　服務競爭策略與流程總體設計

服務組織處在一個高度競爭的環境中，受到各種複雜的環境因素的影響和制約。這就要求服務組織的管理者能洞察形勢，把握大局，制定適合於服務組織自身特點和競爭環境要求的策略。服務組織競爭策略決定了服務產品的具體內容，從而也影響到提供這些服務產品的服務流程的設計。

一、什麼是策略？

服務組織的管理者在管理過程中要進行多種管理決策，但並不是所有的決策都是策略性的，只有當這些決策符合下列特徵時，才能成為策略：

(1)這些決策在組織中的影響是普遍的，對組織的生存和發展的影響是重大的。
(2)決策內容確定了服務組織在競爭環境中的位置。
(3)決策的目標是長期的。

二、競爭環境

任何服務組織都不可能在「真空」下進行運作，而是處於一個複雜

的環境中，受到多種環境因素的影響和制約。這些因素包括社會的、政治的、經濟的和技術的因素。在西方營銷理念中，把這些因素概括為STEP，即social（社會的）、technological（技術的）、economic（經濟的）、political（政治的）。

服務組織都生存在一個十分困難的環境中，我們以其經濟環境為例，說明這一困難度和複雜程度。

（一）服務行業的可進入性相對較高

服務產品的專利性不強，而且很多服務組織都不是資本密集型組織，無須一次性大量投資。這樣，服務業的產品創新很容易被模仿，外界要進入服務行業參與競爭的難度不大。

（二）實現規模經濟的可能性較小

大部分服務產品的生產和過程是同步的，顧客必須親自到服務場所才能享受服務。這就使服務的目標客源市場常常局限在一個有限的地理範圍，導致服務規模不能太大。當然有的服務組織利用特許經營和電子通訊的方法來打破這一限制。

（三）銷售的波動和季節性強

服務的需求在一年的不同季節、一週的不同日子、一天的不同時段都會有很大的變化，造成營業的不穩定。

（四）服務組織的小規模使其在市場中處於弱勢

大部分服務組織都是小規模，實力不強，這使他們在與顧客和供應商的商務活動中處於弱勢地位，其「討價還價能力」（bargain power）相對較弱。

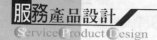

（五）其他替代品的威脅

物質產品的創新可能會成為服務的替代品，如家用電腦遊戲軟體及硬體對電子遊戲經營場所的衝擊。所以服務組織不僅要密切關注來自行業內的競爭，而且還要注意來自製造業產品創新帶來的行業外替代品。

（六）顧客忠誠度

服務過程中的人際接觸使服務組織能建立與顧客的長期性關係，增強顧客的忠誠度。這樣就使新的競爭者難於搶奪市場。

在服務業中，每一類行業都有經營成功的服務組織，他們克服了這些困難而發展起來。如餐飲業中的麥當勞就是典型。而服務業的新進入者，就必須制定適合於其行業特點的服務競爭策略，克服這些困難，以謀求競爭中的一席之地。

三、服務競爭基本策略

管理學者波特（M. Porter）提出了競爭策略的基本模型，如**圖4.3**。他將企業（組織）參加競爭的策略劃分為三大基本類型：總成本領先策略、差異化策略和集中化策略。

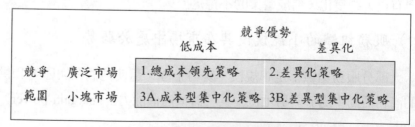

		競爭優勢	
		低成本	差異化
競爭	廣泛市場	1.總成本領先策略	2.差異化策略
範圍	小塊市場	3A.成本型集中化策略	3B.差異型集中化策略

圖4.3　競爭策略基本模型

四、服務競爭基本策略與服務流程總體設計

(一) 總成本領先策略與服務流程總體設計

　　總成本領先策略是三大策略中最清楚、最易理解的類型，採用這種策略的組織希望成爲本行業中成本最低（或較低）的產品提供者。

　　總成本領先策略需要服務組織具有相當的運作規模、嚴格的成本費用控制和不斷的技術革新。低成本運作爲服務組織提供了一道保護屏障，使效率相對較低的競爭對手承受大的競爭壓力。實施總成本領先策略，服務組織一般要在主要設備上大量投資，採用競爭力極強的低價，並承受在進入市場之初遭受的損失，以贏得市場占有率。有時總成本領先策略的採用，還可能導致在某個行業的整體革命，像麥當勞模式對速食業的影響，沃爾瑪（Wal-Mart）對於零售業的影響，聯邦快遞（Federal Express）對於郵遞業的影響。實現總成本領先策略的服務組織在服務產品內容及流程總體設計上有如下特徵：

❖尋找低成本顧客

　　對於有些顧客，服務組織只須以很低的成本就能滿足其需求。這類顧客可以成爲採用總成本領先策略的服務組織的可能目標客源。如美國聯合汽車協會在汽車保險業中成績卓然，主要原因是該協會的主要客源是服務成本較低的軍官，軍官本身使用車險的機率要比社會平均水準低，相應的保險賠償就少得多。再者，軍官的流動性很大，很習慣於透過電話或信件方式購買保險。這樣，該協會就可透過成本極低的方式完成所有交易，而不必像其他保險公司那樣雇用成本較高的推銷員。

❖服務標準化

　　標準化能促進規模經營，因而能降低成本，速食業巨頭麥當勞的成

功秘訣之一就是如此。

❖以技術設施代替人力提供服務

　　儘管以技術設備代替人力在以人際接觸爲主的服務業中可能會有一定風險，但如果這一做法能大大提高服務的方便程度，同樣是可取的。如ATM替代銀行存取款的人工服務大大提高了工作效率，也在時間上、空間上方便了顧客，因而大獲成功。

❖降低網路成本

　　有些服務組織花費大量的一次性投資建立服務網路，將服務或產品輸送給顧客。如電力供應就必須投入大量的固定投資建立輸電網路。在這方面做得較好的例子就是美國聯邦快遞。這家公司建立了一種輻射式分遞網路。它在美國的若干地區分別建立郵件分送中心，引入自動郵件分檢系統，每個點以輻射方式覆蓋一部分城市，這樣那些與美國某些城市沒有直達航線的航空貨運就可以爲這些城市和其他已服務到的城市之間再增加分送線路。

❖將顧客從服務系統中移走

　　許多顧客如理髮、客運交通，客觀上要求顧客必須親自來到服務現場，而有些服務卻不一定要顧客到場。對於後者，服務組織可將部分服務內容或甚至全部服務內容轉至後台，從而可以進行沒有顧客在場的「工廠」式的運作。如修鞋服務，可設立一些小型鞋子收集和分發亭，供顧客放置待修和取走已修好的鞋子。而在後台則可進行「鞋子修理廠」式的運作，按工業生產的方式修理鞋子。這樣做可以大大地節省成本，因爲這樣的收集中心設施簡單、面積小、投資成本較低。另外還可將分散的需求集中起來統一進行無顧客參與的高效的後台生產，易於產生規模效應。這種方法的中心思想就是以工業生產方式提供服務。

(二) 差異化策略與服務流程總體設計

差異化策略的實質就是創造風格獨特的服務產品。實施服務產品的差異化有許多途徑，如獨特的商標形象（麥當勞的金色拱形）、先進的技術、完整的銷售網路、新奇的服務內容等等。服務組織可以在服務要素的任何一方面或幾方面加以突破，樹立其獨特性，區別於競爭對手。當然差異化策略並不輕視成本。實行差異化策略所付出的成本應該是顧客願意支付的，這是差異化策略實施的前提。這種策略在服務業中的應用很廣，相應的服務設計與管理具有下列特點：

❖將無形服務有形化

服務是無形的，顧客消費服務後留下的僅僅是記憶，而沒有有形物品可留給顧客作為購買服務的「紀念」。針對這一情況，許多飯店都給顧客提供一些印有飯店標記的小禮品。某些蒸汽鍋爐檢測保險公司在提供基本的服務之外，定期派人員檢查鍋爐運轉並提交書面報告。

❖將標準化服務個性化

在服務接觸時提供一些個性化服務，有時並不一定會增加很多成本。飯店員工如果能在招呼客人時呼喚其姓名，則可大大提高服務的親切感，提高顧客的回頭率。速食業巨頭Burger King曾推出點菜服務吸引顧客，以區別於麥當勞等其他速食企業。

❖減少感覺到的服務風險

某些專業型較強的服務常使顧客感到購買風險很大，因為顧客對這些服務的專業性內容缺乏足夠的了解，針對這一特點，有些汽車專業維修公司如Volvo Village，透過乾淨整齊的維修環境和設施、要求服務人員多花時間為顧客解釋專業問題並作出服務保證等方式來讓顧客感到放心，降低其感覺上的「購買風險」。另外，建立良好的顧客關係當然也能達到這一目的。

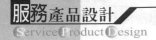

❖**重視人員培訓和人力資源發展**

　　對員工培訓投資能提高員工服務技能和素質從而提高服務品質，這同樣增加了競爭對手進行模仿的難度。各行業的著名公司一般都有其獨特的高品質的培訓方式和內容，許多大企業還設立了專門的培訓中心，如麥當勞設在芝加哥的漢堡學院，希爾頓飯店集團在休斯頓設立了飯店管理學院。

❖**品質控制**

　　勞動力密集型的服務組織要保持恆定的服務品質水準是有相當難度的，特別是當服務組織擁有多處服務場所實行分散經營時，服務組織可採取多種措施解決這類問題，包括人員培訓、制定服務標準和程序、縮小服務範圍、現場監督、利用技術等，如Magic Pan連鎖餐廳設計了專門機器來製作其成名菜餚。

（三）集中化策略與服務流程總體設計

　　集中化策略的指導思想是集中力量滿足特定顧客群體的需要。採用這種策略的服務組織以某一個或少數幾個特定市場板塊為目標客源，並針對目標客源的特殊需求特點，提供特殊的服務產品。

　　集中化策略可分為兩種類型：成本型集中化策略和差異型集中化策略。前者強調在特定市場板塊的成本優勢，後者則是追求產品服務的差異化。

　　集中化策略的目標市場必須是需求特點十分突出的特殊群體，他們的需求不能為「大眾性」產品或服務所滿足，這樣，就給能提供「對口」服務的服務組織留下了發展的空間，這些「對口」服務或成本更低，或針對性更強、品質更好。

　　比較典型的例子有汽車旅館、青年旅館，還有上文提到的以軍官為目標市場的聯合汽車協會、以農村零售商為目標客源的沃爾瑪。集中化

策略需加強產品與服務的專業化程度，特別在設計方面，專業化需求更高。

　　服務組織必須在這三種基本策略中選擇其一，否則會陷入波特所說的："Stuck in the middle."（不倫不類）的尷尬狀態，甚至導致經營危機，「湖人」航空公司就是一例。「湖人」公司起先採用十分明確的總成本領先策略，鎖定北大西洋航空市場中價格敏感度極高的旅遊客源板塊。但後來，「湖人」開始增加新服務、新航線和服務項目。這影響了它原有的市場形象，改變了它原有的高效率低成本運作的服務提供系統，最後導致了破產。

第四節　服務系統的總體描述——服務藍圖

　　前面我們討論了服務流程設計的基本方法，這些為我們進行流程設計奠定了設計基礎，即規定了基本設計思考方向。這是流程設計的第一步。接下來，我們要在這一設計總體思路的指導下，對服務提供系統進行總體的描述。描述服務系統全貌的方法就是繪製服務藍圖。

一、服務藍圖的概念

　　廣義服務流程指服務組織向顧客提供服務的整個過程和完成這個過程所需要的組合方式。它不僅僅包括前台服務活動的順序安排，而且還應將後台的支持性活動考慮在內；不僅要將服務者、服務組織的活動列入設計範疇，還把顧客活動及顧客與服務者的相互影響作為重要組成部分。可以說，廣義的服務流程就是一個完整的服務系統。

　　服務藍圖就是以簡潔明確的方式將服務理念和設計思路轉化為服務系統的圖示方法。藍圖設計原本是建築設計的基本方法，這一方法後來

爲服務業所採用，用來進行服務系統的設計。服務藍圖按其內容的詳細程度又可分爲概念性藍圖和細節性藍圖兩種。前者是對服務系統的總體描述，後者是對服務系統的某一部分的詳細描述。進行服務藍圖設計，這兩種藍圖都是必不可少的，但其設計原理和方法是相同的。

二、服務藍圖的作用

服務藍圖的作用已爲眾多的服務管理者所認識。它首先給管理者提供了一個服務系統的全景，全面、明確又很簡潔，便於高層管理者進行統籌規劃。

其次，服務藍圖提供的資訊，包括概念性藍圖和細節性藍圖，可協助管理者發現和確定可能的服務失誤點，並加以針對性地服務保險設計（我們將在後面章節詳細討論）

再次，細節性服務藍圖還可協助服務組織的中基層管理者了解本部門的工作流程，制定相應的管理方案。人事部管理者可利用服務藍圖的資訊，制定工作描述，確定員工招聘的標準和其他相應的人事制度。培訓部管理者可以把服務藍圖作爲選定培訓目標和製作培訓材料的基礎，因爲服務藍圖本身就一是種工作流程的描述，管銷和銷售經理也可在服務藍圖上確定服務組織與顧客的可能接觸點，從而確定各接觸點的資訊交流方式。

最後，細節性服務藍圖還可作爲開發服務專家系統的基礎，如美國運通（American Express）開發的幫助顧客進行信貸決策的專家系統的設計，就是從服務藍圖開始的，因爲服務藍圖是對服務系統或子系統的基本分析。

三、服務藍圖的繪製

　　服務藍圖設計理念源自於系統分析方法和工程設計。在系統分析中，流程圖是常用的。流程圖一般用兩種方法來表示流程的進行，一種是順序（先做什麼，後做什麼），另一種是條件點（如果是這樣，那麼如何；如果是那樣，那麼又如何）。在流程圖上，一般用「□」表示前者，「◇」表示後者。

　　服務系統不僅僅是一個「流程」，它還是一種「結構」。我們很容易會想到服務的設施環境結構，還有組織機構、資訊系統結構、財務系統結構等。但是單獨的「結構」還不能完全描述服務，因為沒有顧客的出現，服務結構本身是沒有意義的。所以描述服務必須將「流程」與「結構」聯繫起來考慮。同時也應將顧客的參與和服務提供的系統結合起來。這就是服務藍圖的總體設計思路。

　　服務藍圖用水平和垂直兩個方向的設計將「流程」與「結構」結合起來，見**圖 4.4**。「流程」是由水平方向上的從左至右按時間先後順序排列起來的行為框表示，圖上箭頭表示了服務的路線。

　　服務的「結構」在藍圖的垂直方向上表示出來。自上而下，出現三層結構，表示一般服務系統的組成：服務接觸、後台支持性工作和管理活動。當然，也可以更詳細地劃分，這取決於藍圖的性質是細節性還是概念性的。這裡值得注意的是，藍圖的結構層次剛好是傳統組織機構圖的倒置，一線員工在上，而管理者在下。這體現出直接服務者在服務組織中的作用，或者說服務藍圖實質上是在倒置的組織機構圖上加入行為框而成。

　　在服務接觸層，有一條「相互影響線」將顧客的行為和一線服務員的服務行為聯繫起來。顧客的行為在這條線之上，而員工行為在這條線之下。他們的行為從左至右依次進行。

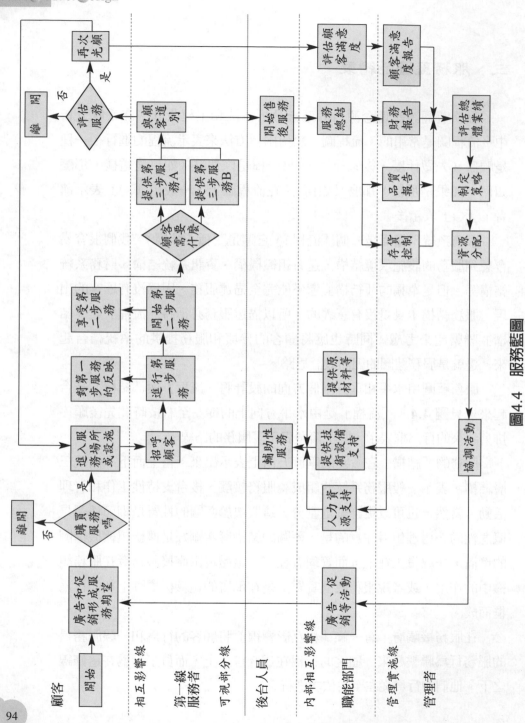

圖4.4　服務藍圖

　　一條「可視部分線」將服務系統的前台和後台分開。所謂「可視」，是相對顧客而言。顧客「可視」部分是是服務系統的前台，而在「可視部分線」之下，即顧客不可視的部分就是服務系統的後台。後台員工為前台員工提供支持（輔助）性服務，如餐飲後台的廚師為前台服務人員的服務提供有形產品，餐廳行政人員在顧客離開後對顧客資訊進行統計存檔。

　　「內部相互影響線」將服務系統的後台和組織內的其他支持性功能部門分開。提供完善的服務，不僅需要直接服務者和前台服務者的努力，還需要組織內部其他職能部門的配合，如營銷部門的廣告支持、採購部門的物品供應、人事部門的業務培訓、工程部門的設備維護等。可以看出，服務藍圖生動詳細地向服務組織展示了服務是如何組成的，有多少人多少部門參與到服務提供的活動中來。

　　最後，「管理實施線」將管理職能活動與業務活動區分開來。在這條線之下是管理者的管理職能活動，如計畫活動、組織活動、控制活動、評估活動等。當然，這條線只會出現在概念性服務藍圖中，而細節性服務藍圖則可省略這條線。

　　服務藍圖設計要符合兩個要求：經濟性要求和對稱性要求。服務藍圖的經濟性是指圖上任何兩點之間的距離是最短的且無多餘路線或行為框。對稱性則要求把與決策框相關的重要性相等的邏輯線放在同一行，即每個決策框引出的所有邏輯線都必須平行排列。

　　這裡我們可將服務藍圖的設計做一個簡單的總結，如**圖4.5**。

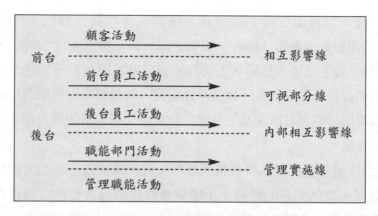

圖4.5　服務藍圖簡化圖

四、服務藍圖的解讀

　　服務藍圖是服務系統的簡化形式，能給管理者提供較多的決策資訊。管理者應學會正確解讀這種圖。

　　服務藍圖可以回答的問題是：誰在什麼情況下為誰做了什麼，按什麼順序做的。在服務藍圖上，方框「□」的內容表示「誰向誰做了什麼」，箭頭和連接框的線表示了「順序」。菱形「◇」的內容說明了「在什麼情況下」。方框被稱為行為框，菱形被稱為決策框。

　　服務藍圖還說明了運作管理的基本模式，這個模式我們已在這一章的第一節有所說明。它實質上也是這麼一個過程。投入→處理→產出。在服務藍圖上「投入」指的是各種服務行為（包括方框和菱形框）。過程處理指的是在服務過程中對服務投入所做的變化。產出是指最終的結果。

　　如果要了解服務的基本路線和過程，就要從水平方向解讀服務藍圖；如果要了解服務提供的前後關係，就要從垂直方向上解讀它。

　　要解讀服務藍圖的細節，需首先從「相互影響線」開始。首先要了

解這條線上的顧客的行為。顧客什麼時候開始接受服務，服務過程中會遇到什麼情況，服務結束後又會有什麼行為。考慮這一切，有助於管理者發現顧客的需求特點和行為模式。

然後要了解相互影響線之下的服務者的行為和「可視部分線」之下的後台員工的支持性服務。

接下來就要檢查「內部相互影響線」之下的服務組織內其他職能部門的活動，了解他們在服務開始時和結束後所發揮的作用。

最後檢查管理職能活動，注意管理活動是否與上面所有活動有聯繫。

從左至右解讀服務藍圖，能從顧客角度理解服務過程。從上至下解讀它，能了解服務系統的構成和前後台的相互聯繫。

第五節　流程技術

流程技術是用「處理」（生產）生產對象的過程的技術，是流程設計的重要組成部分。服務流程處理的對象包括材料、資訊和顧客，需分別使用不同的流程技術。選擇合適的流程技術增加服務產品的技術含量是當代服務業產品設計的重要趨勢。

一、流程技術的涵義

技術革命是工業革命的先導。每一次新技術的出現都會對生產方式造成巨大的影響。正如瓦特的蒸汽機將人類社會從手工操作領入了大機器生產，當今以資訊技術為代表的高技術的發展給人類傳統的生產方式帶來了翻天覆地的變化。這次技術革命的影響是如此廣泛，以至於任何產業都受到波及，包括傳統被看作是「低技術」的服務業。

技術創新有兩個方向，一是對產品本身的技術的創新，如電腦中央處理器的升級換代；二是對生產產品的流程所作的技術創新，如電腦控制的生產線。流程技術指的就是後者，即用於「處理」（生產）生產對象（材料、資訊或顧客）的過程的技術，包括各種機器、設備、工具和使用方法。

製造業流程技術與服務業有著不同的涵義。製造業的生產和消費是分離的，產品可以獨立於生產流程之外存在，所以，製造業的流程技術和產品技術是有區別的。而服務業的生產消費是同步進行的，最終產品無法獨立於生產過程之外，從這個意義上說，服務產品就是服務過程。所以服務業的流程技術與產品本身技術是同一的。例如，迪士尼樂園引入高科技設備模擬太空飛行，給顧客以近乎真實的體驗。這種技術確實是用於「處理」顧客，所以應該屬於流程技術。而它又是產品的一部分，因為顧客要「體驗」這種技術所帶來的感受。

從前文的討論可知，按服務對象的不同，服務流程可劃分為：分別處理材料、資訊、顧客這三種類型。下面我們就分別介紹這三種服務流程所需的流程技術。

二、有形材料處理的流程技術

製造業採用的就是這種流程技術，當然部分服務企業也涉及到對有形物品的處理，但不能表現服務流程技術的主要特徵，我們只簡單介紹。

材料處理的流程技術涉及材料形成的控制、材料的移動和製造系統的組織等內容。

（一）數控機器

這是二十世紀五〇年代美國一家直升機螺旋槳製造公司首先使用的

一種技術。它主要是利用電腦代替人工對機器進行控制，大大地提高了工作效率、降低了勞動成本並減少了操作失誤。這項技術的隨後發展便是「數控機器中心」，主要用於增加切割頭的切割方式和切割工具的自動更替。

（二）機器人

二十世紀六〇年代，機器人引入了製造業，機器人又可稱為多用途數控機器。與數控機器相比，機器人可以從事更多更複雜更危險的工作，具有一定的人類勞動的特點。最近設計的機器人還擁有了一定的「感覺」能力，大大地延伸其工作範圍。

（三）自導運輸工具

這是一種內部運輸工具，用於在生產廠房的不同單元之間運送材料，由電腦控制和埋於地下的導線導引方向。這種技術減少了非生產性勞動，提高了工作效率。

（四）彈性製造系統（FMS）

彈性製造系統實質上是綜合了以上所有流程技術而形成的生產系統。可以這樣定義它：「一種電腦控制的用自動材料運輸工具連結半獨立工作站點的組合。」這個定義揭示了組成它的四種技術：數控工作站、機器人擔任的裝卸設備、自動運輸工具和中央電腦控制中心。

為什麼要稱它為「彈性系統」呢？因為與以往流程技術相比，它的彈性是非常明顯的。以往的製造過程之所以「無彈性」，因為工作指令都是固定在特定的機器設備上，任何指令改變都會引起設備重新置放。而彈性系統則只需在電腦中作簡單的程序修改即可。另外，這種系統更適合於多產品類型的製造過程。

（五）關於流程技術發展的總結

流程技術發展是一個漸進的以自動化替代人工勞動的過程。數控機器只是替代操縱單獨機器的人工勞動，機器人則在更廣範圍內取代了人力，自導運輸工具則延伸至非生產性勞動，而FMS則從製造系統這一更大的範圍實現了自動化。

流程技術的發展也是一個不斷適應新生產方式的過程，如圖**4.6**。

流程技術的發展還顯示了資訊技術在製造業的應用在不斷推廣。首先是單獨機器操作上的應用，然後發展到多個機器的組合以及複雜任務的完成，直至整個系統的電腦化和整個組織的電腦化。

（六）流程技術的發展趨勢

首先是資訊技術的更廣泛應用。電腦技術不僅被應用於製造系統，還被推廣至其他相關的系統，如設計系統和管理系統。這些系統還將結合成一個複雜的製造業資訊系統，如圖**4.7**。

另一個趨勢就是以人為中心的流程技術的發展。前面所討論的流程

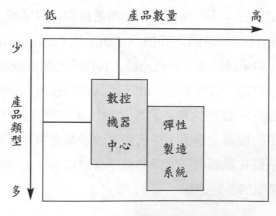

圖4.6　材料處理流程技術

技術強調流程技術的設計面，主張以機器代替人力，主張人力必須適合於技術，而忽視了人力技能與技術系統的結合和人力對技術系統的貢獻。因此，英國學者科伯特提出，在發展「技術型」流程技術的同時，應有一種平行的以人力為中心的流程技術。以技術為中心和以人力為中心的流程設計，區別如**表4.3**所示。

三、資訊處理的流程技術

資訊處理的流程技術包括資訊蒐集、資訊儲存、資訊處理和資訊分配等內容，使用的工具有電腦、瀏覽器、印表機、記錄存儲的個人工具、電話、傳真機、網路服務、光纖電纜、衛星傳送系統和各種軟體。

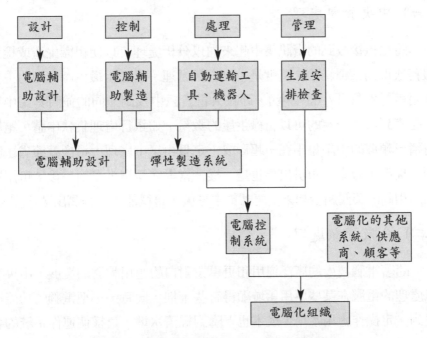

圖4.7　資訊技術與材料處理流程技術

表4.3　以技術為中心和以人力為中心的流程設計

設計要素	以技術為中心的流程	以人力為中心的流程
功能分配	操作人員只承擔不能實現自動化的工作	操作人員根據不同的情形和形勢判斷分配工作
系統結構	中央控制系統，盡可能地用機器控制	分散控制系統儘量少用機器控制
人際關係	人的行為受機器控制	人的行為不受或少受機器控制
資　　訊	資訊只供管理人員查閱，不對員工開放	資訊共享
員工技能	專業技能	複合技能

　　電腦是所有這些資訊工具的核心，因為使用電腦工具的成本正在飛速地下降，而電腦工具本身又變得越來越先進。

（一）中央資訊處理

　　將組織接收到的資訊集中起來加以分析處理，以便組織生產或提供服務或得到某種結論，這就是中央資訊處理。它在組織生產方面的主要作用就是進行「小量生產」，即在大量資訊中找到類同的並將其集中在一起直到形成一定的可以組織生產的數量。如銀行處理貸款申請，電腦將情形類似的申請集中在一起形成一定量再集中處理，這樣就節省了時間，提高了效率。廚房出菜也是一樣，當顧客菜單進了廚房後，可用電腦將相同的菜餚組合起來交廚師集中烹製，這樣能大大提高出菜速度。

（二）分散資訊處理

　　隨著電腦技術的廣泛運用和更專業對口的應用軟體的發展，中央資訊處理的電腦在某些應用領域顯得有些笨拙。同時，小型電腦的功能已達到一定操作應用水準，成本也下降到經濟水準，這樣使運作系統的各個組成部分可以單獨地使用自己的電腦工作站。這樣小型電腦由使用者

進行控制，應用軟體可以按使用者的特殊要求進行設計，各小型電腦工作站將相對獨立進行工作。當然，這種工作方式的缺點也很明顯，各工作站之間的合作難以進行。而解決這一問題的措施就是在工作站之間建立資訊交換。在實務中，我們稱這種做法為區域網路（local area networks），簡稱為LAN。LAN是在一個有限區域內（通常是一個服務組織內）的資訊交流網路。網路設備有個人電腦、顯示器、印表機、界面和一些小型計算機，資訊（數據、文字或圖像）在這些設備之間進行交換，網路本身可能就是電話線、光纖電纜、同軸電纜等，這取決於交換資訊的大小。網路可使組織內各部門、各單元甚至每個人都能共享資訊。

區域網與中央資訊處理方式相比，顯得更加靈活，主要優點如下：

(1)逐步發展空間大：新的設備可以在需要的時候隨時添加進來。

(2)選址定位的靈活性：各工作站可以定位在需要的位置，也容易重新定位而不至於影響其他工作站。

(3)運作的自主權擴大：各工作站的使用者可較自主地在各工作站實行多種操作。

區域網路（或範圍更大的「廣域網路」）的操作方式已為許多服務組織所運用。如從事專業設計的公司，其職員都有較獨立的工作站點，且各工作站點之間可以交流資訊，集思廣益又獨立工作，有助於完成設計任務。而且員工也不需來辦公室上班，在任何有網路覆蓋的地點都可以辦公，甚至在家裡。可以看出，區域網十分適合於工作獨立性較強的專業型服務組織。

（三）通訊和資訊技術

電腦技術的基礎是數字化技術，而通訊技術也應用相同的原則。通訊技術的雛形是人與人之間的通話（電話），而這一技術數字化以後，

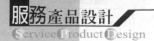

新的技術形式就出現了。電腦技術與通訊技術實現了連結，使通訊可以用兩種方式進行，聲音形式和非聲音形式（文字、數據、圖像等）。這使服務組織內部之間和內部與外部之間可以實現更為有效的資訊交流。

❖電子數據交換（EDI）

電子數據交換在不同組織之間（BtoB）、組織與顧客（BtoC）之間的資訊處理上有著很廣泛的應用。服務組織與供應商或經銷商可以透過EDI實現交易，十分快捷，無需大量的文件和相關工作。服務組織與顧客也一樣。如歐洲的各大旅行社與飯店之間就實行了EDI，既方便了顧客，又節省了交易成本。

當然，隨著EDI的發展，一種新的電子服務形式產生了，這就是所謂的「電子第三方」。電子第三方是協助兩個組織進行交易的第三方，如同傳統商業形式中的中間商，只是以電子形式出現而已。比較著名的電子第三方有美國AT&T的Easylink、INS的Tradanet和英國BT的Edited。

❖網際網路（Internet）

網際網路實質上是「網路的網路」，用於連接不同的電腦網路，它起源於上文所述的區域網以及隨後的廣域網。但這些網路由於各自使用不同類型的電腦和電腦資訊而很難連接，一種打破這些阻礙的技術發展起來，實現了各類網路的連接和溝通，這種技術就是網際網路技術。

❖全球資訊網（World Wide Web）

1993年前，網際網路還局限於一些大學和企業交流資訊和文件。這之後，全球資訊網改變了這一形勢。全球資訊網是由瑞士的CERN和美國的MIT發展起來，它主要使用超文本界面連接。全球資訊網帶來的影響是空前的，因為它幾乎使全世界所有的個人和組織都緊密聯繫起來，共享各類資訊，並實現即時交流。全球資訊網不僅為傳統的服務組織帶來新的方式，如電話中心、線上交易，還衍生出不少新的網路類型。

（四）管理資訊系統

管理資訊系統是管理者實施計畫和控制手段所建立起來的資訊系統。這個系統牽涉到許多具體管理的職能，如生產安排、存貨控制、需求預測、品質管理等。管理資訊系統由兩部分組成，一是決策支持系統，另一部分是專家系統。

❖決策支持系統

決策支持系統的職能就是為管理決策提供資訊支持和幫助。這個系統存儲相關資訊，處理資訊，然後以合適的方式表示出來，以達到支持決策的目的。它幫助決策人理解決策問題的本質和安排決策程序與步驟，但它並不提供答案，一般它用「如果……那麼」的形式表現出來。

❖專家系統

專家系統是決策支持系統的進一步發展，它的目的是提供解決問題的答案。專家系統由多個子系統組成，每個子系統代表一種特定的管理職能，如容量規劃、設施佈局、服務選址、產品設計、品質管理、存貨控制等。當管理者遇到上述問題時，只需將相關資訊數據輸入相應的專家子系統，系統就會自動生成「答案」。

四、顧客處理的流程技術

與材料、資訊處理流程相比，顧客處理流程在傳統上被認為是「低技術」的。在某種程度上，這種說法是可以理解的。參觀一個工廠，看到最多的恐怕是機器設備，而到銀行辦公室，卻很少發現有精密的設備，服務業更多的是依靠人力。

雖然顧客處理流程確實比製造業較少投資於流程技術設備，但其流程技術決策的好壞還是會大大地影響其競爭力的。

前文中我們提到了服務組織的前後台之分，流程技術在前後台都有應用。大部分後台工作的流程屬於資訊處理或材料處理類型，而前台部分則以與顧客接觸爲主。

在資訊與材料處理流程中，管理者關注的是員工和技術設備之間的影響，而在顧客處理流程中，顧客、員工和技術的三角關係成爲中心問題。根據這一中心關係，我們將顧客處理流程技術劃爲三種：顧客與技術之間無直接的相互影響；顧客與技術之間有被動的相互影響；顧客與技術之間有主動的相互影響。

（一）顧客與技術之間無直接影響

考慮下列服務情形：顧客在機場辦理登機手續。他們選好座位，提出服務要求後得到登機卡。而航空公司的職員則需在與公司系統相連的電腦終端的幫助下，用印表機將登機證和行李標籤列印出來。這些流程技術設備對完成登機手續的服務非常重要，顧客也感到方便。在這一流程中，顧客並未直接使用這些技術設備，職員們卻「代表」顧客使用了它們。顧客的需求引導這些設備，但顧客本身並未操縱它們。另外的例子還有飯店旅行社預訂系統、快遞服務的包裹追蹤系統等。

使用這種技術的目的在於提供更好、更快或更便宜的服務。飯店預訂系統能迅速對顧客要求做出回答並提高預訂人員的利用率。航空公司的登機系統能保證快速的服務，並能減少人工操作帶來的失誤。**圖4.8**說

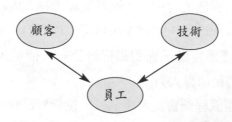

圖4.8　顧客與技術之間無直接影響

明了這種流程技術。

　　這種流程技術還有一種變化形式，那就是穩藏式的流程技術。有些技術的作用十分穩秘，顧客很難感到它們的存在。如在大型超市或機場海關設置的保安監控系統。使用這些技術的目的在於方便員工在不打擾顧客的前提下了解顧客的行動和交易情況。如超市的條碼掃描儀不僅用於收銀結算，還用於了解顧客的購買行為。如果超市想把某種兒童玩具擺在兒童服裝的貨架旁以促進銷售，那麼條碼掃描儀就會揭示這種做法的可行性，如收銀帳單顯示這兩種商品經常為同一顧客所購買，就證明這種做法是有效的。信用卡和航空公司的常客系統也屬於這一類。顧客購買航空機票達一定里程或使用信用卡的次數達一定數量就能成為這些公司的常客，享受一定的優惠和特權。這些公司用於追蹤統計顧客消費和為顧客提供優惠的技術就是隱性的。**圖4.9**說明了這種技術。

（二）顧客與技術之間發生被動影響

　　航空公司的顧客登機後與技術──飛機發生直接聯繫。但顧客對飛機施加多少影響，顧客只是充當了一個被動的「乘客」的角色。其他交通服務如汽車、輪船服務都屬於這一類。在所有這些服務中，流程技術「處理」顧客並對他們實施一定程度的行為限制以減少在服務運作中可能出現的變數。**圖4.10**顯示了這種關係。

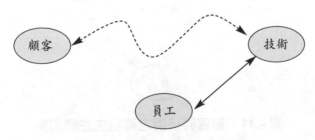

圖4.9　隱藏式的流程技術

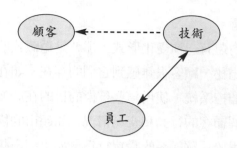

圖4.10　顧客與技術之間發生被動影響

（三）顧客與技術之間發生主動影響

　　還是以航空公司為例，顧客辦登機手續與相關技術沒有發生直接聯繫，而登機後也只是一個被動的乘客，但當乘客使用飛機上的娛樂設施和通訊設施時（如小型電視機、耳機、通訊器），顧客的角色就轉換成為一個主動的技術使用者。**圖4.11**說明了這種關係。在這種關係中，顧客與技術之間的互動是主要的，雖然員工有時也要與這些技術發生一定的聯繫。如銀行職員不時地需給ATM補充現金，自動販賣機公司要將現金取出並補充飲料。

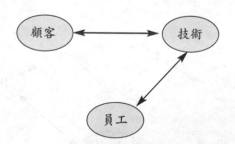

圖4.11　顧客與技術之間發生主動影響

　　這種關係有時會變得更加複雜，因為三者之間都會發生關係：顧客與技術、技術與員工、員工與顧客。有些醫療服務的流程技術，如腎病檢查，就屬於這一類。某些網路軟體服務的最初意圖是讓顧客能使用些技術（顧客與技術的相互影響），但顧客可能會需要服務熱線的幫助（顧客與員工的相互影響），員工可能也會影響軟體的使用（員工與技術的相互影響）。

　　如果顧客要與技術直接聯繫，就必須了解和掌握它們的操作方法。顧客對技術的了解程度決定了這種技術的最終效果。如某些電器的使用十分複雜，有時即使是國內用戶也不能完全了解其所有功能。不了解ATM功能的顧客常常被「吃卡」，造成諸多不便。所以有必要對顧客進行培訓。但在服務業現實中，很少有機會能實施顧客培訓。影響服務組織「培訓顧客」的因素如下：

❖服務的複雜性

　　如服務的複雜程度高，對顧客實施較多的培訓就十分必要。反之，簡單的服務就無需更多的顧客培訓。有的情況下，對顧客進行培訓是透過讓顧客觀察其他正確進行服務消費的顧客的行為而實現的。如主題公園引入的技術設備的使用大都是靠顧客互相學習模仿而實現的。

❖服務的重複

　　如果服務組織在培訓顧客使用技術方面投入較多，那麼作為回報，顧客可能會多次光顧，重複使用這一技術。顧客重複消費越多，用於培訓顧客的投入就越值得。如果顧客較長時間未消費，忘記了有關技術的使用，那麼重複培訓就是十分必要的。

❖任務的變數

　　如果使用某種技術的任務變數較少，培訓就可變得簡單。如自動販賣機總是專賣某一類商品，或飲料，或香煙，這樣就會使操作任務變得簡單，變數不多。

第六節　自動化、資訊技術與服務業

　　科技進步是時代潮流，傳統的以低技術為特點的服務業也需順應這一趨勢，更多地利用先進科技成果來改善服務的提供。自動化、資訊化成為當代服務業流程設計的兩大主要趨勢。

一、服務業與自動化

　　科技發展使更多的服務組織採用更多的流程技術來實現自動化。自動化的應用區域很顯然主要是出現在服務組織的後台，因為後台的工作大都為簡單重複的程序化工作。當然，在服務前台的一部分性質類似的工作也可以實現自動化。

（一）固定程序（F）

　　這種機器（技術）按一個預定好的程序重複從事某項服務，其執行的指令是單一的、不可更改的，如停車場的刷卡門。

（二）變動程序（V）

　　與第一種機器類似，也要按預定程序從事某項服務，但其執行的指令是多重的、可變的，可根據不同資訊輸入實施不同服務行為，如ATM。

（三）回放（P）

　　這是能根據人工事先設置的記憶裝置進行服務操作的機器，如電話自動答錄機。

(四) 數控 (N)

由數字程序控制的、能完成一定服務任務的機器。這種機器的程序內容可以改變,當然,服務任務即隨之改變,如遊樂園可完成多種動作的卡通機器。

(五) 智能 (I)

這是一種具有「感覺」的裝置,如視覺、觸覺,依靠這些「感覺」感知工作環境、工作任務並能自行決策,如飛機的自動導航系統。

(六) 專家系統 (E)

這是一種電腦程序,可根據設定好的知識庫和一定規則,對特殊問題進行診斷並做出決策,如歐洲的全自動化旅館。

表4.4說明了這六種類型的自動化在服務業中的應用情況。

表4.4 自動化在各種服務組織的應用

批發與零售服務	
F 報刊自動發放器	I 自助式日用商品結帳系統
V 商場POS收銀系統	
公眾服務和政府服務	
F 城市街道清掃車	I 防空警報系統
V 自動郵件分檢機	
健康服務	
F 計步器	I 自動救護車派遣系統
V CAT掃描儀	I 醫療資訊系統
V 牙醫治療椅	E 診斷專家系統

（續）表4.4　自動化在各種服務組織的應用

餐飲食品服務	
F 生產線型的自助食品服務	F 自動販賣機
金融服務	
V 自動信用分析系統	E 股票交易系統
V ATM	V 萬事達卡第二代—電子支票本
交通服務	
F 自動收費亭	I 海運導航系統
I 空中交通控制系統	I 太空梭
I 自動導航系統	
通訊與電子服務	
V 雙向有線電視	P 電話答錄系統
教育服務	
V 電子計算器	P 電子翻譯機
V 電子複讀器	
旅館飯店服務	
F 消除自動噴淋系統	F 電梯、扶梯
V 智能電子客房門鎖	
休閒服務	
F 電影放映機	I 電子遊戲程序
F 衝浪機	

　　當代的服務業正逐步從傳統意義上的低技術的勞動力密集型轉向了採用高技術的資本密集型。隨著這一趨勢的進一步發展，服務業從業人員需要掌握更多更複雜的專業技能以操縱越來越先進的服務設備。服務人員的高素質化也將成為服務就業的一大特點。

二、資訊技術在服務業中的應用

人類社會正步入資訊化時代，社會生活的各個角落都留下了資訊技術的痕跡。服務業也加入到這一技術應用的行列當中來，把採用資訊技術作爲增強服務組織競爭力的重要手段。

資訊技術在服務組織中的應用範圍很廣，類型很多。美國服務管理學者費茲西蒙斯（J. A. Fitzsimmons & M. J. Fitzsimmons）把資訊技術在服務業中的應用方式進行了歸納，認爲有四大基本類型：製造行業進入的障礙、增加營業收入、數據庫建立和提高生產力。實質上，這是依資訊技術的應用目的進行的劃分。費茲西蒙斯建立了一個簡單的模型來說明這種分類，如圖**4.12**。

（一） 製造行業進入的障礙

服務行業由於有形投資要求低，技術含量也不高，所以該行業的可進入性很強。這樣使服務組織不僅要面臨行業的競爭，而且還要應付來自行業外的企圖進入者的挑戰。因此，服務組織必須找到一種稀缺資源或一種難以模仿的經營模式來製造可以阻止行業外的可能入侵者。製造這種障礙的方式有建立規模經濟、製造轉移成本、建立顧客資訊數據庫等。

	前台	後台
對外經營	製造行業進入障礙	建立數據庫
對內經營	增加營業收入	提高生產力

圖4.12　資訊技術在服務業中的應用方式

❖預訂系統

建立線上預訂系統能有效地阻止新進入者。美國航空公司的SABE線上預訂系統就是一個典型。這個系統運用了大量的高科技,複雜、完備、快捷。新近進入航空業的小公司只能租用這個系統進行預訂服務,而公司則從中收取一定費用,這樣大大地增加了公司價格競爭的優勢,而新進入的小公司則很難生存。為此,許多小公司還訴諸法律,控告已擁有複雜先進預訂系統的公司進行「不正當競爭」。預訂系統的競爭地位由此可此一斑。

❖常客俱樂部

這也是美國航空公司推出的一個基於其先進預訂系統的新的競爭舉措。預訂系統可自動追蹤並累計顧客的消費(飛行里程),當累計飛行里程達到一定程度,顧客可成為常客俱樂部成員,可享受免費旅行。這對商務、公務乘客來說是一種極大的吸引力,因為他們用「公款」買下飛行里程,而可享受免費的私人旅行。當然,這種營銷方式的推出,離不開其先進的全球預訂系統。

❖轉移成本

轉移成本是指顧客拋棄原來的服務組織而轉向消費另一個服務組織所提供的同類服務所要付出的代價。服務組織利用線上的銷售網路可增加顧客的轉移成本,使顧客不至於轉向其他服務商。例如美國醫院供應公司(一家藥品公司)在各大醫院設立了自己的銷售終端。醫院一旦有了需求,只需按動滑鼠就可完成訂貨。這樣醫院就可大大節省藥品的倉儲費用和占用的資金,並能享受網上訂貨帶來的方便,但同時也增大了醫院的轉移成本,因為如果醫院轉向其他公司,就會失去這些好處,實際就是增加了運作成本。

(二) 增加營業收入

資訊技術應用於服務組織的前台部分可增加銷售機會，提高服務利用率，豐富服務內容。

❖成果管理（yield management）

這是目前西方服務業非常流行的一種管理方法。這種方法的目的在於提高服務容量的利用率，最大限度地發揮服務能力，提高營業收入水準。而這個方法的主要促進因素就是資訊技術的應用。還是以美國航空公司的SABE系統為例。該系統可全面提供有關公司本身和競爭對手在各條航線上的座位狀況（已售或未售），由此公司可制定相應的所謂的特價票政策，使剩餘空位能最大限度地銷售出去。世界著名的Marriott飯店集團也建立了一個成果管理系統幫助旗下飯店提高客房出租率，如利用系統提供的分析數據實行超額預訂。

❖POS系統

POS是point of sale的縮寫，意思是現場銷售，即運用資訊技術為顧客提供全面準確的產品資訊以增加銷售機會。全球著名的零售商Wal-Mart設計了一種新型手推車供顧客購物時使用。顧客推車走到店內任何一個部門，手推車上的螢幕都會顯示該部門的資訊，並能協助顧客在成千上萬種商品中找到合適者。據該公司宣稱，這種推車的使用使每位顧客的每次光顧增加了1美元的營業額。許多餐廳採用了一種電子點菜系統，使點菜、收銀和廚房生產融為一體，並節省了後台工作時間，使員工能有更多的機會進行當場推銷。

(三) 建立數據庫

數據庫就是資訊倉庫，是服務組織的一種無形的資產。而且建立和維護一個複雜龐大的數據庫所需的技術與資金的投入本身就是一個能製

造行業進入障礙的利器。同時，數據庫能幫助服務組織更深入地了解顧客，從而為開發新的服務產品提供了思路。

❖銷售資訊

服務組織可建立龐大的數據庫儲存銷售資訊，了解顧客的消費習慣，掌握市場發展動向。如英國超市連鎖Tesco就建有類似的數據庫，為其成為英國零售業龍頭奠定了基礎。目前還出現了專門出售市場資訊的公司，如英國著名的Mintel市場調查公司，就擁有龐大的市場資訊數據庫。需得到有關市場資訊的其他組織，可從Mintel的數據庫中購得。

❖改善和發展服務產品

服務組織可從數據庫中得到有用資訊，從中發現新的市場動向和商業機會，從而開發出新的服務產品。如 Club Med，一家世界性的度假區經營公司，從數據庫分析中發現家庭旅遊正在興起。於是他們便針對度假旅館進行了改造，使之能適應帶小孩的家庭旅遊者的住宿要求，並新增加了小孩看護服務項目，這樣大人就可放心進行休閒活動了。

❖微觀營銷（micromarketing）

與宏觀營銷不同，微觀營銷是從微觀角度利用資訊技術發現顧客消費行為的細節，並從中分析得到有用的結論用於營銷決策。如超市的條碼和掃描儀技術為分析顧客消費行為提供了詳細的資訊。

（四）提高生產力

資訊技術提高了資訊蒐集和資訊分析處理的速度和精度，從而增強了服務組織管理複雜運作系統的能力。存貨管理系統能協助零售商確定每日存貨量，充分利用貨架空間，擁有多個服務分支機構的服務組織可利用業績考評系統即時確定最佳分支。組織內的資訊聯網使各個終端都能共享資源，提高生產能力。

❖存貨管理系統

存貨管理系統分為兩部分，一部分是處於中心的大型計算機數據處理庫，另一部分是無線筆記型電腦終端。終端與數據中心透過無數聯絡方式進行數據交換，美國超市業巨頭Wal-Mart收購英國超市集團阿斯達（ASDA）之後，在英國與美國本土全面推廣了這套系統。在英國各成員超市的工作人員手執筆記型電腦終端，輸入特定密碼，便可根據輸入者的不同身分分別享受不同程度的資訊數據傳輸服務。如可查詢某商品的存貨量，價格政策。如果該商品在搬運過程受到一定程度的損壞需削價處理，其處理價格也可在終端上顯示。這樣各超市管理者可根據有關資訊，及時發出訂貨資訊。訂貨資訊的發出也是透過這個網路實現的。這個系統大大地降低了商品庫存，加快了資金周轉，提高了運作效率。

❖專家系統

美國Otis電梯公司為公司維修人員配備了可與公司數據中心進行無線聯繫的筆記型電腦。維修人員可隨時利用它與數據中心聯繫，獲得即時的技術幫助，加快了維修速度。當然，維修人員與中心資訊數據交換也發揮了累積維修經驗、擴大數據適用範圍的作用。這種專家系統的數據庫在醫療業中也應用很廣。

❖數據包分析

這種分析方法是美國學家查理斯和庫班提出的，首先應用於非營利性服務組織的效率分析，後為商業性服務組織所採用。數據包分析法透過記錄和儲存服務組織各部門（或分支機構）在服務提供的投入和產出數據，進行分析比較，並為各部門的效率進行評分，確定具有100％效率的部門。這樣的比較結果可協助管理人員比較各部門在實際管理運作方式上的區別，那些效率較低的部門則可從高效率部門學到提高效率的經驗。重複使用這一方法可使整個組織的效率提高。

另外兩名美國學者班克和莫里把這種方法應用到一個具有60家分店

的速食連鎖集團，發現其中30家是高效率的。在他們的分析中，使用了六個投入數據，它們是原料供應、勞動力、店史、廣告投入、地段和是否有駛入式外賣窗口（drive-through）；三個產品數據，包括中餐、早餐和晚餐的營業額。

三、虛擬經濟和價值鏈

現今的服務組織會在兩個商業世界進行競爭，一個是真實的物質世界的市場，另一個是所謂的「虛擬世界」——資訊世界。例如，當顧客購買一個電話答錄機後，他們首先使用的是在物質世界的有形產品——電話機，當顧客找電話公司聯繫電話服務時，他們則是在虛擬世界購買資訊服務。

西方學者把企業運作視為一個價值增值過程，並把這一過程稱為價值增值鏈（value chain）。

物質世界的價值增值鏈分五個階段，從原料供應、生產過程、分銷過程、營銷過程到賣給顧客。而虛擬世界的價值鏈一貫被認為是一種資訊支持性工作，而不是一種增值的源泉。管理者們用資訊系統來管理存貨，發現顧客需求，但並沒有用它來創造新的價值給顧客。但這種看法對於那些走在前列的服務組織來說，已經成為歷史。例如 FedEx，一家快遞公司，開發了一種在網上使用的軟體，使顧客可以在公司網站隨時追蹤自己托遞包裹的行蹤。顧客可以從網上知道包裹目前在什麼地點（或什麼交通工具上），甚至還知道運送包裹的投遞員的名字。這種做法使公司的服務擁有很大的競爭力，對消費者來說，這種做法是在公司快遞服務基礎上的一種價值增值，因為這種做法增強了包裹投遞的安全性，使顧客感到放心。

虛擬世界的價值增值鏈也可分為五個環節：資訊蒐集、資訊組織、資訊挑選、資訊綜合分析和資訊發布。**圖4.13**顯示了兩種世界的價值增

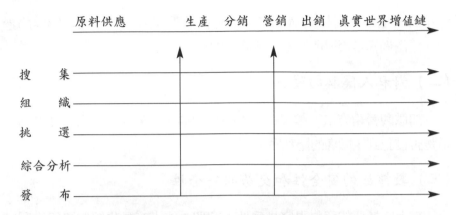

原料供應　　　生產　分銷　營銷　出銷　真實世界增值鏈

搜　　集
組　　織
挑　　選
綜合分析
發　　布

圖4.13　兩種價值增值鏈的關係

值鏈的關係。組織應將虛擬增值鏈的五個環節應用到真實增值鏈的各個活動中去。

　　美國聯合汽車協會是一家為軍官提供金融服務的機構。該機構透過建立虛擬增值鏈提高了競爭力。該機構首先是作為一家汽車保險組織而存在，建立了有關汽車保險業務和顧客資訊的數據庫。與一般保險公司不同，該機構沒有保險推銷員，所有的業務都透過電話和郵件完成。因此該機構利用這一特點建立了比較完善的顧客資訊庫。隨著資訊庫的日益完善，讓機構就能提供符合其他特定目標群體需求的服務。公司業務已從原有的汽車保險業務發展到了房產保險和共同基金等多種金融業務，成為金融服務界一名佼佼者。

四、資訊技術的缺點

　　資訊技術在帶來了巨大生產力的同時，也暴露其不少缺陷。

(一) 公平性

　　如資訊技術支撐下的航空公司成果管理，機票價格變化很快，甚至

每小時一個價，這樣使購買機票的過程幾乎成為一個投注買彩票的過程。這個過程是否對所有顧客都公平呢？

（二）對私人隱私的侵犯

如微觀營銷方法，顧客在超市的消費細節均被條碼技術一覽無餘，這是否侵犯到了顧客的隱私呢？

（三）數據庫的安全性和交易的安全性

網上數據庫的資料很容易為他人竊取，網上交易也給服務組織和顧客帶來了支付上的風險，如信用卡帳號洩密、大量資金流失等。

歇爾代斯醫院的疝氣手術
——產品線型流程設計

　　歇爾代斯醫院是加拿大一家非常著名的醫院，但只有90個床位，每年也只能做7,000個手術。規模如此小的醫院何以著名呢？原因在於這家醫院專做一種手術——疝氣手術，其他任何類型的手術，哪怕是極簡單的小手術也不接收。在這裡接受疝氣手術的病人均反映該醫院手術週期短，康復極快，手術品質良好。每年預約者不斷，小醫院名氣越傳越響。

　　這家醫院能如此有效地提供快速、良好的疝氣手術服務，與其設計科學的產品線型的服務系統不無關係。

　　決定採用這種服務系統之前，醫院分析了顧客需求特點。疝氣手術屬較簡單的手術，但一般醫院手術期較長，給顧客帶來很大不便（如請假）。因此，提供一種快速康復的手術服務必然贏得市場鍾愛，且這個市場規模不小（相對一家小醫院而言）。

　　顧客也經過了醫院的事先篩選，也就是說，並不是所有的疝氣患者都可在該醫院接受治療，醫院只接收那些病情不是很複雜、常規性治療就可痊癒的疝氣病人。

　　醫院採用了效率最高的手術方法，並將其標準化、規範化，該方法是二次大戰時期歇爾代斯醫師首創的。

　　與一般醫院不同，歇爾代斯醫院鼓勵病人在手術後多做一些恢復性運動，以助康復。如讓病人手術後自己走出手術室，並在短短的三天住院期間參加一些輕微體育鍛鍊。

　　醫院還造就一種「鄉村俱樂部」式的康復治療氣氛。這裡有自然幽雅的環境和細心熱情的護士，醫院還提供下午茶點讓病人自由交往，使嚴肅的住院過程變得輕鬆愉快。

　　醫院設計了一個有效的服務提供系統。醫療設施包括五個手術室、一個病人康復室、一個實驗室和六個醫療檢查室。醫院每週做150個手術，每個病人一般在醫院逗留三天，雖然每週只有5天做手術，但醫療服務系統的其餘部分要為病人提供連續性的康復性服務。

　　做手術的全職醫師有十二名，手術助手有七名（全都是兼職）。一位醫師加一位助手就可完成手術。手術的準備時間和操作時間加起來不超過一小時，一名醫師加一名助手每天可完成四個手術。每天手術的結束時間是下午4時，所有醫師和助手每兩週要值一次班，即24小時處於「待命狀態」。

　　所有病人在確定手術日期之前要做一次健康檢查。醫院鼓勵當地病人自己來醫院接受檢查。週一至週五檢查時間為上午9時到下午3時半，週六為上午10時至下午2時，週日休息。外地病人可填寫醫療資訊情況表（醫院郵寄或透過電子郵件發至病人處）來接受檢查。少部分病情複雜或有較大醫療風險的手術申請被婉拒，其餘病人則可收到一張手術確認書和手術時間表。病人則應根據時間表確定自己抵院日期。收到病人的確認之後，所有有關病人的資料都被轉至醫院接待處。

　　醫院要求病人在手術前一天的下午1時至3時之間到達。病人到達後，經短暫等候就需接受一個手術前的簡單檢查。然後病人到接待秘書處填寫所有有關的文件，再到醫院護士站接受血液和尿樣測試，最後病人被領至病房安頓下來。

　　手術介紹會於當天下午5時開始，很簡潔，也很輕鬆。傍晚病人們可在公共餐廳用餐。晚上9時，病人們還可在小茶吧內品茶、用茶點。在這裡，已做完手術的病人可與新來的病人親切交談。晚

上9時半至10時為就寢時間。

　　手術當天，第一批做手術的病人在早晨5時半被叫醒，並接受一些簡單的鎮靜服務。第一批手術於早上7時半開始。手術開始時，病人要接受一點輕微麻醉，但能保持清醒，並知道手術進程。手術結束階段，在場醫護人員鼓勵病人自己起床並做一些輕微的鍛鍊活動。當天晚上9時，病人就可自己出現在醫院茶吧，在品茶的同時與新來的病人聊天了。

　　手術後的次日，病人傷口就可部分拆線。第三天早晨，手術傷口就可完全拆線了。

　　歇爾代斯醫院剛開始實施這種手術時，病人的住院週期約為三週。經反覆研究和改進，目前只需三天就可做到痊癒。

　　病人返家後重新投入工作的恢復時間也大大減少至二、三天，而其他一般則需平均八天左右的時間。歇爾代斯醫院目前正考慮如何擴大服務容量，接待更多的病人。

　　這個案例說明了產品型流程設計的基本特點。首先，提供的服務產品是簡單的、接近標準化的。醫院只提供一種手術，而且病情複雜的手術還不予接受。這大大降低了產品的複雜程度和個性化。其次，生產過程是標準化的。顧客到達時間、手術時間和行為等都進行了事先安排，確保了服務流程的穩定性，減少了流程中可變因素。手術持續時間也相對穩定，利於進行計畫安排。

　　另外本案例還說明引入顧客參與生產對提供優質服務的好處。鼓勵病人自己從事一些活動，既有助於病人康復，也利於減少服務人手，降低人力成本。

　　最後，本案例還涉及到一個服務策略問題，歇爾代斯醫院採用的是一種「集中化」的競爭策略，即瞄準一個小塊市場，提供專業化服務去滿足它。該醫院縮小自己的服務範圍，專注於一種手術，並成功地實現了標準化和專業化，取得了有利的競爭地位。

IKEA家具零售商店——自助式服務

　　IKEA家具集團是一家著名的家具製造商和零售商,由瑞典人坎普拉(Ingvar Kamprad)於1943年創建。目前集團已在25個國家開設了零售店,年營業額高達200億英鎊。

　　該集團製造價格低廉、便於拼裝的家具產品。由於實現了模塊化設計,顧客可購買各種家具組裝件,並按自己的想法拼裝成多種不同形式的完整家具。

　　集團的零售店完全按自助式服務方式設計。在這些零售店內,顧客可用商店提供的小推車或黃色塑膠手提袋盛裝購買大部分家具或拼裝件。大型家具則放在展廳展示,有興趣的顧客可以從開放式的商店倉庫中拿取拼裝件。只有特大家具且拼裝件也很難攜帶的,才由店員負責搬運。當然,拼裝十分複雜的家具如廚具,必須事先預訂,由店員從倉庫中的一個獨立區域搬出托運。

　　下面以IKEA在英國蓋茨海德的分店為例,說明其自助式服務流程設計。

　　該店是一幢獨立的平房式的亮黃色與藍色相映的建築,有1,100-1,200個停車位,占地面積為16,700平方公尺。與歐洲其他零售店不同,它每天都營業,營業時間從早上10時到晚上8時。據1994年統計,大約有180萬顧客光臨該店,其中32%的人產生了購買行為,人均消費約34英鎊。

　　入口處設有兒童遊樂場、小型電影院和母嬰室以及洗手間,帶小孩的顧客可把小孩「寄放」在這個有專人照看的區域。但照料時

間是事先規定好的，被照顧的小孩都穿上一件標誌明顯的號碼衣。
如果小孩發生問題，照看人員可透過店內廣播系統通知其家長。當
然顧客也可帶著小孩進店購物。這裡另備有供殘疾人使用的輪椅。

　　從入口進入，首先是展示大廳。顧客必須通過一個類似地鐵入
口的轉動式通道，通道口設有雷射計數裝置，統計顧客人數。在展
示大廳，顧客可隨意瀏覽各種家具，做出比較，甚至可試用感興趣
的家具，看是否合適。辦公家具區域略有不同，顧客（一般是公司
或其他機構用戶）可利用店內設施「模擬」自己的辦公室，找出最
佳家具組合。對於這類客戶，IKEA集團提供送貨服務。展示大門
有五個資訊諮詢點，為顧客提供參考意見。但IKEA集團的銷售哲
學是讓顧客自己做出消費決策。

　　每件家具或組裝件都掛有不同顏色的標籤，不同顏色表示顧客
在購買搬運時是否需要商店的協助。

　　藍色標籤說明顧客可自己到自助式倉庫中提取該家具。顧客可
在商店提供的記錄紙上記下貨號，根據貨號的提示在倉庫中找到相
應的家具。

　　在自助式倉庫中，顧客可從貨架上取下家具，放入商店提供的
小推車中。

　　帶紅色標籤的家具一般比較笨重，顧客不能自助服務，需店方
協助。如感興趣，顧客可同樣記下貨號，並告知銷售服務台。服務
人員將首先查看是否有貨，然後交給顧客一個預約號碼單，由顧客
在商店時交收銀台並付款。預訂的家具通常在24小時內送到。

　　對於帶紅色標籤的大件家具，顧客如果覺得能自行搬運，也可
在徵得服務人員同意的前提下進行同藍色標籤家具一樣的自助式服
務。此舉大大減少了排隊等候的時間。

　　店內還有一些其他輔助性服務，如在倉庫和展示大廳之間的自
助餐廳和出售瑞典式糕點飲料的小商店。

在收銀處與餐廳之間還設有一個出售各種室內裝修配件的所謂「市場」。

收銀處附近有一個廉價物品的促銷點，供顧客等候結帳時隨意瀏覽並購買。

收銀處配備了大型輸送帶，大件家具可直接輸送到收銀員面前，免除顧客勞累之苦。

出口處之外就是一個大型停車場，顧客可在這裡自行裝載所購之家具，也可找其他貨運商協助。

自助式服務是服務流程中十分獨特的一個類型，目前也十分流行。提供自助式服務必須在服務設施和中線安排上有精良的設計，IKEA的設計就充分說明了這一點。同時，推行自助式服務還可降低人事成本，非常適於採用總成本領先策略的服務組織。

Mrs. Fields餅屋集團——管理資訊系統

　　Mrs. Fields餅屋是美國一家著名的以提供巧克力餅爲主的簡單餐食服務的連鎖集團。在美國國內有數百家分店，另在歐洲等地也設有數十家加盟店。

　　該集團始於1977年在美國加州開張的一家餅屋。由於良好的食品品質和服務，小店逐步發展起來，連續以連鎖形式擴張。創始人Mrs. Fields十分重視對多連鎖店的監督管理。但隨著連鎖店數量的增多，直接的監控實質上已不可能。Mrs. Fields於是決定採用管理資訊系統來解決這一問題。

　　採用管理資訊系統之前，集團對組織機構進行了改造，使之更加富有彈性。每個分店設一個管理員，即分店經理。一個區域經理監管幾個分店經理，並向地區管理總監負責。地區管理總監則向集團總部的兩個運作管理總監彙報，Mrs. Fields則透過這兩位總監了解所有情況。地區管理總監與區域經理負責各分店的營銷決策，而分店財務事務則由集團透過電腦系統統一控制。每天，分析員統計所有的財務資訊，發現銷售趨勢與問題並上報給集團分管財務的副總裁，後者再向Mrs. Fields彙報。

　　集團管理資訊中心的成員負責爲每個分店的電腦終端提供各種支持性服務，包括開發財務軟體、管理遠程通訊和聲音郵件系統。每天各分店的財務資訊均傳送至集團的中心數據庫，並自動生成各種財務報表，爲集團高層管理者提供決策依據。

　　整個管理系統由許多子系統組成。這些子系統都是在運作過程中逐步建立起來的。集團考察子系統的可行性的標準有三項：（1）

該系統是否能為公司帶來經濟上的好處；(2)該系統能否促進新的銷售；(3)該系統是否具有策略意義。

管理資訊系統建立後，集團累積了不少設計這種系統的經驗，由此而發展了一個「副業」——集團設立了一個專門設計和出售零售業資訊管理軟體的公司，由Mrs. Fields的先生掌管。管理資訊系統為分店的日常管理帶來了許多方便。它不僅可用來記錄和管理財務資訊，還可提供營銷決策的資訊支持、計算每小時的銷售、記錄員工的工時、追蹤存貨、處理求職申請、並能支持電子郵件聯絡。

每個工作日的開始，分店經理向系統輸入當天的有關資訊，如星期幾、天氣情況和任何可能影響銷售的當地特殊事件。系統則會根據輸入資訊自動作出反應，安排當天的主要管理工作。如告訴經理當天的需求預測以及在此基礎之上的生產計畫，包括組織生產的細節，如種類、數量和如何充分利用原料。

營業收入資訊隨著每次收銀記錄而進入系統。當銷售下降時，系統還會提出各種促銷建議，如「提供免費樣品」、「主動促銷」等等。當然經理不一定要照此操作，但至少獲得了某種提示。

存貨記錄也進入了系統，系統還能根據這類資訊自動生成訂貨單並發給供應商（經理同意）。

管理資訊系統在招聘員工方面也發揮了很大作用。求職申請資訊進入系統後，系統會根據公司用人標準分析求職人的適合度，並向經理提出建議，決定是否與求職人進一步面談。面談甚至也可以透過這個系統進行。最後，系統會根據面談結果決定是否錄用求職人。當然，經理也可以根據自己的判斷來決定是否錄用。

系統還包括一個安排員工班次的專家系統，可協助經理進行人員調配。系統與員工上下班打卡機相連，可記錄工時並計算工資。系統還包括一個技能測試程序，供員工培訓和考核之用。

管理資訊系統是資訊技術在服務業的應用形式之一，能大大提高服務系統的效率，協助管理人員完成各項管理職能。

案例4

Natwest的遠距銀行服務

Natwest是英國一家較大的商業銀行，由National銀行和Westerminster銀行合併而成。其推出的遠距銀行服務（telebanking services）使其成為英國銀行業的佼佼者。

遠距銀行服務起源於所謂「電話銀行服務」，最早由瑞典的福斯塔銀行於1985年推出。顧客使用電話銀行服務，無須到銀行所在地，只要透過電話操作便可得到自己所需的金融服務。電話銀行服務理念得到普遍的認可和採用，因為這種方式不僅給顧客帶來了方便，而且使銀行突破服務地域的限制，實現「無分支機構」的規模擴張。

Natwest發展了這種服務流程技術，將網路技術、內部資訊系統和電話銀行系統結合起來，組成能提供遠距銀行服務的綜合型「電話中心」（call center）。Natwest的顧客可同時享受「電話銀行」和「網路銀行」等多種遠距服務。顧客不僅可透過電話來獲得服務，還可從網際網路上得到服務。這就真正實現了24小時的服務，顧客可在任何一個時刻管理自己的帳戶，完成各種交易。這對於節假日較多的歐洲來說，不能不說是一個極大的服務突破。而且網際網路的全球性覆蓋面和相對低廉的費用，為銀行實現國際性擴張奠定了基礎，也為顧客降低了交易成本。

內部資訊系統與電話中心的技術結合，提高了工作效率和對顧客需求的反應速度。自動的E-Mail系統還能使銀行經常保持與顧客的聯繫。內部資訊系統使顧客資訊時刻保持更新，確保服務的準確

性。銀行各部門、各分支機構也能時刻從電話中心得到即時的顧客資訊，有利於實現迅速的服務反應和內部的密切合作。

　　與先進的技術相匹配，銀行爲電話中心配備了大批業務人員，以確保對顧客的個體需求作出針對性的反應。

　　資訊技術包括通訊技術與網路技術的發展，對許多服務組織的流程設計有著相當的影響。如何利用這種技術開發新的服務產品、改善服務品質，成爲當今服務組織在服務設計時首要的考慮。

案例 5

美國西南航空公司
與艾爾迪公司的總成本領先策略

　　當大部分航空公司都把精力放在為顧客提供更多的服務，如更加可口的機上用餐、先進的機上娛樂設備，美國西南航空公司卻選擇了一條回歸「核心」服務（交通服務）的道路，把與核心服務關聯不大的「邊緣服務」統統都棄之不用。美國西南航空公司總部在達拉斯，是近年來航空業中經濟效益一直都比較好的公司之一。該公司的總成本領先策略使公司在價格競爭上有了絕對優勢。其價格約比主要競爭對手約低50％，占領了巨大的美國航空市場的5％的市場占有率。因此許多競爭對手都迫切模仿其策略。

　　這種策略在航空業中被稱為「公共汽車式的航空服務」。即航空公司只提供航空服務的最核心部分——運送旅客，較少或不提供其他常被看作是「超值」部分的邊緣服務，如機上用餐、娛樂等。其操作方式如同公共汽車服務一般簡單，但主要服務的目的可以達到，那就是把乘客運送到目的地。這種策略並不是什麼新奇事物，但如果服務運作系統的設計不符合該策略的要求，則會導致失敗。除美國西南航空公司之外，也曾有一些航空公司採用此法，但都由於服務系統無法配合而失敗。

　　美國西南航空公司這種策略的成功，很大程度上歸功於科學的服務內容及服務系統的設計。這種策略的核心是在提供核心服務的前提下儘量降低成本，將運作成本降到最低，以此來保持強有力的價格競爭優勢。這是該公司創始人赫比·科勒爾的基本經營思路。

　　乘坐美國西南航空公司飛機的乘客會注意到，該公司的登機卡是塑膠製成的並可反覆使用。在飛機上公司不提供正式的機上用餐，只有一包花生和一杯橘子汁。如果有乘客需要其他飲料，則必須付費，而且可選擇種類也很少。乘客和機組人員經常自帶飲料和食品。機上沒有娛樂設備，也不提供特殊照料服務。與其他航空公司不同，空服員沒有華麗的空勤制服，只身著簡樸的亮色短袖或T恤。服務也是非正規的，但具有較強的人情味。公司的這種服務方式和理念可從其創辦人科勒爾的行為體現出來。他經常穿一套便宜西服以其獨有的幽默方式與乘客們玩笑逗樂。

　　服務的簡單化大大降低了公司的運作成本，使其在短程航線上擁有絕對的價格優勢。在短程航線的競爭中，飛機在機場的停留起飛時間是非常重要的。時間短則能大大提高飛機的利用率。公司不提供機上用餐，機艙清潔度較高，空服員在機場停留時不需每次都要打掃，只要定期做一下簡單清掃即可，這就縮短了停留時間。不提供機上用餐還省去搬運餐食上機的時間，減少了組織餐食生產的成本和管理費用。不提供娛樂服務也省去了在設施設備上的大筆投資。

　　美國西南航空公司的策略及其相應的服務設計成為航空業低成本運作經營的典範。它以最低成本向顧客提供價格低廉但「物有所值」的服務，滿足了航空市場經濟取向顧客的需求，取得了巨大的成功。

　　與美國西南公司相類似，在歐洲零售業中，一家德國超市集團艾爾迪（ALDI）也採用了這種策略，沿用了這種設計理念。艾爾迪出售的商品價格在零售業中一直保持極低水準。為保持這一優勢，公司將服務設計原則定為「一切從簡、一切為了低成本」。艾爾迪超市很少使用漂亮的貨架，大部分商品堆放在地上，只是將外包裝箱打開供顧客拿取。收銀終端也不配置昂貴的電腦終端和掃描儀，改為收銀員心算計價。為保證這一點，公司的商品種類保持在

很窄的一個範圍,收銀員可以比較容易記住各種商品價格。公司只收現金和信用卡,不收支票。這樣能保持以較快速度為顧客提供收銀服務。當然,公司物流配送系統的效率也很高。

　　這兩個案例說明,一個服務組織要選準市場,確定相應的策略,並輔以相配的服務及服務系統設計,即使是「簡單」的服務,也能獲得成功。服務策略與設計,複雜化、個性化能成功,簡單化、標準化照樣能奏效。

·第五章·
服務環境與設施佈局設計

服務環境既是服務要素組合的重要組成部分，又是服務流程設計的重要一環，爲服務組織提供無形服務奠定了有形物質基礎。構造良好的服務環境是服務組織提供優質服務產品的重要前提條件，而這一切都依賴於科學合理的服務環境設計。服務環境設計以設施佈局設計爲核心，對組成服務環境的所有區域和所有環境要素進行總體規劃和設計。

第一節　服務環境設計的基本內容

服務環境由多重要素組成，並直接影響到服務提供者和消費者的心理感受和行爲。服務組織應考慮這些因素，對服務環境進行綜合規劃與設計，確定其設計的基本內容。

一、服務環境的概念

服務環境（servicescape）是服務者提供服務和顧客進行服務體驗的物質環境，是服務產品的生產場地同時也是顧客的消費場所。

上一章所提到的服務藍圖理論爲我們指出了服務環境的組成。服務藍圖中有一條「可視部分線」，將服務系統區分爲顧客可視區和服務後台（顧客不可視區）。與此相對應，在服務「可視部分線」之下是服務的後台環境。前台環境既是顧客消費區又是服務提供區，後台環境則爲純粹的服務工作區。這種區分如圖**5.1**。

二、服務環境的作用

服務環境構造了服務提供和服務消費的物質基礎，是服務者提供服

圖5.1　服務環境的前後台劃分

務產品和顧客體驗服務產品必不可少的重要物質性支持。

　　服務環境對服務提供者和消費者都會產生極大的影響。服務前台環境是包括外觀、裝修、風格、擺設在內的消費者的「可視環境」，造就了服務氛圍，影響著消費者的服務體驗和心理感受，從而會影響到消費者對服務要素組合中「顯性服務」和「隱性服務」的最終評價。同時前台服務環境還是服務的「生產場所」，其功能性設計的合理性會對服務者的工作效率、工作態度產生一定的影響。服務後台環境是純粹的工作場地，其設計的科學性會對後台工作人員的生產效率和工作心理產生相當的作用，進而關係到「支持性服務」的提供。

三、服務環境的分類

　　服務業的行業覆蓋面廣，服務類型眾多，相應地，服務環境也會存在差別，表現出多種服務環境類型。**表5.1**是對服務環境的一個總體分類。

　　顧客是自助服務中的主角，服務環境設計的重點在於標誌（如指示牌、導遊圖）和服務界面（如網路服務中的「熱鍵」）的設置，以此來引導顧客完成服務消費。而遠程服務則應注重內部環境對工作效率和員工積極性的影響，因為消費者並未參與其中。人際服務則更具挑戰性，因為消費者和服務者同時出現在同一服務環境中，服務組織需同時兼顧兩者的不同需求，這使設計過程變得十分複雜。本章將重點討論這一類型的服務環境設計。

服務產品設計
Service Product Design

表5.1　服務環境的總體分類

誰在服務環境中充當主角	服務環境的複雜程度	
	複雜精細	簡單線性
自助服務（顧客）	如高爾夫訓練課、滑水公園	ATM存取款、電子商務
人際服務（顧客與服務者）	豪華旅館、餐廳、機場	經濟型旅館、小吃攤
遠程服務（服務者）	專業服務（律師、會計師）	線上（網路）技術服務

四、服務環境設計的內容

　　服務環境設計是對服務整體環境的規劃與設計，既要考慮服務的前台環境又要涉及服務的後台環境，既要顧及顧客的服務體驗的要求又要照顧服務者工作的需要。

　　無論是服務的前台環境還是服務的後台環境都包括環境條件、佈局與功能和標識人造物三大環境要素。服務環境設計的主要內容就是這三大要素的設計。

（一）環境條件設計

　　環境條件是指服務環境的基本背景要素，如室溫、照明、噪音、音樂、氣味、色調等。Mrs. Fields餅店總是敞開大門讓香味吸引過路顧客，麥當勞總是播放快節奏音樂鼓勵顧客迅速用餐，而這些因素同樣也會影響到員工，如色彩明快的工作環境會促進工作效率的提高。

　　目前，服務環境條件設計十分強調「人性化」，本章將在下一節作詳細闡述。

138

(二) 設施佈局與功能設計

這裡是指服務環境的各種設施、設備、家具按照一定的功能分布組成的一個服務提供場所。這個場所對顧客和服務者都有重大影響。在自助服務中，設施設備配置和消費路線設計的合理程度會影響消費者的服務體驗過程。如自助餐台多種菜餚酒水及餐具的位置都應考慮消費習慣，廚房烹調設施的佈局和工作路線的設計會降低或提高出菜速度和菜餚品質。這一項要素是服務環境的核心，我們將重點論述。

(三) 標識和其他人造物設計

這些是指在服務環境中用以傳達服務資訊的要素，如各種標誌牌、指向牌、宣傳招牌、裝飾畫、服務器具等。商店的「收銀台」標誌牌或「禁止吸煙」標記就直接傳達了一種引導顧客行為的服務資訊。而高級餐廳具有古典色彩的桌布、裝幀考究的菜單和精緻的餐具就含蓄地表達了一種高級豪華的服務資訊。這一項要素我們不再單獨討論，而是與以上兩項要素結合起來研究。

五、服務環境設計應考慮的影響因素

在現實社會生活中，服務環境的內容和形式都是十分豐富的，即使是同一行業相鄰地域的服務組織，其服務環境也不盡相同，許多還存在著巨大差別。服務環境的多樣性是多種因素綜合影響的結果。

(一) 服務組織的本質與目標

服務組織的本質和服務的根本目的決定了服務環境的基本內容和標準。汽車旅館總需要有足夠的停車位和客房，銀行的設計圖上總得有保險庫的位置，而醫生的診療室設計總得為病人保留一點私密性，速食店

的色調總顯得明快，而豪華的法國餐廳不適宜播放快節奏舞曲音樂。

（二）土地的可獲得性和服務空間要求

這是在現實經營中遇到的最實際的問題。經營者很難按自己的意願獲得理想的服務空間所要求的土地，因為這受到了政府用地政策、土地成本、租金、周邊用地環境的限制。好的設計往往要能消化這些限制，如在城市黃金地段向高空發展，麥當勞使用二樓作為用餐場所就是一個典型；新設備（如輕型中央熱水器）的應用，也可節省大量街面用地（將傳統的鍋爐房置於頂樓）；屋頂花園的建立可使服務組織不至於違反政府的有關綠地標準的政策。

（三）服務的適應性

市場和社會環境的變化極快，要求服務組織能盡快適應各種可能形勢。因此，服務環境設計需要具有較強的適應性。從這個意義上說，服務設計是「為未來而設計」。如許多速食店在原先的先進式購買佈局基礎上，又增加了「駛入式」（drive-through）外賣窗口，以適應有車族的用餐需求。新型機場都裝備了快行道，使旅客在轉機時不至於過於勞累。許多新建造的旅館飯店已在客房內置入了網路線，以迎接網路時代的到來。

服務環境的一次性投資是很大的，而服務環境一旦形成又很難加以改變，即使要改造，其成本和代價也是巨大的。許多服務組織在服務環境設計時為了節省一筆小的追加投資而忽略了「為未來而設計」，反而導致了後來改造成本的劇增。這樣的教訓是很多的。

（四）審美因素

美的涵義不在於「豪華」、「高級」，而在於「合適」、「和諧」。度假飯店建築外觀更適於樸實自然的格調而不應用以豪華摩登的玻璃帷

幕,輕巧乾淨的塑鋼餐椅則更適合速食店。

(五) 社區與環境

服務環境的建立不應與社區和環境的利益相悖。飯店的建立是否給風景區帶來了水污染的問題,舞廳是否給周邊住宅區造成了噪音污染,網咖是否影響了孩子的學習等。

以上各因素的分析實質上也給我們指出了服務環境設計的基本原則,即服務環境的設計要符合服務組織的目的,消化土地的可獲性等實際限制,具備一定的未來適應性,符合審美的需要並與社區和環境的利益相一致。

第二節　服務環境的人性化設計

服務環境的人性化設計考慮的重點問題是環境服務的三大要素之一——環境條件的設計。除美學方面的人性化設計外,以人因工程學理論爲基礎的人性化設計成爲當前服務環境條件設計的主流。

一、人性化服務環境設計的涵義

人性化服務環境設計是一種以人爲本的環境設計理念。服務組織在環境條件設計時,其設計依據是「人」的需求。這裡所提到的「人」既指來到服務場所的顧客,又包括在服務場所提供服務的服務人員和從事後台工作的工作人員。這裡所提到的「需求」既包括人的審美需求,又包括人的自然生理需求以及由此而產生的心理感受。

因此,人性化服務環境設計必須符合人性的三大要求:審美需求、自然生理需求和由此而產生的心理需求。如服務等候區域的顧客座椅的

設計，既要美觀大方，又要舒適，使人們在等候過程中不至於出現焦躁不安的情緒。

傳統的環境條件設計重點置於審美要求的滿足，而人性化服務環境設計則更加強調三者的結合，並把重點放在了對後兩者更精確的科學性設計上。

二、人因工程學

隨著以人為本的服務觀念的深入人心，服務組織越來越重視服務環境的人性化設計。人性化設計不僅要考慮環境設計的審美因素符合人類的審美情趣，更重要的是將環境與人體的相互吻合性放在首位，即環境設計必須與人體的自然要求相適合，增加人體在環境中的「自然舒適性」。研究這些問題的學科就是人因工程學。

人因工程學為西方服務組織廣泛應用於服務環境的設計，包括顧客消費環境和員工工作環境。服務產品生產和消費的同步性使這兩個環境幾乎是合二為一（當然，服務組織也存在後台工作區域）。正因為如此，服務環境設計的科學性、合理性直接會影響到顧客的感受和員工的工作效率兩個方面，這在製造業工作環境設計中是見不到的。服務環境設計的難點也就在於此，不僅要符合顧客的消費習慣而且要能促進員工工作的高效率。同時，在大部分服務產品的提供中，顧客都將參與生產，從這個意義上說，對顧客而言，服務環境不僅是消費環境也是一種「工作環境」，這就加重了服務環境設計的功能性因素的分量。服務組織必須要把環境設計結合到服務產品這一具體特點上來，使服務環境更加趨於人性化，使顧客和服務者同時都能分享環境服務的「友好與親善」，提高兩者的「工作效率」。專注於研究人體與環境適應性的人因工程學自然就成為服務組織進行環境設計所倚重的理論。

以人因工程學設計原理的服務環境設計主要考慮三個方面的內容：

(1)服務設施與人體自然形態之間的合適性，如顧客座椅的形狀與人體自然生理曲線的吻合。

(2)服務設備與人體感覺器官的匹配性，如顧客視線高度與超市貨架高度的相稱、電腦螢幕與服務人員視覺習慣的匹配。

(3)服務的環境要素對顧客及服務人員行為的影響，如環境溫度、噪音等如何影響顧客的情緒和服務人員工作的效率。

三、人因工程學與服務環境條件設計

(一) 服務設施設備與人體自然形態

　　人體的自然形態是指人的體形、身高、身體各部位的生理長度以及各運動器官的自然承載力。服務環境的設計，應充分考慮人體的自然形態，儘量使設施設備的形態、尺寸符合這些自然形態，為人體提供更充足的舒適感，以利於消費行為的持續和工作行為的有效進行。

❖自然行為高度與服務設施設備

　　行為高度不僅是指人體直立時的高度（身高），還包括人體處於各種行為狀態時的身體各部位的高度，如人體處於坐姿時眼睛的高度、肩膀的高度等。人作為個體，身體的自然尺寸各不相同，但並不意味著無規律可循。下面是美國人因工程學家於1983年在全美進行的一次人體自然行為高度調查的統計資料，揭示了人體自然行為高度的基本規律。如**表5.2**所示，美國人體自然行為高度基本呈正態分布，表中最左邊的數據是「最小」的，總人口中只有5%的人會小於這個數據，最右邊的數據是最大的，總人口中95%的人都小於這個最大數，也就是說，只有5%的人會大於這個最大數。在最大和最小之間，有一個平均數據，這個數據將成為設施設備大小設計的重要依據。

表5.2　1983年美國人體自然行為高度調查

行為高度		最小		中值		最大	
		女	男	女	男	女	男
站立形態	身高	149.5	161.8	160.5	173.6	171.3	184.4
	眼高	138.3	150.1	148.9	162.4	159.3	172.7
	肩高	121.1	132.3	131.1	142.8	141.9	152.4
	肘高	93.6	100.0	101.2	109.9	108.8	119.0
坐姿	身高	78.6	84.2	85.0	90.6	90.7	96.7
	眼高	67.5	72.6	73.3	78.6	78.5	84.4
	肩高	49.2	52.7	55.7	59.6	61.7	65.8
	肘高	45.2	49.3	49.8	54.3	54.4	59.3

　　了解人體自然行為高度的基本規律和數據，服務組織便可更加科學合理地設計服務環境中的通道寬度、高度、設施設備的尺寸，使之更符合人體的生理規模。如服務消費區域的座椅的高度、扶手欄杆高度、桌子高度、貨架高度；工作區域的操作台高度等。高度的確定應以中值（平均數）為基準，適當考慮最大、最小值的可能性。當然目標市場的顧客的生理形態是最重要的因素，如飯店的床，接待歐美遊客者明顯要加大，接待亞洲人者明顯尺寸小。有一家飯店原以接待日本人為主，後臨時接待了一批美國遊客，結果飯店接到大量關於床太小的意見反映。

❖人體運動器官的長度

　　人體運動器官的長度決定了工作範圍和活動範圍的大小。特別在服務設施設計時，這一點考慮是十分必要的。人體手臂的長度基本決定了其工作範圍或活動範圍。服務設施大小不能超過最大工作範圍（手臂完全展開），最好符合正常工作範圍（手臂彎曲）。

　　西方現在非常流行「零距離」服務，即顧客與服務者面對面接觸，雙方之間的距離比正常工作距離稍小。在歐洲的旅行社的接洽場所，服務者與顧客之間只相隔一張小桌子，雙方幾乎可促膝交談，物品遞接也

十分方便。

❖人體的自然生理曲線

　　注意設施形態和質地與人體自然生理曲線的吻合。座椅的選擇就是一例。座椅靠背與椅面的材質和曲線最好能符合人體脊椎自然彎曲，使人產生舒適感。但有些服務組織為防止顧客停留時間過長，常採取「反舒適」的做法，如速食店座椅、英國公車站的座椅都故意設計為不舒適形態，以減少顧客的停留時間。

（二）服務設備設計與人體感覺器官

　　這體現了「人─機」接觸關係。服務設備的設計要考慮到人體的正常工作範圍和運動器官的舒適性，如目前電腦鍵盤的曲面型設計提高了手的舒適程度。這裡更為重要的是服務設備與感覺器官的「友善」。電腦螢幕或機器儀錶板等人─機交流的資訊界面應符合人體感官的生理要求，如基本顏色不能刺眼、提示性內容應在顏色上予以區別、設備操作按鈕應按一定規律排列等。在自助式服務設備的設計中這一點尤為重要。

（三）服務環境要素對顧客及服務者的影響

　　服務環境要素包括環境溫度、照明、噪音等。人因工程學同樣也要考慮這些要素對人體可能帶來的影響，以及在它們的影響下所造成不同的消費行為和工作行為。

❖環境溫度

　　對環境溫度的感知，因人而異，何況還受到空氣濕度和空氣運動方式的影響，但我們還是可找到幾條基本規律：

(1)環境溫度高通常使人行動遲緩，溫度低則使人行動迅速，某些速食店在冬季經常減少暖氣供應，稍微降低冬季溫度，以減少顧客

停留時間，提高座位周轉率。

(2)不同的服務工作類型對環境溫度要求不同，輕體力活動比重體力活動要求更高的環境溫度。

(3)當環境溫度高於29℃時，人們從事警衛防範性工作的效率會降低。

(4)當環境溫度超過從事工作的舒適度範圍，則出現事故的機率會大大增加。

❖照明

照明可影響人們的注意力和心理感受，照明充足使人精神振奮，不足則使人疲憊。如飯店客房的照明保持較低程度，因為過於明亮會令顧客興奮，難以進入休息狀態。而餐廳的照明則充足得多，這能激起顧客食慾。

照明對工作效率也有較大的影響。著名的「霍桑」實驗就研究了照明與工作效率的關係。**表 5.3**說明了各種服務行為所要求的照明度。照

表5.3　服務活動的照明要求及音量示例

活動	照明（勒克斯）
正常家庭活動	50
一般辦公室工作	500
閱讀文件	750
工程檢查（用精細工具）	3000
手術	10000-50000
聲音	分貝
講話	40
大型商務辦公室	60
紡織廠	90
飛機起飛	120

明度單位為勒克斯（lx）。

❖噪音

噪音必須控制在一定範圍，否則會引焦躁、注意力分散。西方許多服務組織在服務場地鋪上地毯，並用軟質材料鋪在各種設施的表面，以此來減少噪音源。酒吧內使用紙質杯墊也是這個目的。各種吸音材料的使用也是常見做法。

噪音對工作效率的影響更是明顯。在英國，工作環境的噪音標準為90分貝以下。超過這一標準，員工工作效率會大大下降，甚至可能會傷害聽力。

表5.3列出了各種活動的音量。另外還有幾項有關噪音的規律：

(1)同等音量下，無規律的斷續性的噪聲比連續的規則性噪聲對工作效率影響更大。
(2)高頻率比低頻率對工作影響大。
(3)噪音更容易影響工作品質而不是數量。

第三節　設施佈局的程序與類型

設施佈局是服務環境的核心，它形成服務的功能性環境，對提高服務效率和改善服務體驗都起著至關重要的作用。設施佈局設計成為服務環境設計的主體內容。

一、設施佈局設計的決策程序

完成一項服務設施佈局設計的決策，一般要經過三個階段。

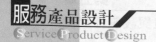

（一）確定服務的生產方式類型

服務行業雖然門類眾多，但其服務的生產（提供）方式不外乎前文所提及的四種：專業服務、服務店鋪、大量服務和大量客製化服務，其中前三種為常見形式。不同的服務生產方式，其設施佈局迥異。所以決策者應首先確定服務組織基本生產方式，以此作為設施佈局設計的開始。

（二）確定基本的設施佈局類型

在服務生產方式業已確定後，可依此選定適合這些生產方式的基本設施佈局類型，主要包括四種：

(1)固定位置型佈局。

(2)流程型佈局。

(3)單元型佈局。

(4)產品型佈局。

生產方式與基本設施佈局類型之間有一定的聯繫，但具體情況不同也會影響這種聯繫的必然性。大致看來，二者的聯繫可簡要概括表示為**圖5.2**。二者之間的具體聯繫我們在後面詳述。

設施佈局基本類型	服務生產方式
固定位置型	專業服務
流程型	服務店鋪
單元型	
產品型	大量服務

圖5.2　生產方式與基本設施佈局類型之間的關係

(三) 確定設施佈局的具體細節

設施佈局類型的確定，並不能精確地描繪出設施分布的細節，因此還要採用一些具體的方法和技巧對最後的設施佈局作出精確規劃，以完成全部的設計。

二、設施佈局的基本類型

設施佈局包括四種基本類型。

(一) 固定位置型佈局

當服務對象由於某種原因（如體積巨大、移動不便等）而不能輕易移動，服務組織只能將服務提供系統移至服務對象處，而服務對象則體現為相對固定時，設施佈局一般採用固定位置型。如豪華餐廳服務——顧客不會自己起身去取菜餚、餐具等；外科手術——病人不能輕易移動；大型機器設備的維修保養服務——設備太大、太重或太精密，移動成本大或根本不能移動。

在固定位置型佈局設計中主要需解決的問題是透過合理地安排，使提供服務的所有組成要素（設施設備）都能：

(1)有滿足其生產需要的足夠的空間場地。
(2)接收和貯存各種所需材料和物品。
(3)在互不影響的情況下共同完成服務提供。
(4)最大限度地減少它們之間的物品、材料與人員的移動。

在實務中，這種佈局的效率體現在各種服務要素進入提供場所的時間安排的合理性以及服務提供的可靠性。如在豪華餐廳，服務員接觸顧客的時機是非常重要的。迎賓員引座之後，服務員上前點菜，之後傳菜

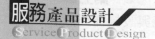

員供應食品,而酒水員又應在適當的時候獻上酒水,期間服務人員還應找準時機即時收拾餐具。在此例中,吧台的位置,餐具儲放櫃的位置,菜餚的儲放設備與位置,對服務效率的影響都是很大的。

(二) 流程型佈局

為了最大限度地提高服務設施的利用率,功能類似的服務設施會被置放在一起,形成不同的服務功能區。有著不同服務需求的顧客將選擇不同的路線前往不同的服務功能區去接受服務,這就是流程型佈局,如:

(1)餐廳的廚房:不同菜品(冷菜、燒烤、炒菜)需經不同的生產流程,需要不同的生產設施。

(2)圖書館:讀者可能會借閱不同的書籍(原文書、電子圖書、小說等),也會有多種其他服務需求(複印、還書、自習等),這就需要不同的服務路線和科學合理的設施佈局,見**圖5.3**。

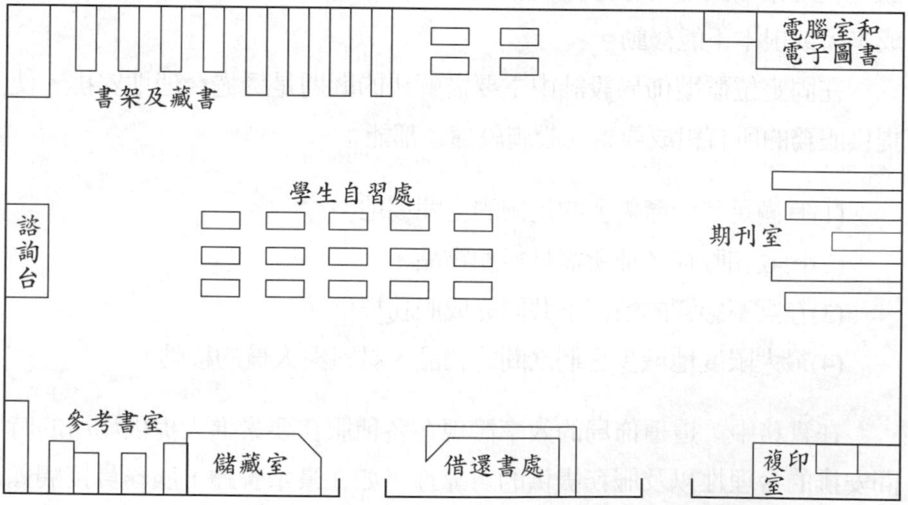

圖5.3　圖書館流程型佈局

此種佈局設計要考慮的重點在於設施佈局能為不同的服務路線提供便利，不至於出現服務路線的重複、交叉和擁擠，並盡可能減少服務設施之間人員、物品流動的成本。

（三）單元型佈局

單元型佈局是在業已存在的一個設施佈局當中設立一個或幾個獨立單元，這個獨立單元擁有能滿足特定顧客所有需要的所有服務設施。這種佈局實質上是為了減少服務整體佈局的複雜性而特設獨立的服務部門。如：

❖大醫院的婦產科部門

這是服務對象特性十分突出的部門。該部門的服務設施十分專業化。接受這個部門服務的對象除使用這些專用設備外，很少使用醫院的其他設施。

❖西方許多大超市設置的「午餐」部門

許多顧客進超市只想買點三明治、冷飲、麵包等作為午餐。這些商品被放置在一起組成一個獨立單元，使只想買點午餐的顧客不至於四處尋找。

❖大型商場的體育用品部門

總的說來，大型商場是典型的流程型佈局，它有許多服務區域，如鞋帽、衣物、書籍、家電。而在這裡體育用品部門往往是一個例外，是一個相對獨立的「店中店」，因為這個部門出售與體育主題相關的多種商品，如運動服裝、鞋帽、器械、書籍和電子出版物以及運動飲料。顧客可在這兒購買到任何與體育相關的商品。商場設立這樣的一個獨立部門主要是考慮到有這麼一個獨特的顧客群（顧客群的數量足夠大）。另外，所有體育商品集中在一起，有助於透過某一種商品的銷售和服務帶動其他相關商品的銷售，這種佈局可見**圖5.4**。

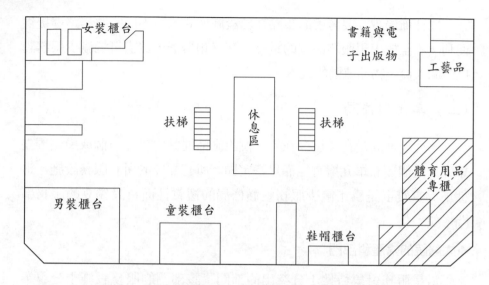

圖5.4　單元型佈局──大型商場體育用品部門

（四）產品型佈局

在這種佈局中，顧客或待處理的資訊按一個預先確定好的程序被逐步「處理」，就像工業產品沿著生產線被逐步加工直至成品，就這個意義而言，產品型佈局又被稱爲產品線型佈局。這在標準化程度極高的大量服務中最爲常見。這種佈局十分清楚明瞭，且易於對顧客實施較高程度的「控制」。主要例子有：

(1)自助餐廳，設施設備和菜品按一個符合消費習慣的順序和形式進行擺放（如餐具、冷菜、熱菜、湯菜、麵點、水果），消費者可沿著這個順序依次消費。

(2)大批注射某種抗病疫苗的服務。

(3)大學新生入學。見圖**5.5**，所有新生都必須辦完一系列預定好的手續才能最終成爲大學的成員。這一佈局主要面對的問題是考

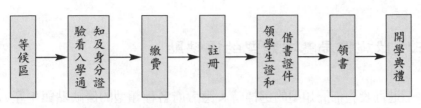

圖5.5　產品型佈局——大學新生入學

慮順序安排的合理性、減少等候時間、提高完成程序服務的效率。

（五）混合型佈局

在實際生活中，許多服務組織都採用了各種佈局類型的混合，以解決不同部門的特殊情況。例如一個擁有多種餐飲服務形式的餐廳，就有三種類型的佈局類型。**圖5.6**的廚房是典型的流程型佈局，點菜餐廳是固定型佈局，而自助餐廳則屬於產品型佈局。

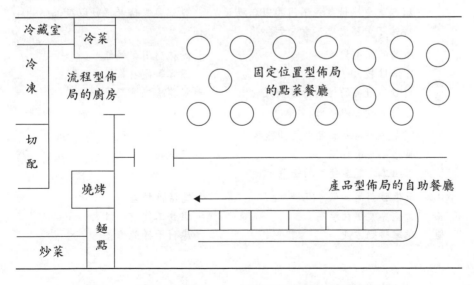

圖5.6　混合型佈局——多種餐飲服務形式的餐廳

三、設施佈局基本類型的優缺點

進行設施佈局類型的選擇時,應考慮各種類型的優缺點與生產方式的適用性。在前文中我們已了解服務生產方式與設施佈局類型的關係,但值得注意的是,生產方式與佈局類型並不是完全一一對應,某種生產方式可能有多種佈局類型與之相匹配。因此要實施進一步的決策,就必須更仔細地考察各種佈局類型的優缺點。**表5.4**列出了四種基本佈局類型的優缺點。

表5.4 四種基本佈局類型的優缺點

類型	優 點	缺 點
固定型	服務的類型很多 靈活性很大 服務者要應付多種不同的服務場景 顧客不會移動也不會受到打擾	單位成本高 服務時間安排困難 設施與服務者移動程度高
流程型	服務的類型較多 靈活性較大 對設施設備的控制力度較大 應付干擾能力較好	設施利用率較低 顧客等候現象較多 服務路線多而複雜
單元型	能在成本與產品類型之間保持平衡 服務生產率較高 小組工作能激發高的士氣	需更多的設施 設施利用率低
產品型	單位服務成本低 設施專業化程度高 顧客移動方便	靈活性較差 服務工作重複性大 應付干擾能力差

四、設施佈局設計標準

什麼樣的設施佈局才是合理的？這裡我們提供一些基本的衡量標準。

（一）設施佈局的安全性

如消防通道的寬度、防火標誌的醒目度、員工通道與顧客區域的明確劃分等。

（二）服務路線的長度

應合理擺放設施，儘量縮短服務路線的長度，減小服務者與顧客的移動距離，為二者提供工作上和消費上的方便。

（三）服務路線的清晰度

設施放置合理，符合消費習慣和工作習慣，並設有明顯指示標誌，使顧客和服務者都能感到方便自然。

（四）員工的舒適度

造就良好的工環境，有助於提高勞動生產率。

（五）管理合作

合理的設施與人員的位置以及良好的通訊工具，使督導和交流易於進行。

（六）可進入性

所有的設施設備都有較好的可進入性，方便清潔、保養及維修。

（七） 空間的利用

空間的利用應兼顧節省成本和達到經營目標兩方面，如豪華飯店應有寬敞的大廳，但也應有佈局緊湊的廚房。

（八） 長期發展所應有的靈活性

佈局設計不僅要滿足目前服務任務的需要，還需要具有一定的靈活性（如預留擴展空間），以適應服務組織的長遠發展。

第四節　固定位置型與流程型佈局設計

確定服務的基本佈局類型後，服務組織就應進行極為詳細的設計佈局規劃，確定各種服務設施的準確位置。四種佈局類型的設計方法各有不同，我們將對它們一一討論。本節討論的是固定位置型與流程型兩種佈局設計方法。

一、固定位置型佈局方法

這種佈局的目的是使組成服務系統的各項要素（人員、材料、設施）能最大限度地向固定位置的服務對象提供高效率服務。這種佈局在建築業和工業中表現得十分複雜，如建築工地。而在服務業中大多表現為「上門服務」，設施佈局是臨時性的，也是十分簡單的。另一部分表現為消費者在服務場所的位置相對固定，各項服務設施需合理佈局為其提供服務，這一類相對複雜一些，也是我們要討論的重點。

我們採用資源位置分析法來進行固定位置型佈局。

資源位置分析是一種系統性的佈局方法，透過設定位置本身的衡量

標準和位置關係的衡量標準，來評估在各種可能位置上的資源中心對服務的影響，最終確定佈局位置。它包括六個步驟：

(1)確定佈局的總體區域和各種可能的位置點。

(2)確定各個需定位的資源中心和它們的特殊要求。

(3)設定位置本身衡量標準和位置關係衡量標準。

(4)根據衡量標準來評估各資源中心與可能位置的適合程度。

(5)根據位置本身的衡量標準確定初步的位置。

(6)根據位置關係衡量標準修正各資源中心的位置。

下面以豪華餐廳為例來說明這種佈局方法。某餐廳有十五張餐桌，為顧客提供點菜服務。除餐桌外，餐廳還需設置七種設施，即收銀台、吧台、迎賓台、餐具儲放櫃、成品菜餚臨時擺放台、菜餚樣品展示櫃台和洗手間。

步驟1：定義佈局區域

見圖**5.7**，餐廳區域有兩個進入口，一個是顧客進入餐廳的大門，一

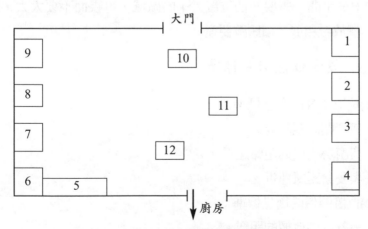

圖5.7　餐廳可安排設施的可能區域

個是從廚房進入餐廳的入口。標有數字的區域是十二個差不多大小的可以安排各種設施的可能位置。

步驟 2：確定各資源中心的需求

(1)A迎賓台，需要一個位置大小的區域，供迎接顧客設置裝飾用，越靠近大門越好。

(2)B收銀台，需要二個位置大小的區域，供收銀結帳用，離大門較近為好。

(3)C吧台，需要二個位置大小的區域，要求離各服務點（如餐具儲放櫃）距離較短，這樣容易提高飲料供應速度。

(4)D餐具儲放櫃，供服務人員儲放餐具和臨時放置物品用，要求距離各餐桌的距離適中，能在盡可能短的服務距離內為各餐桌提供服務，需三個位置。

(5)E菜餚樣品展示櫃，需要二個位置大小的區域，要求有比較大的可視面。

(6)F成品菜餚臨時擺放台，需要一個位置大小的區域，要求比較靠近廚房入口。

(7)G洗手間，需要一個位置大小的區域，可視面不要太大，距菜餚擺放台和展示櫃距離要遠。

步驟 3：設定位置衡量標準

(1)位置本身的衡量標準：

‧與大門的距離遠近。

‧與廚房入口的距離遠近。

‧與餐桌距離遠近。

(2)位置關係的衡量標準：

‧與餐具儲放櫃的距離。

· 與菜餚擺放台的距離。

步驟 4：計算適合程度

首先根據位置本身的衡量標準給各個可能位置點評分。評分的簡單做法爲設定：

位置理想＝3　位置尚可＝2　位置很不理想＝1

這樣，十五個位置點的評分如**表5.5**。

表5.5　位置點的評分

標　　準	位　　置											
	1	2	3	4	5	6	7	8	9	10	11	12
大 門 距 離	2	1	0	0	0	0	0	1	2	3	2	2
廚 房 入 口 距 離	0	0	1	2	3	2	1	0	0	0	0	1
餐 桌 距 離	0	2	2	0	1	0	2	2	0	1	3	3

然後，對每個資源中心（即設施）的位置本身衡量標準依據其重要性分別給予權重。權重分別爲：

非常重要＝3　重要＝2　尚可＝1　不重要＝0

如**表5.6**，給出了各資源中心的權重。

表5.6　權重評分

衡 量 標 準	迎賓台	收銀台	吧台	餐具儲放櫃	樣品展示櫃	菜餚臨時擺放台	洗手間
大 門 距 離	3	2	0	0	0	0	0
廚 房 入 口 距 離	0	0	0	0	0	3	0
餐 桌 距 離	0	1	2	3	1	0	1

最後計算「適合程度」。這可透過將權重與位置評分相乘來獲得。例如，將迎賓台放到位置1的適合程度為：

與大門距離的權重×位置1與大門距離的評分＋與廚房距離的權重×位置1與廚房距離的評分＋與餐桌距離的權重×位置1與餐桌距離的評分

即：$3×2＋0×0＋0×0＝6$

表5.7說明了各個資源中心與各個位置的適合程度。

表5.7 各個資源中心與各個位置的適合程度得分

資源中心	適合程度得分											
	1	2	3	4	5	6	7	8	9	10	11	12
A	6	3	0	0	0	0	0	3	6	9	6	6
B	4	4	2	0	1	0	2	4	4	7	7	7
C	0	4	4	0	2	0	4	4	0	2	6	6
D	0	6	6	0	3	0	6	6	0	3	9	9
E	0	2	2	0	1	0	2	2	0	1	3	3
F	0	0	3	6	9	6	3	0	0	0	0	3
G	0	2	2	0	1	0	2	2	0	1	3	3

步驟5：設計初步的佈局

表5.7不僅說明了各資源中心與各位置的適合程度，也說明了對每個資源中心的不同的重要性。例如洗手間的分數均不高，說明位置對洗手間並不重要，這種資源中心可放在稍後再安排佈局。一般要先把得分最高的位置安排給相應的資源中心。如**圖5.8**所示便是初步的位置安排。

步驟6

最後一步是將初步形成的圖與位置關係衡量標準對照並進行修改，形成最後的位置圖，如洗手間距離菜餚擺放台太近，應改至原來C的位置。

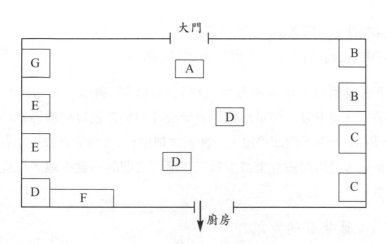

圖5.8　餐廳初步的位置安排

二、流程型佈局設計方法

流程型佈局相對比較複雜，因爲設施的擺放佈局要應多種不同的服務路線。從理論上講，有N個設施的流程型佈局，方法多至N!＝N×(N－1)×(N－2)×…(1)種，如果是10個設施，那麼就是10!＝10×9×8×7×6×5×4×3×2×1＝3628800種可能佈局方法。流程型佈局在服務業中又極爲常見，如綜合型的政府或社會機構的服務大樓、醫院、餐飲廚房等，都屬於這一類。

流程型佈局的主要目標是盡可能減少各設施之間的人員、物品流動的成本或顧客在設施之間移動的距離。

流程型佈局方法包含五個基本步驟：

(1)蒐集有關工作中心（設施）和它們之間的人流或物流的資訊。

(2)在第一步的基礎上，畫出體現這類資訊的示意圖，將人流物流發生最多的工作中心放在一起。

(3)考慮各工作中心的面積要求，並修改示意圖。

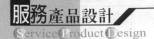

(4)根據示意圖畫出設施佈局設計圖。

(5)檢查設計目的是否達到並最後完成設計。

下面我們以一家遠距教學服務公司為例說明這一方法的具體應用。這家公司主要工作是為遠距教學設計和製作教材與輔導材料。公司所屬的十一個部門即將遷入一棟新大樓中有1,800平方公尺左右的樓層，希望透過佈局設計來減少員工在部門之間的移動距離，以提高工作效率。

步驟1：蒐集有關資訊

有關每天各部門之間人員來往的次數和各部門的面積要求都在**圖5.9**表示出來，這個圖又被稱為關係圖。值得注意的是，這裡考慮的是人的流動，而有的服務機構需考慮物的流動，注意每天往來次數少於五次者都未列出。

步驟2：畫出設施佈局的示意圖

圖5.10是關於各部門之間關係的初步示意圖。各部門（用標英文字母的圓圈表示）之間發生的人員來往次數以不同粗細的線條表示，線越粗表示次數越多，越細則次數越少。最粗線條表示人流數在70-120之間，中等粗細的線條則表示20-70之間，低於20次的用最細線條表示。這樣就可以直觀地看出什麼部門之間的人流次數最多，以便將它們盡可能放在一起。

步驟3：修正示意圖

設施佈局需與建築物形狀相吻合，我們必須將上一步驟所形成的初步示意圖依建築物形狀進行修正，如**圖5.11**。

步驟 4：畫出佈局設計圖

形成設計圖還需考慮各部門的面積需求，將示意圖結合面積要求便形成了佈局設計圖，如圖**5.12**。

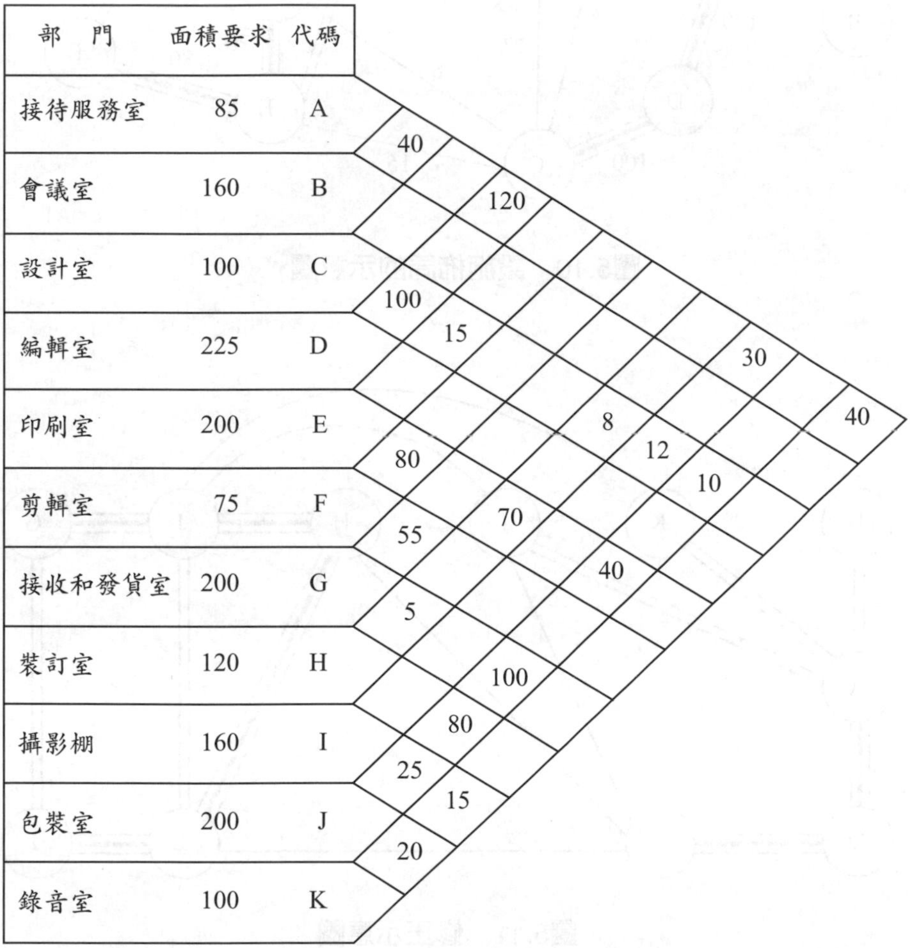

部　門	面積要求	代碼
接待服務室	85	A
會議室	160	B
設計室	100	C
編輯室	225	D
印刷室	200	E
剪輯室	75	F
接收和發貨室	200	G
裝訂室	120	H
攝影棚	160	I
包裝室	200	J
錄音室	100	K

關係矩陣數值：40、120、100、15、30、80、8、40、12、10、55、70、5、40、100、80、25、15、20

圖5.9　關係圖

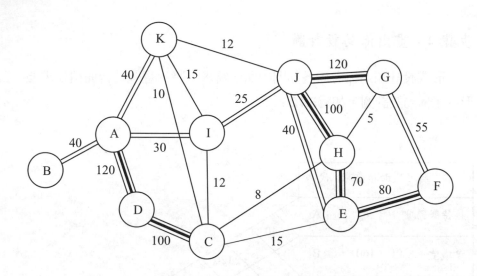

圖5.10　設施佈局的示意圖

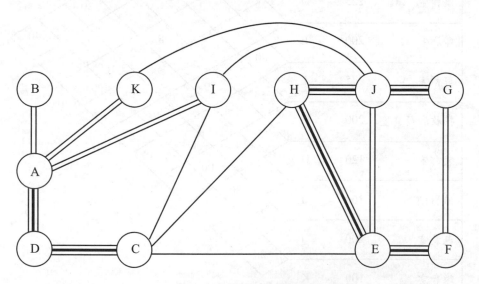

圖5.11　修正示意圖

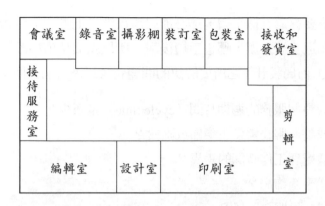

圖5.12　佈局設計圖

步驟 5：檢驗並完成最後設計

較簡便的檢驗方法是在設計圖上將某些部門交換一下位置，看人員來往次數是否已被降到最低。檢驗完成後便可形成最終的設計了。

流程型佈局設計也可以借助電腦的幫助，但其基本資訊和數據過程與本文所述方法還是一致的。

第五節　產品型與單元型佈局設計

產品型佈局和單元型佈局是另外兩種重要的服務設施的佈局形式，尤其是產品型佈局在服務業中應用更為廣泛。

一、產品型佈局設計方法

如果說其他類型的佈局設計是為了「哪個位置放什麼設施」，那麼產品型佈局設計則更多的是關於「把什麼設施放在哪個位置」。如：完

成新生入學要經過五個手續，那麼佈局決策則是把哪一道手續放在哪個位置，即哪道手續先辦，哪道手續後辦。所以產品型佈局設計又被稱爲「直線平衡」佈局設計，它所要解決的問題包含以下五個方面：

(1)完成整個服務的週期時間（cycle time）是多少？

(2)完成整個服務需多少環節或階段？

(3)怎樣處理工作時間的差異？

(4)怎樣平衡佈局？

(5)怎樣安排服務階段？

（一）產品型佈局的時間

週期時間指的是服務開始到服務結束的時間，對佈局設計的細節起著重要的影響。它的計算公式爲：

$$週期時間 = \frac{某一服務期間的總服務時間}{某一服務期內需接待的顧客數（或待處理的服務對象數）}$$

例如一個銀行要設計一個處理貸款的運作手續和佈局。已知每星期銀行處理此類業務的服務總時間爲40小時，預計每週有200個左右的顧客要來辦理貸款，那麼週期時間爲：40/200＝0.2小時＝12分鐘

也就是說銀行必須能做到每12分鐘辦理完一個貸款業務的階段。

（二）服務階段的數量

服務階段的數量可能是1，也可能是幾十上百，主要取決於服務的週期時間和提供服務所需的工作量。前者與服務階段的數量成反比，後者與服務階段數量成正比。

還是以銀行貸款服務爲例，銀行估算出完成一個貸款手續所需的所有工作量約爲60分鐘，週期時間已在上一步驟中算出，爲12分鐘，那麼服務階段的數量爲：

$$\frac{\text{完成服務所有工作量所需的時間}}{\text{週期時間}}=60/12=5$$

（三）時間的差異

現在我們可以想像出在銀行設置一個服務運作程序來處理貸款業務，這個程序包括五個階段，每個階段將完成整個貸款手續工作量的1/3，每12分鐘有關服務就可以從前一階段轉到下一階段。

但是在實際中，這個程序不會如此規則。每個服務階段服務的完成平均約需12分鐘，但實際上完成每個貸款服務所需的總時間總是有差異的，這是因為：

(1)按受服務的顧客可能有所差異，有的顧客可能較積極地參與，有的則不然。

(2)服務會因服務對象的不同呈現出細微的差別。如申請貸款的顧客的背景和條件會有所不同，服務者需分別作出處理，導致工作時間有所變化。

(3)服務提供者也會由於種種原因在工作中表現出不同程度的積極性而導致不同的工作效率。

這些差異是重複性服務工作的基本特徵，將導致在不同服務階段上出現排隊等候的現象，進而使下一服務階段出現閒置。這就需要在設計上予以克服。

（四）對工作時間差異的平衡

在產品型佈局設計中，最困難的是如何將工作量均勻地分配到每個服務階段中去。這個分配過程被稱為直線平衡。如前文所述，在實際中銀行貸款服務的五個階段的工作量不可能是均勻地分佈，即每個階段剛好是12分鐘，這樣就不可避免地要增加週期時間，如果增加後的週期時

間要大於所需要的週期時間，那麼就必須投入更多的資源來補償不同服務階段工作時間的不平衡。

直線平衡的效率可以透過平衡損失這一指標來衡量。平衡損失指的是由於工作量在不同服務階段的不平衡而引起的時間浪費占總的服務時間的比例，**圖5.13**說明了平衡損失的涵義。當服務的總時間被均衡地分布到各個階段時，完成這項服務實際所需的時間為5×12＝60分鐘。而當分布不均衡時，就會有20%的時間被浪費。

平衡損失的計算：

每個週期閒置時間＝(12－10)＋(12－8)＋(12－11)＋(12－7)

＝12分鐘

平衡損失＝12/(5×12)＝20%

（五）平衡工作時間的技巧

平衡工作時間的技巧有很多種，這裡我們介紹一種較簡便實用的次序圖法。在次序圖上，用標字母的圓圈表示組成全部服務的各個服務環

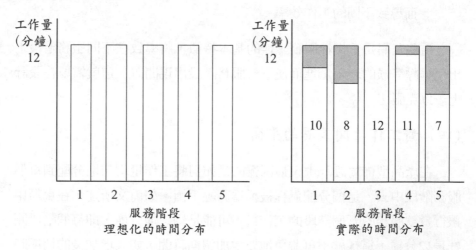

圖5.13　平衡損失的涵義

節，連接圓圈的箭頭表示服務完成的順序。設計此圖時應遵循兩個原則，其一，代表服務環節的圓圈應盡可能地儘在左邊；其二，箭頭不得在垂直方向標出。

作圖時，將代表第一個服務階段的圓圈畫在最左邊。安排各階段工作量時，應儘量使每一個階段的工作時間接近週期時間，但不得超過週期時間。當某一個階段依照規則安排好了，再繼續下一階段，直至所有服務環節都被安置好。這裡的主要問題是，當安排某一階段工作量時，可能會有兩個或兩個以上的服務環節被選中，這時應如何處理呢？

這裡要遵循一條原則：選擇能適合某階段剩餘工作量的（工作量）最大的服務環節。我們還是以銀行貸款服務為例來說明這種方法的應用。在這裡為計算處理的方便，我們將更改前例中的一些數據。

銀行貸款服務流程包括九個服務環節，如**圖5.14**所示。週期時間為10分鐘，估算出的總共服務工作時間為36分鐘，那麼所需的服務階段的數量為36/10＝3.6，即4個階段。

環節1ⓐ－填申請表8.5分鐘
環節2ⓑ－驗看身分證明 2分鐘
環節3ⓒ－驗看收入證明 2分鐘
環節4ⓓ－驗看保證人文件 2分鐘
環節5ⓔ－填寫A類貸款表3.5分鐘
環節6ⓕ－填寫B類貸款表3分鐘
環節7ⓖ－審定蓋章7分鐘

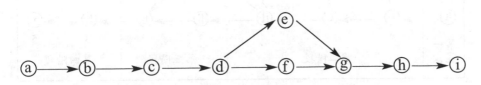

圖5.14　未劃分階段前的銀行服務

環節8ⓗ－發放貸款許可文件3分鐘

環節9ⓘ－建立帳戶5分鐘

　　從左邊開始，環節1只能單獨成為一個階段，因為如果再加上環節2就會超過週期時間。第2階段可包括ⓑⓒⓓ三個環節和ⓔⓕ中的任何一個，根據最大環節原則，我們選ⓔ。ⓕ與ⓖ可列為第三階段，餘下的可列入最後的一個階段。如圖**5.15**所示。

（六）服務階段的安排

　　我們前文提到的服務時間的安排是基於一個假設，那就是服務是按一個預定好的單線型服務程序進行的。回到銀行的例子，貸款服務是在一條直線上安排四個服務階段，每個階段承擔平均10分鐘左右的工作量。但是同樣的服務效果也可以透過分別包含兩個服務階段的兩條直線的安排來取得，或者也可以安排四個平行服務台，每個服務台負責完成所有的服務。圖**5.16**顯示了這些方法。

　　上述方法顯示，產品型佈局設計可有兩種基本選擇，即細長型和短粗型兩種形式。在圖**5.16**中第一種便是細長型，第二種是短粗型。這兩個形式各有優點。

　　(1)細長型佈局的優點：

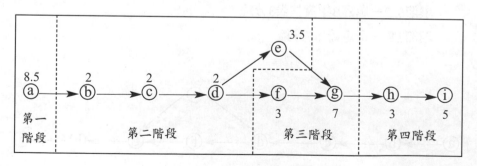

圖5.15　劃分階段後的銀行服務

‧易於對顧客進行引導和管理。

‧較高的設施利用率。

‧工作效率較高，因為服務工作被劃分為許多服務階段，每個階段只負責一小部分工作，使服務工作更加簡單化。

(2)短粗型佈局的優點：

‧提高了提供多個服務的靈活性：因為每個服務點都具有整套的服務設施和人員，便可提供多種服務。

‧提高了服務生產量的伸縮性：每個服務點可隨時關閉或打開而不會影響其他服務點的正常運轉。

‧減少了工作的單調性：每個服務點承擔所有的服務提供，實質上起到了「工作豐富化」的作用。

(七) 服務設施線的形狀

服務設施按什麼樣的型態進行設置也影響了服務的提供。常見的型態有直線形、「S」形和「U」形，如**圖5-17**。

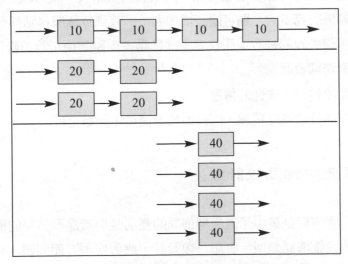

圖5.16　服務階段的細長型和短粗型安排

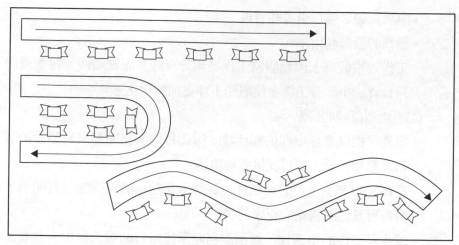

圖5.17　服務設施線的形狀

　　目前服務設施線有從直線形向「U」形或「S」形等曲線形轉變的趨勢，因為曲線形的佈局有如下優點：

(1)人員安排的靈活性大：曲線形佈局可使服務者不需行走多少距離
　　就可同時照顧多個服務點。如果服務量不大，就可減少服務者，
　　如果服務量大，則可隨時增加人手，直到每個服務點都有人。
(2)服務失誤的補救：服務者不需移動多少距離便可將前階段失敗的
　　服務補救回來。
(3)便於材料、文件的傳遞。
(4)有助培養團隊精神，因為曲線形使員工距離更近。

二、單元型佈局設計方法

　　單元型佈局是集中了流程型佈局的靈活性與產品型佈局的簡單性兩大優點的設施佈局類型。實施這類設計，應考慮兩方面問題。其一，單元的實質和範圍：第二，哪些資源分配到哪些單元。

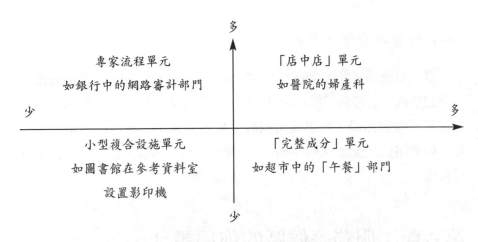

圖5.18　單元的分類

（一）單元的實質和範圍

　　確定單元的實質和範圍就是要確定分配到單元的所有直接資源和間接資源的數量。直接資源就是為顧客提供服務時必需的設施、材料、人員等，間接資源就是為直接資源提供支持的設施、材料、人員等。

　　圖5.18說明根據直接間接資源的數量，對單元進行的分類。

　　在此圖的右下方部分，又被稱為「純粹單元」。在這種單元內，所有的直接資源都必須包括在內以完成一個整體的服務。右上方部分是一種獨立性最大的單元，它包括完成服務的所有直接資源和間接資源，呈現「店中店」的型態。

　　左下方代表了一種直接資源和間接資源數量都比較少的單元。在這種單元內，一些設施或資源被放在一起，因為要完成服務的一部分必須經常用到它們，如兩個經常需要先後使用的設施會放在一起。在圖書館，可能已設置了一個影印室，但也可能在參考資料室加設一台影印機，因為讀者經常會用到它。左上方的單元內，只有直接資源被應用到單元內以完成整體服務的一部分。

（二）將資源分配到單元內

單元型佈局是很複雜的，因爲它要考慮到流程型和產品型兩種佈局的具體要求。有時爲了簡化設計，經常會在兩者之間有一定側重。如果側重於流程型佈局，則應使用組群分析法來確定哪些流程可組合在一起。如果側重於產品型，則應使用分類系統法。這些方法在製造業中應用較廣。

第六節　服務等候區的佈局設計

前面我們討論了服務的主要功能運作區的佈局設計，而組成服務環境的區域中，還有一個對顧客的服務體驗影響很大的區域——服務等候區。這個區域雖然不執行服務的具體功能，但卻是服務提供的「預熱」，是使顧客保持良好心情進入體驗狀態的必經區域，直接影響到顧客隨後的服務體驗效果，因而服務組織應對此區域予以足夠的重視。

對服務等候區的設計主要考量的是顧客在等候區域以何種形式進行排隊等候。排隊等候形式會影響顧客對服務的公平性、服務的方便性的感知。當然服務等候區域的設計也要考慮到各種設施給顧客帶來的舒適感以及縮短顧客的「心理等候時間」。

一、設施與顧客的「心理等候時間」

顧客在等候區域對時間的感知與實際時間是有差異的，這與等候區域設施設備的佈置密切相關。如果設施設備能爲顧客提供舒適的環境，並採取了某種讓顧客參與的活動形式，「占據」了這個等候時段，顧客的「心理等候時間」就要大大少於實際等候時間，甚至有時顧客會感到

「怎麼不知不覺就輪到我了？」如果設施設備的配置不能達到這一要求，顧客就會感到焦躁不安，感到「度日如年」，心理等候時間會大大地長於實際等候的時間。

　　許多服務組織在等候區域的成功設計證明了這一點。爲減輕顧客等候電梯的無聊，飯店在電梯口設立了報欄供顧客閱讀；餐廳在服務等候區開設小酒吧，安裝電視播放娛樂節目，也幫助顧客縮短了心理等候時間。大型百貨公司在女裝櫃設置了舒適寬敞的休閒區供陪伴女性購物的男性顧客休息，以保證女性顧客的購物不至於被急躁的男性顧客由於無法「忍受」而打斷。

二、排隊類型與顧客等候區域佈局設計

　　不同的排隊等候形式決定了服務等候區域的基本佈局，一般說來，排隊等候類型有三種：多隊型、單隊型和叫號型。

（一）多隊型

　　圖5.19說明了多隊型的佈局。在這種形式的佈局中，剛來的顧客必

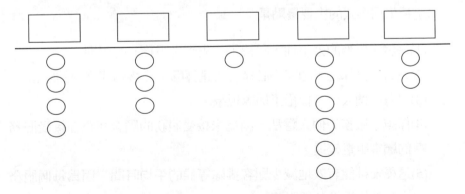

圖5.19　多隊型等候

須決定自己應加入哪一隊，加入隊列中後，有的顧客會一直等下去，有的顧客會「跳隊」——即從這一隊換到另一隊。政府辦事機構、超市等多採用這種方式。

這種類型佈局的優點是：

(1)服務可以被區分開來，分別接待不同要求的顧客。如超市除了有一般收銀口之外，還設有「不超過三件商品的專用收銀口」，為只購買了少量商品的顧客提供快速服務，免除其為買一兩件小東西而必須排長隊等候結帳之苦。

(2)服務分工成為可能。服務組織可根據提供服務的不同，在不同服務窗口安排不同的人員，如銀行可將熟練員工安排在技能要求高的機構客戶服務窗口。

(3)顧客可根據自己的要求自主挑選服務窗口。

（二）單隊型

如**圖5.20**，在這種佈局中，常常會設置一個用紅色隔離帶圍起來的只能容納一隊的通道。顧客必須在通道內排隊，直到排到了通道盡頭才能到任何一個已結束上次服務的窗口接受服務。這種形式常見於遊樂園等。每個服務窗口都能提供多種服務。

這種佈局形式的主要優點是：

(1)保證了服務的公平性，堅持了「先到先服務」的原則。

(2)只有一個隊伍，顧客不必擔心應選擇哪一條移動速度快的隊伍。

(3)只有一個入口，杜絕了插隊現象。

(4)保證了服務的個人隱私，因為未接受服務的顧客與正在接受服務的顧客距離較遠。

(5)這種安排能有效地減少顧客排隊等候的平均時間。因為每個服務窗口都能提供各種服務。

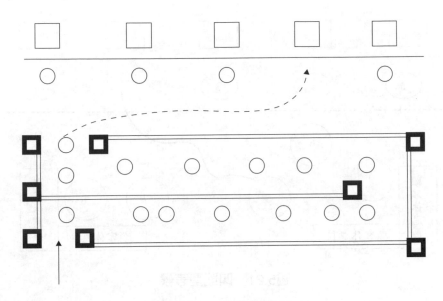

圖5.20　單隊型等候

(三) 叫號型

　　這是單隊型的一種演變形式，如**圖 5.21**。每位顧客依其先後都會拿到一個接受服務的順序號碼。顧客們不需排一個正式的隊伍，可自由地在等候區內走動，甚至根據自己對隊伍移動速度的判斷出去另辦其他事情，這就大大地增加了顧客的自由度。許多服務組織還使用電子展示牌或室內廣播系統告知顧客有關隊伍移動的資訊，並通知持某一號碼的顧客接受服務。銀行多採用了這種做法。在這類佈局中，應有足夠的顧客休息設施和告知服務進展情況的通訊設施。許多服務組織還將產品展示區設在等候區，供顧客等候時瀏覽，這樣經常會激起顧客的即興購買。

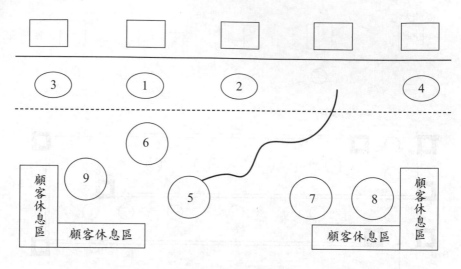

圖5.21　叫號型等候

案例 1

坎迪布瑞巧克力世界——產品型佈局

「坎迪布瑞」巧克力是英國伯明罕一家公司的產品，名滿歐洲。這種巧克力是在該公司位於伯明罕的伯威爾鎮的巧克力工廠中生產出來的。該廠產品品質和生產效率也都堪稱世界一流。

巧克力生產應用的是所謂產品型設施佈局。以坎迪布瑞的條形牛奶巧克力爲例，其生產可明顯地劃分爲幾個基本階段，每個階段都配有相應的設施設備和人員。首先，利用特種設備的輸送帶以及一些管道，將可可豆、新鮮牛奶和糖混合製成巧克力液。這個過程日夜不停地連續進行，以保證巧克力液品質和產量的恆定。接著巧克力液被分送到由塑膠模體組成的流水線上，使巧克力定型爲條狀。盛滿巧克力液的塑膠模體再被輸送到冰庫，以便巧克力冷卻變硬定型。再接下去就是將已定型的巧克力從塑膠模體中取出（透過搖動方式），再放到自動包裝機上進行包裝，最後輸送到倉庫。這是一種標準化程度極高的產品，所以相應的設施佈局設計都是圍繞著標準化而進行的，佈局設計的主要原則是盡可能減少材料損耗並盡可能地採用自動化生產方式。

1990年，公司在工廠旁新建了一個名叫「坎迪布瑞巧克力世界」的遊客接待中心，向外界展示巧克力工廠的歷史（1866年這家工廠就存在了）並介紹巧克力的生產過程。

由於所有的展覽都在室內，再加上地域面積的限制，主展廳和演示廳也是按產品型佈局進行設計，遊客只能按規定的單行路線完成遊覽過程。遊覽線和相應的設施佈局儘量保持順暢，避免可能出

現的瓶頸。

　　這個展覽中心由主展廳、演示廳、包裝廠、商店、餐廳和門房區組成（**圖5.22**）。主展廳、演示廳和包裝廠是展覽的重點。遊客必須從主展廳開始遊覽的過程。但進入主展廳的門票上印有允許進入時間，這樣就保證了遊客進入的均勻度，而不至於出現時多時少的波動性變化。進入主展廳以後，遊客可按自己的意願停留參觀，但只能按展覽的順序單向行走，不能反向行走。離開主展廳，導遊人員會引導遊客沿樓梯至巧克力包裝廠。在這裡，遊客將被分成10-12人的參觀小組，由導遊帶領參觀巧克力的包裝過程並觀看一段影片介紹。然後，參觀小組被領至樓下的演示廳，參觀手工製作巧克力的全部過程。最後，遊客便可自由地沿著一個長長的彎曲通道參觀其餘的展點了。

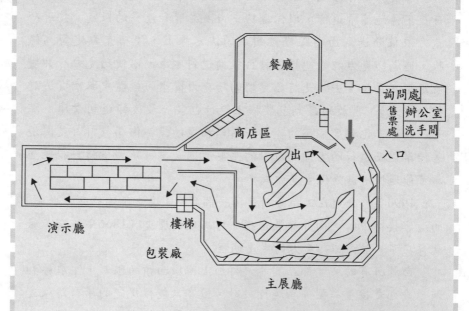

圖5.22　「坎迪布瑞巧克力世界」的佈局設計

　　標準化產品或服務一般都適於採用產品型佈局。這種產品或服務的品種通常比較單一，而生產量要求又很大。案例中巧克力的生產和爲大量遊客提供的遊覽參觀服務都屬於這種類型，所以在設施佈局的設計上應用了產品型佈局方法：設置明確的單向進行生產或服務線路、規範產品或顧客「投入」的數量、避免或減少服務（生產）的波動。

案例2

比利時Delhaize超市——流程型佈局

　　Delhaize集團是比利時零售業鉅子，擁有400多個各種零售企業。其中較成功的是旗下100多個Delhaize超市。這些超市具有很強的競爭力，主要體現在為經常購物者提供方便的商店選址、商品品質和服務品質等方面。各個超市的設施佈局設計也十分科學合理，對顧客方便和內部管理運作兩個方面都做了考慮。各超市的設施佈局原則是：(1)盡可能增加營業額（Delhaize以每平方公尺營業額來考核各超市的業績）；(2)盡可能減少運作成本和提高工作效率。

　　以該集團的奧特根超市為例，我們可知道該集團超市設施佈局的基本特點。

　　與一般超市不同，奧特根超市有兩個入口，兩個出口。收銀口靠近外牆，這與一般超市無異。香煙、市內有軌小火車票（tran tickets）、郵票等日常用品可在收銀口購買。報紙雜誌設在近收銀口的區域（歐洲的超市一般都有報紙雜誌出售），使顧客在排隊等候收銀服務時可了解新聞並決定是否購買。收銀員面向店內的等候隊伍進行服務操作，促使其加快服務，減少排隊等候現象。超市有10個收銀口，這相對於其1,500平方公尺的超市總面積來說，是一個較大的數字。這樣設置是考慮到超市營業的特點：存在十分明顯的營業高峰。在下班後的傍晚，人們都急著購物回家（歐洲超市的營業時間一般到下午6時左右就結束了），所以這時候排長隊是不可容忍的。

　　奧特根超市貨架之間的走道十分寬敞。使顧客推車走動十分方便，很少出現在其他超市常碰到的擁擠現象。但這樣做也帶來一個

問題，那就是貨架空間減少，商品種類不能很豐富。這樣安排是考慮到奧特根超市的顧客的特點，他們購買量小，但購買頻率高，購買種類也固定。較少的貨架決定了商品擺放的重要性。每一種商品在貨架上的位置對奧特根超市來說，都是十分重要的管理性決策。每做一次這樣的決策，都會考慮三個因素：「是否給顧客帶來方便」、「是否有利於顧客做出購買決策」和「填充貨架的成本」。

整個超市的佈局是一個典型的流程型佈局。超市分爲幾個標示明顯的、相對獨立的自然服務區域：包裝食品區、飲料區、水果蔬菜區和日用品區。與其他超市不同，該超市的服務區域並沒有按一個邏輯性很強、很統一的路線進行設置，而是按顧客的隨機活動安排的。這是符合該超市目標客源特點的（所以，超市有兩個入口）。高利潤率商品的貨架置於相對中心區域，位於大部分顧客購物的必經路線之上，這樣有利於激發顧客的衝動型購買。蔬菜和水果區鄰近主要入口，使進入超市的顧客一開始就能感到該超市貨品十分新鮮，有利於增強顧客的消費信心而增加消費額。

周轉快、購買頻率高且價格敏感的商品如大米、帕斯塔（一種義大利麵製品）、糖和油，被設在相對中心且明顯的位置，使顧客很容易就能找到。利潤率高、購買頻率高的商品放在與顧客視線等高的貨架位置，有利於顧客看到，也有利於員工進行商品補充。而低購買率、低利潤率的商品則置於貨架的下部。較笨重的貨品如箱裝啤酒，放在離倉庫較近的位置，這樣有利於隨時補充。冷凍食品放在離收銀口較近的位置，這樣顧客就可方便地在最後時候購買，免除由於購物時間長而導致的解凍變質。促銷食品則被置於顯著位置或在顧客移動度較慢的位置。

本案例說明了流程型佈局的基本特點。顧客的不同購物路線可視爲不同產品的生產流程，而不同的商品區則可視爲不同的設施。不同購物路線需使用不同設施。設施佈局安排應考慮各種設施的使用頻率和各種設施之間的人流物流的密度。該超市的佈局的一大特

點，是必須同時考慮顧客的方便性和內部運作管理的方便性。因爲服務設施往往既是消費場所，又是工作場所。另外，根據顧客特點進行佈局設計也是很重要的，奧特根超市設置數量較多的收銀口，安排寬敞的通道和多個入口就是根據目標客源市場特點而作出的佈局決策。

案例 3

諮詢公司的辦公室
——人性化服務設施環境設計

　　湯普生公司是位於英國紐卡斯爾的一家地方性營銷諮詢機構，主要爲當地企業或其他組織設計營銷方案並提供關於企業策劃方面的諮詢服務。

　　該公司原先的辦公位置設在一幢老建築的六間獨立房間，後遷至一個現代化的辦公大樓中。搬遷新址之後，公司對辦公室的格局及設施進行了一次革命性的改變。這次改變的理念來自於一位家庭化辦公的倡導者——斯蒂芬·尤普。

　　尤普認爲「如果你想找同事談工作，你最願意在什麼地方？可能不是在辦公桌旁或會議室內，而是一個酒吧或咖啡廳。但目前的辦公室工作環境設計並沒有反映員工的這種想法。公司只是拼命把工作加到員工的辦公桌上，而沒有考慮員工的處境。那麼，公司爲什麼不爲員工提供舒適的辦公椅呢？爲什麼員工餐廳不是整天開放呢？這種狀況必須加以變革。」

　　公司新辦公室的設計具有兩大特點，一是所謂零距離服務接觸，二是人性化設施環境設計。

一、零距離服務接觸

　　公司將原先的六個獨立辦公室合併爲三個。一個爲總經理室，一個爲財務室，另一個將原有的四個功能區合在一起，組成一間大

的辦公區域。

　　這個辦公區域包括原先的接待室、休息室、諮詢室和設計製作室。這實質上是把後台區域與前台區域（接待客戶）合併起來了，如圖 **5.23**，客戶進門便是一個小型接待台。在接待員的帶領下，客戶步入大廳，迎面便是舒適的長條沙發，客戶可在此與有關專業人員商談業務。沙發的不遠處有一個小型自助式酒吧，客戶與員工均可隨意取用飲料和小吃。沙發周圍散布著供員工辦公的辦公桌、電腦、文件櫃等。客戶可自由與辦公室內所有人交談，觀察其工作狀況。這種前後台一體式的設計使客戶與員工能更親密地接觸，也使客戶看到了許多「幕後」工作，從而感到公司的坦誠。客戶因此不再拘束，很快融入這個輕鬆隨意的環境。公司的業務成功率因此大大上升。

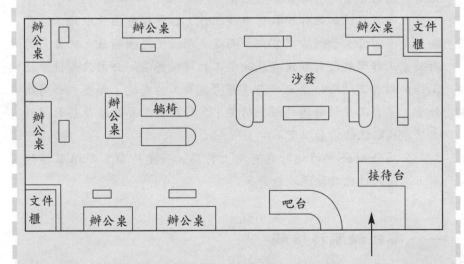

圖5.23　諮詢公司的辦公室

二、人性化設施

辦公室內所有設施都經過精心設計,更加「可人」。

1.充分利用自然光照明

辦公室採用大型落地式玻璃窗,採光充足。稍暗處也配備了輔助光源,再加上淡色調的家具及牆面裝飾,整個辦公室顯得十分明亮。

2.低噪音設計

辦公室所有設施均採用了低噪音設計。牆面採用了吸音材料,地上鋪設地毯,辦公椅均為軟皮表面。電腦鍵盤及印表機均採用了低噪音機型。辦公室還安裝了背景音樂播放系統,全天不間斷地播放輕音樂。

3.良好通風和溫度調節

通風設備全天運轉,保持室內空氣清新。在冬夏兩季,空調全天運轉,保持室內適當溫度。

4.室內植物

辦公室散布著多種室內植物,為客戶和員工提供更多親近自然的機會。

5.按人因工程學原理設計的辦公家具與設備

員工座椅的靠背均按人體脊椎自然彎曲而設計,座椅高度可自由調節。這樣員工伏案工作時便可保持最舒適姿勢。電腦桌下還安有踏腳,這樣個子不高的員工使用電腦時便輕鬆多了。

辦公室還設有躺椅,員工感到勞累時可在躺椅上稍作休息。如果顧客願意,也可在躺椅上與員工交談。

電腦鍵盤是新型的曲面設計，使用十分舒適。電腦螢幕覆蓋護目鏡，避免輻射對使用者眼睛的刺激，電話線較長且有伸縮性，方便員工隨意拿取或走動通話。

採用零距離服務有利於服務者與顧客的進一步溝通，提高服務的人性化程度，還能滿足顧客的好奇心，使其了解到更多的「幕後工作」。幕後工作前台化還可以增強顧客消費的信心，激發即時性購買。許多中餐廳將燒烤房和冷菜房「透明化」展示於餐廳，目的也在於此。

服務設施與環境，無論是客用還是員工使用，如能更多地採用可人化設計，則可大大提高舒適度和顧客的停留時間，從而有利於服務產品的銷售，同時也能提高員工工作效率和工作滿意度。

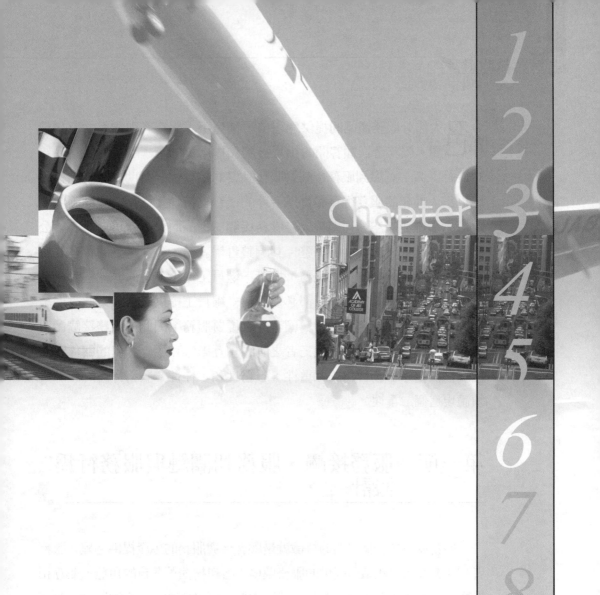

Chapter

1
2
3
4
5
6
7
8
9
10
11

· 第六章 ·
服務接觸與服務行為設計

絕大部分服務產品的提供過程中，都免不了服務者與顧客的直接接觸。服務者與顧客間的相互接觸和作用，影響了顧客對服務品質的最終評價。認識到服務接觸對服務品質的重要性，有助於服務組織設計更爲人性化的服務行爲和更爲合理的後台支持性工作。如歐洲著名的斯堪的那維亞航空公司圍繞改善服務接觸、提高服務品質這一中心對公司組織機構進行大幅度的調整。其調整哲學就是，公司組織的存在要爲第一線與顧客接觸的員工服務，把第一線員工從金字塔的底端移到了最上層，公司所有的後台員工都必須爲第一線員工提供服務，以此來保證第一線員工能在服務接觸中爲顧客提供優質服務。因此，服務接觸體現了顧客、服務者和服務組織三者之間的相互影響和相互作用的關係。這種關係決定了服務行爲的二重性：服務性和工作性。服務行爲的設計必須體現這個二重性。

第一節　服務接觸、服務利潤鏈與服務行爲設計

　　服務產品的一個鮮明的特徵就是顧客參與服務的生產提供過程。服務者和顧客在服務組織所提供的服務環境中各自扮演著各自的角色，並互相影響著對方。服務組織也在服務接觸中對前兩者施加了一定的影響。服務者、顧客和服務組織三者之間的關係決定了服務行爲設計的主要內容。

一、服務接觸

(一) 服務接觸的涵義

　　服務接觸是在服務體驗過程中顧客與服務組織的服務提供者進行接

觸而發生的相互影響、相互作用。

服務接觸是服務提供過程的關鍵點也是顧客進行服務體驗的主要環節。在服務接觸過程中服務者的一舉一動,都被顧客視爲一種組織行爲。也就是說,服務者是作爲服務組織的「代表」與顧客發生接觸的。服務者在接觸中的行爲,在顧客眼中就是服務組織提供的服務產品的組成部分。顧客本身也要在這個接觸過程中在服務者的協助下完成服務體驗過程的主體部分。這個接觸過程也就成爲顧客評估服務產品品質的關鍵所在。在西方,顧客與服務者發生接觸的這一時刻被稱爲「眞相時刻」,即在相互接觸的這一刻揭示了服務的眞面目,服務品質的優劣都將在這一刻被決定。

(二)服務接觸模型

前文所述的服務藍圖中有一條區分服務系統前後台的「可視部分線」,在這條線之上,服務者與顧客發生直接接觸。這似乎說明服務接觸的參與者只包括服務者和顧客兩個角色。但我們再檢查一下「可視部分線」之下,則會發現服務者還需與服務組織的其他成員發生關係。不僅後台服務人員、職能部門工作人員,還有管理人員乃至整個服務組織都會與其有著直接或間接的聯繫。這說明服務接觸過程牽涉到三個方面的要素:服務者、服務組織和顧客。

圖6.1顯示了組成服務接觸的三要素和各要素之間的關係以及各種可能出現的矛盾。

圖6.1 服務接觸三要素

三個要素之間存在著不少矛盾。營利性服務組織的管理者總是把眼光放在高效率地提供服務以提高利潤率，保持競爭優勢，非營利性服務組織雖然希望能提高服務的有效性，但他們也必須在一定預算的限制下工作。為了實施對服務提供過程的控制，管理者們常常制定嚴格的服務規程來限制服務者在為顧客服務時所擁有的自主決定權。這些規程的制定同樣也限制了服務的個性化，並可能影響到顧客的服務體驗。服務者與顧客之間也有一定的矛盾，服務者希望能在一定程度上控制顧客的行為以利於更順利地完成服務任務，而同時顧客本身又希望能控制服務接觸過程以便從中獲得更多的利益。

如果三者不能和諧地相處，三者中任何一方試圖要主宰服務接觸，都可能導致服務的失敗。

❖服務組織主導服務接觸

服務組織經常考慮的問題是成本和效率，所以對服務採取嚴格的標準化，這會對顧客和服務者產生不同程度的消極影響。

首先，標準化、程序化的服務使顧客對服務產品的可選擇範圍縮小，更難以期望得到個性化或人性化的服務。像麥當勞、肯德基之類的連鎖速食，其組織行為（如標準化）就主宰了服務接觸。但它們之所以成功，主要是因為它們巧妙地「教育」了消費者：不要從我們的服務中期望太多。

其次，服務者也由於嚴格的服務標準而失去了在服務接觸中為顧客提供更多個性化服務的自主權，他們經常只能「按規定」工作而失去了提供更符合顧客要求的服務的機會。同時，這也大大降低了服務者對工作的滿意度，挫傷了他們的工作積極性。

❖服務者主導服務接觸

一般來說，服務者總是希望能限制服務接觸的範圍來減輕他們在接待挑剔的消費者時所感到的壓力。當服務者擁有極大的自主權，他們可

能感到自己對顧客有相當的控制。如果服務者具有特殊的專業知識和技能，顧客對其的依賴性就很大，顧客在服務接觸中就處於弱勢地位。醫生與病人的關係就說明服務者主導服務接觸的缺點。在這種關係中，病人實質上並沒有被當成「顧客」。服務組織在這種情況下也處於弱勢，如醫院，在行使其組織職能進行服務改善和效率提高時，會在醫生這個環節上遇到阻力。

❖顧客主導服務接觸

　　高度的標準化和高度的個性化服務都能給顧客帶來主導服務接觸的機會。在高度的標準化服務中，自助服務是顧客完全主宰服務接觸的最好形式。當顧客對服務要求不高時，這種方法是十分有效的。在高度個性化的服務中，顧客的要求得到最大限度的滿足，但服務組織要為此付出較大的成本。

　　從以上的討論中，我們可以看出服務者、服務組織和顧客三者任何一方主宰服務接觸都是不妥當的，三者之間的平衡是保證良好服務品質的前提。當服務者受到了良好的培訓，顧客的角色和期望在服務提供過程中被準確地傳達給顧客，服務組織在制定服務標準時加入相當的靈活性，三者之間的關係就會實現平衡，服務接觸就會成為令顧客滿意的「真相時刻」。

二、服務利潤鏈

　　實現服務接觸三要素的平衡，需正確處理三者之間的聯繫。西方學者詹姆斯、海斯科格等提出了一個服務利潤鏈（service profit chain）模型，明確地論述了三者的關係。如圖6.2，闡明了一個邏輯性的從滿意員工到滿意服務到滿意顧客的關係鏈。

(1)內部環境品質促進了員工滿意度的提高：內部環境品質是包括工

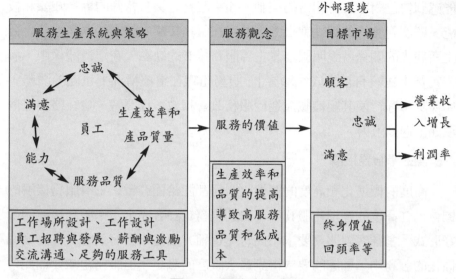

外部環境

服務生產系統與策略　服務觀念　目標市場

忠誠

滿意　　　生產效率和

員工　　產品質量

能力

服務品質

工作場所設計、工作設計
員工招聘與發展、薪酬與激勵
交流溝通、足夠的服務工具

服務的價值

生產效率和
品質的提高
導致高服務
品質和低成
本

顧客

忠誠

滿意

營業收
入增長

利潤率

終身價值
回頭率等

圖6.2　服務利潤鏈

作場所設計、員工招聘、薪酬、溝通和工作設計在內的造就員工
工作環境的所有要素。內部環境品質的提高會促進員工對工作的
滿意度。

(2)員工滿意度提高降低了員工流失率、提高了工作效率：在大部分
服務組織，高的員工流動率導致了員工工作效率的降低和服務品
質的下降。尤其在人與人接觸較多的服務組織內，員工流動率與
顧客滿意度關係十分緊密。美國西北航空公司的員工流動率為5
％，為全行業最低，其顧客滿意度亦為全行業最高。在保險和證
券行業，流失員工很大程度上就是流失顧客，因為這類行業顧客
與員工的私人關係是促成業務的主要因素。

(3)低員工流失率與高工作效率能提升服務價值：美國西北航空公司
的顧客對其服務的價值評價很高。雖然這個公司並沒像其他公司
一樣提供飛機上的飲食並與其他公司進行預訂聯網。但其服務的
準時、員工的熱情及低廉的價格使顧客感到「物有所值」。低廉

價格很大程度上得益於公司對員工的培訓和工作的科學設計以及
由此而出現的低流失率和高工作效率。

(4)服務價值的提升促進了顧客的滿意。

(5)顧客滿意促進了顧客的忠誠，提高了服務的回頭率。

(6)顧客的忠誠促進了利潤率的提高與增長。

三、服務行為設計的內容

(一) 服務行為的涵義和二重性

服務行為是服務者在服務產品的提供過程中所發生的行為。

我們可以兩個角度來理解服務行為的屬性。從顧客角度來看，服務
行為是服務產品的組成部分，這些行為具有「服務性」，可以為顧客提
供某種「利益」或「效用」。從服務者和服務組織的角度來講，服務行
為是一種「工作」，是完成服務產品生產的必需性工作。所以服務行為
必須具有二重屬性：服務性和工作性。服務性是指服務行為對顧客完成
服務體驗所產生的影響。在服務接觸中服務者所表現的服務態度、語
言、姿態、行動是服務行為「服務性」的組成要素。工作性是指服務行
為作為生產活動所表現出的特性，如工作效率、工作內容對員工心理的
影響等。

但並非所有服務行為都必須具有二重性。發生在服務接觸中的服務
行為即所謂「前台」服務行為具有二重性，而發生在服務後台的支持性
服務行為則不必如此，因為後台人員原則上不與顧客直接聯繫，不會發
生服務接觸，無須具有「服務性」，只要具備工作性即可。

(二) 服務行為設計的目的與內容

從以上的論述我們可認識到服務者、服務組織和顧客構成服務接觸

的三要素，三者之間關係的平衡直接影響到「眞相時刻」的服務品質。要使「眞相時刻」成爲令顧客滿意的服務接觸，服務組織構造一個良好的內部環境和設計一個適當的服務觀念，以此來提高員工滿意度和切合顧客需要是十分必要的。而在服務接觸過程中，服務者與顧客的交流需以行爲的方式來進行，服務行爲的設計成爲決定這一「眞相時刻」的重要一環。

❖服務行為設計的目的

(1)符合顧客的需要，體現出對顧客個性的關心。

(2)符合員工個性的需要，以利提高其工作滿意度。

(3)符合服務組織的目標，提高生產效率，降低服務成本。

❖服務行為設計的內容

(1)以顧客需求爲中心的服務行爲的「服務性」設計。

(2)以提高生產效率、降低服務成本同時又能提高員工工作滿意度爲中心的服務行爲的「工作性」設計。

第二節　服務行爲的「服務性」設計

服務行爲的服務性是服務行爲對顧客完成服務體驗所產生的影響。服務行爲的服務性設計應以顧客需求爲中心，對服務行爲的組成要素進行顧客導向性設計，以使服務接觸成爲令人難忘的「眞實一刻」。

服務行爲的「服務性」設計主要針對服務接觸過程中所發生的服務行爲，強調服務行爲對顧客完成服務體驗的影響。

服務行爲的「服務性」設計包含兩方面內容：其一是服務行爲總體格調的確定，如採用規範化服務行爲還是個性化服務行爲。其二爲服務行爲的細節性設計，這是對服務行爲的主要構成要素如服務語言、服務

表情、姿態進行的具體設計。

一、服務行爲總體格調的確定

服務行爲總體格調是服務行爲作爲服務產品重要組成部分所表現出來的總體特徵。總的來說，服務行爲格調有兩種基本類型：規範化服務行爲和個性化服務行爲。

規範化服務行爲是服務組織在總結歸納了本行業服務特點的基礎上，所制定的滿足顧客需求共性的行爲規範。所謂「人性化」或「個性化」服務行爲則是在標準化基礎之上，考慮顧客需求的個性而進行的對標準化行爲的延伸、擴展和改動。

兩種格調的行爲對顧客的服務體驗有著不同的影響。規範化服務行爲是標準化程度較高的行爲，因而具有較高的服務效率，能爲顧客提供快速、簡潔的服務，但只能滿足顧客需求的共性，不能照顧到顧客的個性需求。個性化服務行爲則克服了前者的弱點，能展現山豐富多彩的服務形式，滿足不同顧客的個性化需要，具有更強的人情味。但相對服務效率較低，很難進行「大量生產」。

所以，在這兩者之間做出選擇，應考慮顧客對服務產品的具體要求以及相應的服務組織的類型。服務組織的類型已在第一章中詳細討論過。不同類型的服務組織對標準化和個性化程度的要求不同。專業型服務的個性化程度最高，而大量生產型服務引入了極高的標準化。服務店鋪型則介於兩者之間。但無論何種類型，標準化和個性化的同時存在都是必需的，只是程度不同而已。

除了這兩種格調的服務行爲之外，有些服務組織還採用了某種特殊的服務行爲，以收到吸引顧客、「出奇制勝」的效果。如某餐廳要求所有服務員穿上溜冰鞋爲顧客提供餐桌服務。營業時，所有服務員足蹬溜冰鞋手托飲料食品在餐桌之間飛速穿行，十分驚險，但給顧客留下很深

服務產品設計
Service Product Design

刻的印象。

　　還有一些服務組織，採用逆向思維來設計服務。歐洲一家著名服裝品牌的零售企業向顧客提供一種「怠慢服務」。顧客進入商店，服務人員愛理不理，態度冷淡，少見禮貌。這種服務行為與其銷售的品牌商品形成了巨大的反差。但顧客偏偏喜歡光顧。無獨有偶，美國一家飯店以其「粗暴服務」而同樣受到客人青睞。

　　特殊服務行為設計的主要目的在於增強產品的異質性，區別於競爭對手或行業標準，以此來加深顧客對服務的印象，起到吸引客人的作用。這是營銷策略上的一種「奇兵」策略。若運用得當，可出奇制勝，但若隨意效仿，生搬硬套，則可能招致失敗。「怠慢服務」與「粗暴服務」能在歐美受到歡迎，原因在於歐美地區服務業相當發達，服務水準已然很高，顧客在日常生活中接受到的服務都具有熱情、周到、親切的特徵。此時推出一種反向思維的「怠慢服務」與「粗暴服務」，必然能滿足一部分顧客追求新異心理。若此類服務在服務業欠發達地區推行，必然失去其奇特性而導致服務失敗。

二、服務行為的細節性設計

　　服務行為的細節性設計是對服務行為的主要構成要素具體設計。這些構成要素包括：

(1)服務語言。
(2)服務表情、姿態與動作。
(3)服務程序。

　　其中服務程序我們將在後面節次中單獨討論，這裡主要只涉及服務語言、服務姿態與動作的研究。

　　服務行為的細節性設計的主要標準是這些行為是否符合顧客的需

198

要,是否滿足了顧客的心理需求。

(一)服務語言

這是服務行爲的「可聽」部分。在那些顧客不直接來到服務場所,而是依靠某種媒介如通訊設施來消費服務時,服務語言就是服務行爲。一般來說,每種服務類型都有其特定的標準服務用語,雖然內容各不相同,但總的來看,可有如下幾種類型:

(1)禮貌服務用語(用於招呼、問候等)。

(2)功能性服務用語(用於指示服務路徑、告知服務資訊等)。

服務語言設計應充分考慮語言對服務資訊告知的明確程度和對顧客心理感受的影響。在西方服務語言設計中,主要考慮的因素有:

❖使用何種語言(方言)

這與服務組織的目標市場有關。地區性服務組織一般採用本國語言,國際性拓展的服務組織則還要使用國際通用語言或根據需要採用某一特定國家的語言。有些服務組織甚至還把某地的方言作爲服務語言。

使用通用語言是目前服務業較流行的做法。這往往使消費者感到服務組織的一種「規範性」和管理上的嚴格程度,從而有一種「放心感」。有許多服務組織看到了消費者這一心理特點,所以有意在重要服務單位選人時,把使用某種通用語言(如英國的「皇后英語」)的規範程度作爲標準,挑選出傑出者,或加強任職後的通用語言的培訓。

使用方言能增加親切感。服務組織有時允許服務者爲當地顧客服務時使用當地方言。有時使用方言還能加強服務特色,如在中國各地開設的四川餐廳,其服務人員就用四川方言爲顧客服務,增加了四川特色餐廳的「四川味」。

但這裡有一點必須說明,服務者切忌在工作中使用通用語言與顧客交流而用方言與服務同伴交流。因爲這樣使顧客感到自己是「外地

人」，而「當地人」正用「當地語」討論著與自己相關的事情，這樣就會拉大顧客與服務者之間的心理距離。

❖**服務用語的規範性**

一般來說，服務組織都制定了一整套服務語言規範，主要對服務用語的各個方面作出明確規定，包括：

(1)語言的內容與場景。
(2)語調與場景。
(3)與身體語言的配合。
(4)服務者提供服務時必須使用規範用語。

❖**服務用語的個性化**

標準化用語人情味不足，容易使人感到「做作」成分太多，且有限的幾句標準用語很難適應瞬息萬變的各種服務場景，所以許多服務組織引入了較多的個性化服務語言補充標準化的不足。

如日本零售商提出的「彩虹式」的打招呼法。與標準化的「您好，歡迎光臨」不同，服務者可根據顧客的不同情況而採用靈活多變的方法打招呼。如遇常客，則可說「XX先生／小姐您來了。」如遇客人半途返回，則說「XX先生／小姐，您回來了。」

越來越多的服務組織正在推行「社區小店式」的服務方式來增強服務的人情味，其中記住客人姓名、稱呼客人的姓名就是非常明顯的在服務用語上的變革。

❖**服務語言的推銷功能**

向顧客傳達服務資訊促進服務銷售也是服務語言設計的重要功能。服務語言要簡潔，同時又能吸引顧客，許多服務組織將服務語言設計成選擇性語句，成功地推銷了服務。如服務生經常會以「您要來一杯紅茶還是綠茶」來取代「您需要些什麼」，引導顧客迅速做出消費決策。

(二) 服務表情、姿態與動作

這是服務行為的「可視」部分，對顧客心理感受影響很大，有時又被稱為「體語」。

❖表情

與語言相配合，恰當的表情能體現出對顧客的尊重，甚至能代替服務用語。通常，服務業以「微笑」來作為服務表情的代表。保持微笑是應付任何尷尬服務場景的萬用藥，因此，許多服務組織開展「微笑培訓」，藉此來提高員工的微笑服務水準。當然要使員工能隨時保持「微笑」且不會被認為是「職業性微笑」是不能完全以設定服務標準來達到的，而是要透過多種能使員工滿意的措施來使員工能表現出發自內心的對顧客的光臨熱情歡迎。這些措施我們在後面章節詳細討論。

表情不僅僅只體現在「微笑」上，它還涵蓋多種服務場景下的多種表情，如對顧客的某種申訴表示同情的神態。這些表情不僅體現為面部運動，非常重要的還有目光的傳遞，也就是「目光接觸」。目光接觸表現了對顧客的尊重，在服務較忙的時候又表達了另一種訊息：我正忙，但我已知道您的情況，我將很快為您服務。目光接觸訓練已成為西方許多服務企業職前訓練的重要內容。

❖服務姿態與動作

西方服務業非常重視肢體語言對顧客心理感受的影響，在服務姿態與動作設計上作了許多研究。其重點關注的內容有：

(1)採用站姿還是坐姿服務：傳統看法認為，站姿能體現出對顧客的尊重，而目前的觀點則以為坐姿同樣能達到此類效果，而且還能在一定程度上體現服務的人情味。在服務設施佈局一章中提到「零距離」服務，服務者大多採用坐姿，形成一種「促膝交流」的氛圍。尤其在專業化程度較高的服務組織，如銀行、律師事務

所、醫院，這種方式採用較多。

(2)服務動作的「職業化」程度：即使是在服務技能要求不高的服務組織，規範服務動作以表現出員工的「職業化」程度也是非常重要的。乾脆俐落的服務動作給顧客留下良好印象，使他們感到服務組織在業務方面的專業化水準極高，從而提高顧客對服務組織的「信任感」。

第三節　服務行爲的「工作性」設計

服務行爲的「工作性」設計以提高生產效率、降低服務成本同時又能提高員工工作滿意度爲目的。在西方管理學中這又被稱爲「工作設計」（job design）。「工作設計」的研究十九世紀就開始了，發展至今已出現了五種主要方法。本節將運用這些方法進行服務行爲的「工作性」設計的探討。

一、服務行爲「工作性」設計的目標

服務行爲「工作性」設計牽涉到服務組織與服務者二者之間關係的平衡，對員工積極性產生一定作用而最終導致對前台服務品質的影響。具體來說，進行服務行爲的「工作性」設計的目標如下：

(1)品質：員工提供高品質服務的能力會受到工作設計的影響，這包括透過改進工作設計避免服務失誤，還有工作設計本身能激勵員工改善服務避免工作失誤。

(2)速度：即提高服務工作效率，在盡可能短的時間內完成服務。

(3)可靠性：保證服務能準時、即時無誤地提供。

(4)靈活性：能在服務量的大小、服務類型的多少以及服務提供方式
上做到具有一定的靈活性。

(5)成本：降低服務成本同時保證服務品質。

(6)員工的健康與安全。

(7)職業生活品質：能為員工提供職業發展的機遇，減輕工作壓力，
提高工作的趣味性，造就良好的職業生活環境。

二、工作設計的方法

工作設計方法很多，按其產生的年代，基本可概括五個系列，如圖
6.3。

這些理論不能互相替代，而是各有側重，相互補充，共同為工作設
計提供理論支持。所以當代工作設計應盡可能將這些理論都考慮進去。

(一) 勞動分工的工作設計

當人類製造產品的過程變複雜，需多人合作時，勞動分工就成為必
然。這是人類生產勞動從手工作坊過渡到大機器生產的必然產物。勞動工
作被拆分為許多部分，每一部分由單獨的人去完成，這就是所謂的勞動分
工。經濟學家亞當·斯密於1746年在《國富論》中就提到了這個概念。

| 1900年以前 | 1900年 | 1950年 | 1970年 | 1980年 |
| 勞動分工 | 科學管理 | 人因工程學 | 行為科學 | 員工授權 |

圖6.3 工作設計方法的發展過展

　　勞動分工最早出現在工廠的流水生產線上，工人們被分成工作小組，沿流水線承擔各自分配到的工作。這是一種連續的重複性勞動，似乎看上去有些過時，但在目前許多的大量生產型服務中十分常見，如速食服務。這是因為儘管這種分工有許多不足，但還存在著許多不可否認的優勢。

❖勞動分工使掌握工作技能變得容易

　　勞動分工使分配到每個人手頭的工作變得簡單，新手只需經簡短的培訓就可迅速掌握技能。

❖自動化相對容易

　　將複雜任務分解成小單元後，易於對部分工作實現自動化，目前以機器（技術）代替簡單重複性勞動已成為一種趨勢，如售票工作的自動化、速食製作流程的工業化。

❖減少了非生產性勞動

　　這是勞動分工的最大好處。因為一個人要從事複雜工作，很多時間要花在非生產性勞動上，如從一項工作轉到另一項工作的預備時間，拿起新工具和放下舊工具的時間。而這些複雜的工作被分成簡單任務後，那些非生產性工作就大大減少了。因勞動分工由此大大提高了工作效率，導致生產成本的下降。洋速食如肯德基、麥當勞的生產成本要大大低於目前的中式速食，主要原因就是前者實現了工業化生產，即勞動分工。

　　但是勞動分工也有局限性。如工作的單調性使員工產生心理和生理的疲勞；工作的重複性可能導致對員工生理上的傷害，因為長期用身體的某一部位從事重複性勞動可能會使這些部位出現疼痛甚至畸形病變；還有，這種生產方式的靈活不夠，不能實現產品和服務的個性化。

(二) 科學管理的工作設計

十八世紀末和十九世紀初的幾十年內，一些美國為主的管理學者提出了一系列管理原則、方法，奠定了科學管理的基礎。1911年泰勒正式提出了「科學管理」的概念。科學管理的一個核心就是工作分析，工作分析包括工作方法研究和工作測量兩部分。工作測量我們將在本章後面的節次中詳細討論。

這裡我們主要談談工作方法研究。工作方法研究的創始人佛蘭克·吉爾布雷斯用一個單生動的例子闡明了工作方法研究的原理。這個例子就是「早晨起來穿衣打扮的最好方法」。他認為扣馬甲扣子時應從下至上面不是從上至下，因為從上至下扣扣子，手必須先舉起來，然後再扣下去，而要打領帶，手又要再次舉起來，這就使前一個舉手動作成了多餘動作。而自下而上扣扣子就不會有多餘動作出現。

工作方法研究是在對現存的工作方法進行系統性檢查和記錄的基礎上，提出更加有效和簡便的工作方法建議以降低生產成本。這對採用標準化生產流程進行量產服務提供的服務組織來說，是一種十分有效的工作設計方法。

工作方法研究分六個階段：

(1)擇研究對象。

(2)記錄現存工作的各個方面資訊。

(3)按順序檢查這些資訊。

(4)提出最有效、實用的新方法。

(5)將新方法付諸實施。

(6)檢查實施情況並修正。

❖選擇研究對象

應選擇對工作影響面最大、最值得投入的工作行為作為研究對象，

如工作中的瓶頸、成本耗費最大的環節等。

❖記錄現存工作的各方面資訊

　　許多方法可用來記錄這些資訊，如時間關係法、流程圖法。流程圖法與服務藍圖基本相同，已在前面章節中討論過，時間關係法將在後面節次中詳細說明。

❖檢查現有資訊

　　這是工作方法研究中最重要的環節，它的主要目的是透過仔細地、批判性地審查現有工作資訊來發現現有工作方法的缺點。一般採用提問法來達到這一目的：

　　(1)工作的組成要素的目的：

　　・現有工作是什麼？

　　・爲什麼要做？

　　・還有沒有其他有關工作需要做？

　　・爲完成現有工作，什麼是應該做的？

　　(2)工作進行的地點：

　　・工作是在哪兒做的？

　　・爲什麼要在這兒做？

　　・還有沒有其他地方可做這個工作？

　　・這項工作應該在哪兒做？

　　(3)工作順序：

　　・這項工作是什麼時候開始、進行和結束的？

　　・爲什麼要這樣做？

　　・這項工作應該在什麼時候做？

　　(4)做工作的人：

　　・誰做這項工作？

　　・爲什麼要這個人做這項工作？

　　·是否還有其他人可做這項工作？

　　·這些工作應該誰做？

　(5)做工作的方法：

　　·這項工作是怎樣完成的？

　　·爲什麼要這樣做？

　　·是否還有其他方法做？

　　·應該怎麼做？

❖提出新方法

　　第三步驟的研究分析可能會暗示有關工作改善和變化，在此基礎上，研究者可提出新方法。新方法可有多種形式，如：

　(1)減少工作環節。

　(2)合併某些工作環節。

　(3)改變工作程序。

　(4)簡化工作環節，減少工作內容。

　　巴勒斯和佛蘭克提出了有關工作改良的幾條原則，可協助我們完成這一步驟，如**表6.1**。

❖新方法的實施

❖檢查評估修正新方法

　　新方法的提出、實施、檢查、修正，說明工作方法研究是一個連續不斷的過程，也是一個不斷發展完善的過程。

（三）人因工程學的工作設計

　　細節請看第五章。

表6.1　動作改良原則

用人體最合適的動作完成工作

1.工作安排能符合人體的自然節奏。

2.考慮到人體的對稱性，如手臂動作應對稱，同時或交替進行。

3.充用利用人體各個方面的運動器官，如每一隻手都不要閒置，工作應均勻分配到人體各個運動器官，並且不超過人體各運動器官的安全承受運動量。

4.手和手臂的承重應依其自然法則，應有利於節省體能，如動能的方向應順著手臂而不是反方向，連續、平滑、類似彈道曲線的動作是最有效率的。

5.工作任務應簡單化，如目光移動次數要少，空閒時間、拖延和不必要動作要少，單個動作的數量減少。

安排工作場所

1.必須有專用場地置放材料和工具。

2.工具、材料等應儘量放在使用點附近。

3.工具、材料應依據工作程序有序放置。

4.工作場所應既適於完成工作任務又適於人體。

用機械裝置節省人力

1.工作指示應置於明顯處。

2.用腳控裝置可減少手的工作。

3.機械裝置可減少人力，應適於人體。

（四）行為科學的工作設計

　　二十世紀六○、七○年代，行為科學理論成為管理學界的寵兒。行為科學理論認為科學管理和人因工程學的工作設計集中於考慮如何高效地完成工作，而忽視了工作對人的個性需求的影響。他們認為，工作設

計應達到兩個重要目標，其一，工作本身應從倫理上提供一個高品質的
職業生活；其二，由於工作本身就具有調動人的積極性的特點，所以工
作應設計成為一個能提高工作成績的工具。

行為科學的工作設計包括兩個階段。首先，發現影響人們動機的工
作的特點；然後，發現人們的動機是如何影響其工作成績的。總的來
說，為增強人們的積極性，工作應該能：

(1)讓人們感到自己對有意義的工作負有個人的責任。
(2)具有意義。
(3)有關於工作成績的資訊回饋。

赫克曼和歐得漢姆提出了一個有關這類工作設計的模型，如圖
6.4。

圖**6.4**中工作設計技巧的具體解釋如下：

(1)結合任務是指增加分配到個人的工作任務數。
(2)形成自然的工作單元是指把分散的工作任務結合成一個整體連續
的流程。
(3)建立顧客式關係是指在組織內部各部門各單元之間形成一種互相
服務而不是互相監督的關係，即目前比較流行的說法「內部顧客」
關係。
(4)垂直任務分配是指把一些間接性工作（如時間安排、保養維護、
管理等）直接安排到個人。
(5)開放式資訊回饋管道是指組織內部能對個人工作業績作出評估並
盡快回饋到個人。

圖**6.4**說明了工作設計方法的使用形成了相應工作的核心特徵，而這
些特徵又會影響人們的精神狀態，精神狀態將最終影響人們的工作業
績。

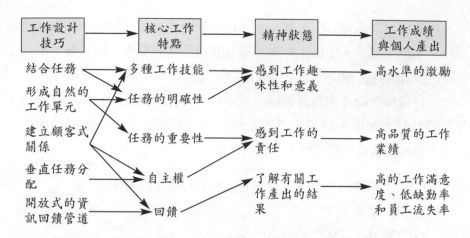

圖6.4　行為科學的工作設計模型

　　在實際工作中，有三種基本措施可用來進行更符合員工心理需求的
工作設計。

　　第一，工作輪換。經常把員工從一個工作崗位換到另一個崗位，這
樣可提高員工的綜合工作技能，有助於員工對整個組織的工作內容的了
解。但工作崗位輪換過於頻繁也不利於正常的管理工作。日本企業經常
採用這種方法，但這是以終生雇用制為前提的。

　　第二，工作擴大化。這是與科學管理原則相反的一種做法，它不是
把工作任務簡單化，而是反其道而行將更多的相關工作任務分配給員
工。這樣會使員工感到自己完成了一個相對完整的產品生產，使工作變
得有意義有成就感。

　　第三，工作豐富化。工作豐富化與工作擴大化十分類似，也是將更
多的相關工作分配給個人，唯一不同的是，工作豐富化將更多的需個人
做決策的工作任務加入進來。如將工作時間安排、計畫過程等管理性工
作也分配到操作人員手中。這樣會使員工感到更進一步的自主和產品生
產的完整性，從而增強工作的成就感。

　　工作擴大化和工作豐富化兩種方法在大量生產型服務企業中較難應用，而主要適用於專業型和服務店鋪型服務組織，如法律諮詢、廣告公司等。

（五）員工授權的工作設計

　　這是目前比較盛行的方法，也是非常切合服務業特點的方法。服務接觸過程中，員工與顧客直接見面，員工的行為直接影響顧客的感受。顧客的要求是多變的，員工如果沒有足夠的自主權，事事需「請示」管理方，則會大大影響服務提供的速率和品質。

❖員工授權的形式

　　員工授權就是服務組織將足夠的自主處理權下放給員工。根據這個方法，工作可設計成三種不同自主程度的形式：

(1)建議自主權：員工可自主地向管理方提出工作管理操作的建議，但在無管理方許可情況下不能實施這些建議。這是自主程度最低的形式。在大量生產型的服務組織，這種工作設計應用較多。

(2)自主工作設計：員工可自主重新設計自己的工作，但要受到一定的全局管理的限制，常見於專業型服務組織。

(3)高度自主：這是自主權程度最高的一種，員工不僅對自己的工作而且對整個服務組織的策略都有較大的自主決定權，這在專業型服務中比較普遍，如某一個設計師事務所的設計師在設計一個項目時，就可比較自主地決定如何做以及整個事務所如何提供全面協助。

❖員工授權的積極影響

(1)能在服務第一線對顧客的需求做出快速的反應。

(2)能在服務第一線對顧客的不滿意做出快速的反應。

(3)員工能更加充滿熱情與顧客接觸。

(4)能促進「口碑效應」和保持高的回頭客率。

❖員工授權的成本

員工授權式的工作設計雖有眾多的益處，但取得這些成果是要付出一定成本。可能由此產生的主要成本有：

(1)挑選和培訓員工成本上升：可能對服務的公平性產生影響，因為自主的員工提供的服務不可能完全標準化。

(2)一線員工可能做出錯誤決策而導致服務失敗。

❖員工授權與非授權工作設計的對比

員工授權的工作設計有正反兩方面效應，如何根據組織的實際情形權衡這一利弊關係是服務組織應當考慮的。

表6.2說明，並非所有服務組織都可採用員工授權的工作設計，服務組織因其生產類型、環境、策略等因素不同而需採用相對應的工作設計方法。

表6.2　員工授權與非員工授權的比較

因素	非員工授權方法	員工授權方法
策略	低成本，大量生產	個性化、人性化服務提供
顧客的關係	短期性交易	長期性關係
技術	簡單，重複	複雜
商業環境	可預測的，少變的	不可預測的，多變的
員工類型	技能要求低，人際交往能力要求低	人際交往能力強

❖自主型的工作小組

這是員工授權的一種新的演化形式,有時又叫做自我管理小組。這是一種由多人組成的對特定工作具有完全自主決定權的工作形式。這種小組可以安排組內的任務分工、時間表、品質改善,有時還可自行招募小組成員。如服裝公司Levi Strauss就採用了這種形式,且收效甚好。採用這種形式一般在專業型服務組織內比較普遍,因為這樣可以提高員工的工作滿意感,增強服務的靈活性,保持較高的服務效率。

但這種形式也有缺點,如小組可能成為「小集團」,不利於服務組織內部各部門之間的團結與協調。

(六) 對工作設計方法的總結

前面我們按年代順序介紹了五種工作設計方法,這五種方法之間不能相互替代。勞動分工和科學管理至今還在服務業內廣泛應用。這五種方法的側重點各自不同,主要是圍繞兩方面。一是管理方控制的需要,二是激勵員工參與生產的需要。**圖6.5**說明了五種方法在這兩個極端選擇側重的程度。勞動分工是完全立足於加強管理方控制,科學管理也側重於這一方面,但它考慮到了如何讓工作最方便有效,可以說這種工作

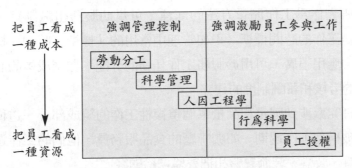

圖6.5　工作設計方法的總結

設計已逐步把人性因素引入進來了。進入現代社會以來，更多的服務組織把工作設計的重點轉向了如何激勵員工參與管理和決策。人因工程學設計主要從生理角度考慮工作的方便性和舒適性，造就一個良好的物理環境。而行為科學方法和員工授權則更多地強調工作的心理因素和如何使工作本身變得有意義，從而提高員工的成就感和工作滿意度。

第四節　服務工作測量和評估

　　工作測量和評估是科學管理理論的重要組成部分。用於測定工作人員完成達到某一品質水準的特定工作所需的時間和如何對工作時間進行合理分配以及服務工效的測評。這種方法在服務業中具有很強的應用性，能幫助服務組織測定員工工作量、制定工作標準、提高服務工作效率，對服務程序設計也有很大幫助。

　　工作測量和評估包括三種基本方法：時間研究、工作抽樣和工效評估。

一、時間研究

　　時間研究作為工作測量方法的一種，可幫助服務組織制定工作標準，尤其是工作的時間標準（正如管理中常用的「標準工時」）。標準工時在管理中應用很廣，可用於服務工作任務的分配、標準成本的計算、員工績效的考核和薪酬制度的建立。

　　時間研究牽涉到確定和測量單個重複性工作的組成部分。這種重複性工作又被稱為工作週期。如咖啡廳的食品服務員，他們的工作週期包括拿出餐盤、裝盤、裝飾餐盤和把餐盤遞給顧客。

　　一般用秒錶來測定工作時間。組成一個工作週期各個工作環節都需

進行時間測定，並記錄於時間研究表上（如**表6.3**）。完成這種測量，一般要經多次觀測多個工作週期。**表6.3**給出的例子是服務生將銀餐具裹餐巾的工作過程，這個工作過程（週期）重複了10次。從服務生開始定位（放置）餐巾開始按下秒錶，第一個讀數（R）記錄了服務生定位餐巾後開始取餐具的時刻，第二個讀數表示最後一件餐具被放在餐巾上的時刻，第三個讀數表示餐具已被餐巾裹好的時刻，最後一個讀數記錄了裹好的餐具被放進餐具櫃的時刻，這四個服務環節的讀數分別3，8，15，23。計時單位是百分之一分鐘（秒錶單位）。當服務生完成10個工作週期後，每個工作環節所耗用的時間（T）就可計算出來了。如第二個環節所耗用的時間爲第二環節結束時的讀數減去第一個環節結束時的讀數，8−3＝5，即0.05分鐘。依此類推可得出其他環節的用時。

表6.3 時間研究測定表

工作環節描述		工作週期										合計用時	平均用時	熟估練分程度	正常用時
		1	2	3	4	5	6	7	8	9	10				
1.放置餐巾	T	0.03	0.05	0.05	0.06	0.05	0.06	0.05	0.05	0.05	0.05	0.50	0.05	1.10	0.055
	R	3	28	65	95	125	157	185	213	242	268				
2.拿餐具	T	0.05	0.08	0.09	0.08	0.08	0.07	0.08	0.09	0.06	0.08	0.76	0.076	1.00	0.076
	R	8	36	74	103	133	164	193	222	248	276				
3.裹餐具	T	0.07	0.15	0.06	0.07	0.07	0.06	0.06	0.06	0.07	0.06	0.73	0.073	0.90	0.066
	R	15	51	80	110	140	170	199	228	255	282				
4.放入餐具櫃	T	0.08	0.09	0.09	0.10	0.11	0.10	0.09	0.09	0.08	0.09	0.92	0.092	1.05	0.097
	R	23	60	89	120	151	180	208	237	263	291				
5.	T														
	R														

T：每個環節的用時
R：時間讀數

工作週期正常用時 _____ 0.294
時間補差 _____ 10%
工作週期標準用時 _____ 0.327

接下來把每個工作週期的所有工作環節用時加起來，並求出每個工作環節的平均用時。但這樣得出的數據只能代表某一服務生的工作用時，不具有全面的代表性。所以，還需對數據進行修正以增強其代表性，我們一般用成果評估法來達到這一目的。

成果評估法是工作時間測定人對測定後的數據進行一定程度的主觀判斷後做出修正的方法。使用成果評估法來修正數據，首先要求出工作環節的正常用時（NT, normal time）。可用以下公式：

$$NTi = Ri(OTi)$$

式中，NTi：第 i 個工作環節的正常用時

OTi：已測定的第 i 個工作環節的用時

Ri：對從事第 i 個工作環節的員工的熟練程度的打分。如 0.9 表示 90％，即熟練程度為一般水準的 90％。1.10 表示 110％，即熟練程度為一般水準的 110％

在上例中，第一個服務工作環節的正常用時為

$$NTi = (1.10)(0.050) = 0.055$$

依此類推可得出其他環節的正常用時，將所有環節的正常用時相加便可得到整個工作週期的正常用時。但這樣得出的數據還不能用於管理實踐，因為服務生不可能如機器人一般八小時不停地工作。我們還需考慮中間休息、個人生理需求的解決和其他事情如培訓等對工作時間的影響。這裡我們引入時間補差（allowance）對數據進行再次修正，得出標準工作環節用時（standard element times），運用公式如下：

$$STi = \frac{Nti}{1-A}$$

式中，STi：第 i 個工作環節的標準用時

A：時間補差，以百分比表示。如 10％表示有 10％的時間用

於補差。

如果我們將所有工作環節的標準用時加起來，就可得出整個工作週期的標準用時，公式如下：

$$CT = \sum_{i=1}^{n} STi$$

式中CT：標準工作週期用時

上面公式的意思是將所有的STi相加可得出CT。

在本例中，工作週期的正常用時為0.294，考慮10%時間補差，得出工作週期的標準用時為0.327。即0.294/(1－10％)=0.327分鐘。

二、工作抽樣

時間研究是用於測定完成任務所需時間，而工作抽樣則是用於幫助承擔多種不同服務工作的服務者合理分配工作時間。以餐飲為例，服務員要從事多種服務活動，點菜點飲料，上菜上飲料，為客人斟酒，收拾用過的餐具等。顧客的消費行為也不盡相同，點菜各不相同，不少人還對菜餚提出特殊要求；有人喝酒速度快，有人則很慢；有人不太需要服務，而有的人則對服務提供是否周到十分在意。這些隨機行為構成了服務接觸的複雜性，使服務者必須在提供多種服務時合理安排工作時間。工作抽樣法就是一種十分有效的應用於服務接觸實際工作的工作設計方法。

(一) 工作抽樣方法的應用

金斯和穆托科斯基把工作抽樣法應用到餐飲業，十分詳盡地闡述了這種方法的實施。這種方法包括七個步驟：

(1)定義工作：把工作分成幾類，各類之間的工作內容不能重疊。

(2)設計觀測表格：觀測表格必須簡單，便於使用，便於今後的分析。

(3)確定研究活動的時間：必須要有足夠的時間開展抽樣調查活動。

(4)確定抽樣樣本大小和觀測形式：在這裡可運用一般統計調查的方法決定抽樣樣本大小和觀測時間表。一般說來，抽樣樣本越大，樣本的代表性和準確性越大，抽樣樣本的問題我們將在後面的內容中詳細討論。

(5)測試觀測表格：將表格用於實際觀測，看表格設計是否合理、工作分類是否明確等。

(6)進行研究活動：觀測者要接受培訓後才能開始實地觀測。

(7)分析蒐集到的資訊：這裡可用一般的統計學方法來分析已獲得的資訊。最簡單的辦法就是把對每類工作所做的所有觀測結果相加，再計算出每類工作在總的工作中占的比例。

在金斯和穆托科斯基的研究活動中，他們選取了12家餐廳作爲抽樣樣本，派出觀測者在用餐高峰時段內對每個餐廳的兩名服務生進行了一個半小時的觀測。

在這次研究中，服務生的行爲被區分爲八大類：

(1)與顧客發生接觸的任何行爲。

(2)不攜帶任何物品的行走。

(3)攜帶物品的行走。

(4)收拾已結束用餐的桌面。

(5)準備飲料和食品。

(6)看不到服務生。

(7)遞送帳單、菜單。

(8)工作間休息。

觀測表設計如**表6.4**所示，觀測者攜帶這份表格在營業現場對服務行爲進行觀測，每分鐘對所觀測到的行爲進行記錄（發生一次就在表上打「∨」）。爲了保證數據符合隨機抽樣要求，觀測者所得的記錄被隨機抽

表6.4　工作抽樣觀測表

記錄時間順序	A	B	C	D	E	F	G	H	I
1	∨								
2			∨						
3							∨		
4					∨				
·	·	·	·	·	·	·	·	·	·
·	·	·	·	·	·	·	·	·	·
·	·	·	·	·	·	·	·	·	·
44									
45						∨			∨

取用於最後的分析。

此次研究最終的結果對餐廳管理方合理安排服務起到了較大作用。例如，如果服務生花在與顧客接觸的時間比預想的多或少，那就意味著服務工作應重新設計以增加或減少服務接觸，如果服務生經常走開，那麼服務類型就最好採用「前台服務生與後台服務生」的分工（在許多餐廳，服務生要從事多項後台工作，如備餐等）。如果不攜物行走時間較長，則可能要考慮服務設施佈局是否合理、服務程序是否得當的問題。

表6.4列了45個時刻，研究者可根據需要自行確定數量。

（二）抽樣樣本的確定

在工作抽樣法中，抽樣樣本的大小很大程度上決定了最終數據的準確性，必須慎重選取。下面例子說明了抽樣樣本的確定。

一家醫家的護士長為安排工作班次，需要了解手下護士花在病房照顧病人的時間占總工作時數的比例。她估計這一比例是20%，但不能完全確定，所以決定做一次工作抽樣來獲得較真實的數據，她希望這次抽

樣有95％的可信度來保證最後結果的誤差範圍不超過5％。那麼她需要進行多少次觀測（樣本）才能較眞實客觀地得到研究結果呢？

我們可用下列公式來計算樣本大小：

$$N = \frac{Z^2 P(1-P)}{E^2}$$

式中，N：抽樣樣本

Z：與可信度相對應的標準離差，這可在數學表上查到。如95％可信度的標準離差爲1.96

P：預先估計的比例，在本例中爲20％（0.2）

E：誤差範圍，在本例中爲5％（0.05）

代入數據，我們可計算出護士長應選取的樣本大小爲：

$$N = 1.96^2 \times 0.2 \times (1-0.2)/0.05^2 = 246 次（觀測）$$

接下來護士長需要安排一個合適的觀測時間表以保證抽樣調查的代表性。在本例中，假設她準備在20個工作日內完成調查觀測，則需每天進行13次觀測（246/20＝12.3）。每天的觀測都應隨機抽取時間段。

三、工效評估

工效評估有利於管理方對服務者的業績進行考核。它以前文所述的工作時間測量爲基礎，主要從勞動時間來考慮服務者的業績，比較適應於可進行標準化服務提供的行業。

以大使館的簽證處理服務爲例，我們說明這一方法的應用。某國大使館簽證處分爲兩組，A組處理來自歐洲、美洲和澳洲的簽證申請，B組處理來自亞洲、非洲的申請。A組有3個簽證官，每個簽證官都單獨完成全部簽證處理程序。B組有4個簽證官，採取了另一種工作方式，即4人

分為兩個小組，每組2人，一組負責打開裝申請文件的信封並檢查有無犯罪紀錄，另一組則負責查核經濟擔保。簽證處處長對這兩組不同的工作方式十分感興趣，決定對這兩組的工效進行評估，以找到最具效率的工作方式。

受理的簽證種類會因簽證者來自的地區不同而出現不同的組合。A組處理的簽證中，商務簽證與旅遊簽證的比例為2:1，B組則為1:2。處理一個商務簽證的標準用時為63分鐘，旅遊簽證為55分鐘。每週A組的平均簽證處理量為：商務簽證85.2個，旅遊簽證39.5個。每週B組平均處理53.5個商務簽證，100.7個旅遊簽證。所有的簽證官每週工作40小時。

兩組各自的工效可透過下列方法計算出來。

A組：每週標準用時的總和＝85.2×63＋39.5×55＝7540.1分鐘，每週所有簽證的工作時間＝3×40×60＝7200分鐘

那麼工效＝7540.1/7200＝104.72％

B組：$\dfrac{53.5 \times 63 + 100.7 \times 55}{4 \times 40 \times 60} = 92.8\%$

這說明A組工效更高。

第五節　服務程序設計

服務程序是服務行為的組成要素之一，做好服務程序設計有利於提高服務效率、改善對顧客服務。服務程序設計應考慮其服務性和工作性兩方面屬性。

一、服務程序與服務程序設計

服務程序是指服務活動的先後順序，是服務行為的重要組成要素。服務程序被認為是狹義上的服務流程，它表明了一項服務活動「先做什麼，後做什麼」。

服務程序看似簡單，只是一種先後順序，實則確定這個順序要考慮多方面的因素如時間、地點、設施、人力配置等，需要使用科學的方法。服務程序設計的任務就是運用一定的科學方法確定這種順序。

服務程序設計的主要內容有：

(1)確定完成整個服務的週期時間。

(2)確定完成整個服務需多少服務環節。

(3)處理各服務環節工作時間的差異，並據此劃分服務階段確定服務程序。

(4)服務程序設計的改善。

以上內容的前三項已在第五章第五節的產品型設施佈局設計中作過具體論述，這裡只對第四項內容服務程序設計的改善方法作詳細介紹。

二、流程圖法

流程圖法是設計或描述服務先後順序的方法，一般用於服務程序設計的改善。流程圖法與服務藍圖法十分類似，但流程圖法設計的重點在服務活動順序安排和從事服務活動的時間、距離的考慮。可以說，流程圖法關注的是某一具體服務行為的細節，特別是其技術性細節。

在流程圖上，服務活動（包括顧客活動）被分為五種類型，分別以五種符號表示，如**表6.5**。

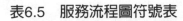

表6.5　服務流程圖符號表

類　　型	符號	描　　　述
服務環節	○	服務活動，每個服務環節都是可能的服務失誤點
顧客接觸	▽	服務者和顧客相互影響的情形，這也是能對顧客感受產生影響的機會
移　　動	→	顧客、服務者或資訊的流動
耽　　擱	D	可能導致服務等候的耽擱，在這裡需要為顧客提供等候區域和設施
檢　　查	□	顧客或服務者檢查服務品質的活動

　　畫流程圖，首先要確定服務活動的步驟和順序。每個步驟都要歸入上表的分類，並按順序排列。然後把每個步驟的分類代號連結起來並註明每個步驟所需的時間和顧客或服務者移動的距離。下面我們以信用卡付帳的處理程序來說明流程圖法在服務程序設計和改善中的應用。

　　某家餐廳接到顧客申訴說該店的信用卡付帳程序耗時太長，極不方便。店方決定對現有服務流程進行改善。

　　首先，畫出現有服務的流程圖。信用卡付帳的過程描述如下：顧客要求結帳，服務生通知收銀台準備帳單並將帳單送交顧客。顧客查看帳單後拿出信用卡並交給服務生。服務生將信用卡拿到收銀台，收銀員處理信用卡獲得使用許可後填寫收據。服務生將收據拿回餐桌交顧客簽名。服務生再將收據帶回收銀台。這一過程用流程圖表示如**圖6.6**。

　　然後，分析這個服務流程的科學性。餐廳透過現場實驗和組織員工分析流程圖，發現顧客簽字可在信用卡處理之前進行，因為幾乎100％的顧客都是信用卡的有效使用者，而帳單和信用卡收據可同時開出交給消費者，服務生在顧客要求結帳時可問顧客用信用卡還是其他方式結帳。改變可減少員工在餐桌和收銀台之間的一個來回（20公尺距離），從而使整個流程的用時減少了1.75分鐘。改變後的服務流程圖如**圖6.7**。

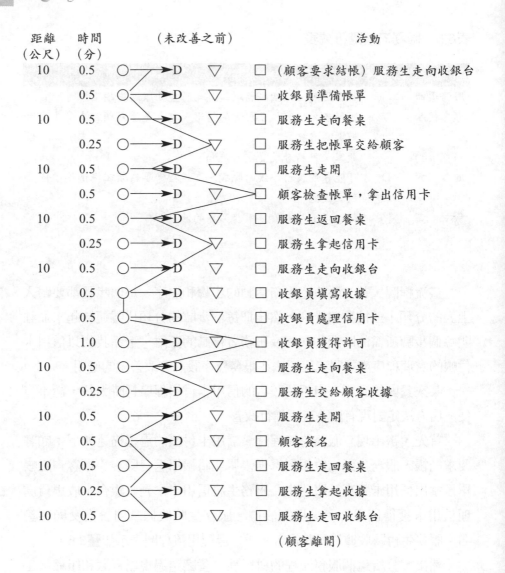

距離 （公尺）	時間 （分）	（未改善之前）	活動
10	0.5		（顧客要求結帳）服務生走向收銀台
	0.5		收銀員準備帳單
10	0.5		服務生走向餐桌
	0.25		服務生把帳單交給顧客
10	0.5		服務生走開
	0.5		顧客檢查帳單，拿出信用卡
10	0.5		服務生返回餐桌
	0.25		服務生拿起信用卡
10	0.5		服務生走向收銀台
	0.5		收銀員填寫收據
	0.5		收銀員處理信用卡
	1.0		收銀員獲得許可
10	0.5		服務生走向餐桌
	0.25		服務生交給顧客收據
10	0.5		服務生走開
	0.5		顧客簽名
10	0.5		服務生走回餐桌
	0.25		服務生拿起收據
10	0.5		服務生走回收銀台

（顧客離開）

合計：需90公尺　用9分鐘

圖6.6　餐廳信用卡結帳服務的流程圖

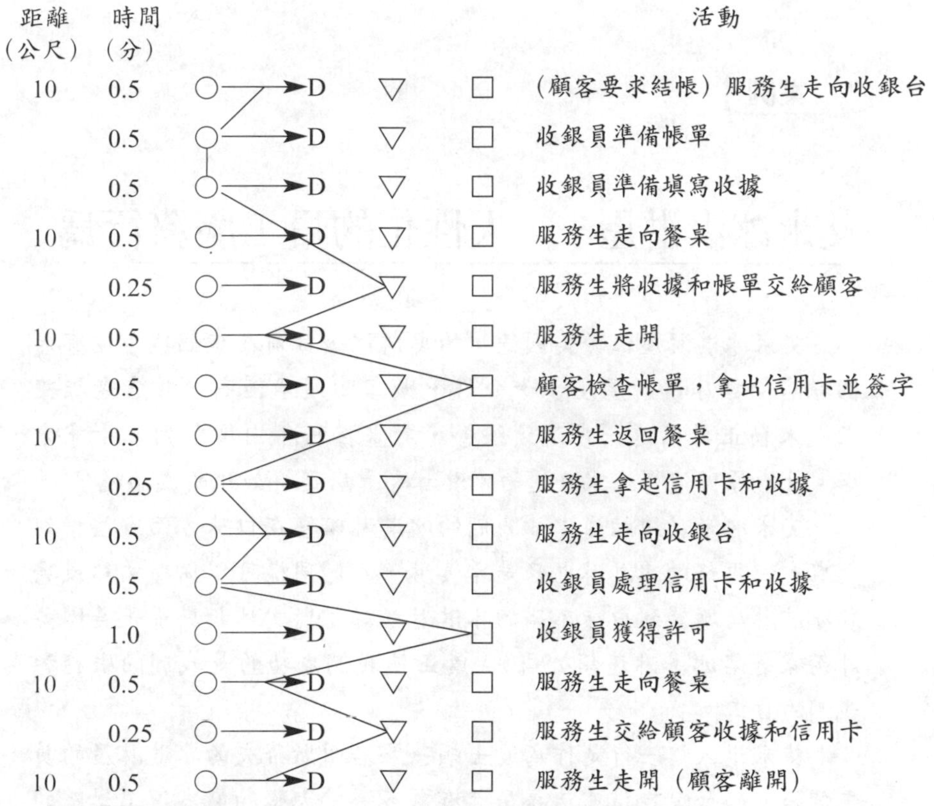

距離 （公尺）	時間 （分）				活動
10	0.5	○ ▶D	▽	□	（顧客要求結帳）服務生走向收銀台
	0.5	○ ▶D	▽	□	收銀員準備帳單
	0.5	○ ▶D	▽	□	收銀員準備填寫收據
10	0.5	○ ▶D	▽	□	服務生走向餐桌
	0.25	○ ▶D	▽	□	服務生將收據和帳單交給顧客
10	0.5	○ ▶D	▽	□	服務生走開
	0.5	○ ▶D	▽	□	顧客檢查帳單，拿出信用卡並簽字
10	0.5	○ ▶D	▽	□	服務生返回餐桌
	0.25	○ ▶D	▽	□	服務生拿起信用卡和收據
10	0.5	○ ▶D	▽	□	服務生走向收銀台
	0.5	○ ▶D	▽	□	收銀員處理信用卡和收據
	1.0	○ ▶D	▽	□	收銀員獲得許可
10	0.5	○ ▶D	▽	□	服務生走向餐桌
	0.25	○ ▶D	▽	□	服務生交給顧客收據和信用卡
10	0.5	○ ▶D	▽	□	服務生走開（顧客離開）

合計：需70公尺　用7.25分鐘

圖6.7　餐廳信用卡結帳服務的流程圖（改變後）

　　關於服務流程設計中的時間安排、時間測定以及步驟安排等內容，我們已在第五章產品型設施佈局和上一節中有過討論。

艾米冰淇淋屋 ── 人性化的員工服務行爲

　　艾米冰淇淋屋位於美國德州的奧斯汀，目前在這個城市開有六個分店。該冰淇淋屋生意十分好，顧客回頭率極高，該店老板艾米‧米勒正籌備進一步連鎖經營，計畫在一年內增加到三十家分店。什麼原因使得一家普通的冰淇淋專賣店獲得如此的成功呢？

　　艾米‧米勒總結道：「我們的冰淇淋確實在口味方面有些獨到之處，但再好的冰淇淋也只是冰淇淋，人們同樣可以從斯文林或瑪寶冰淇淋店購買到口味不錯的冰淇淋（註：斯文林和瑪寶是美國另外兩家著名冰淇淋連鎖公司）。真正使我們成功的是我們的服務和我們的員工。」

　　艾米進入這一行是作爲波士頓一家名叫斯蒂夫的冰淇淋屋的員工開始。她發現在這家店裡居然有許多哈佛大學和麻省理工學院的畢業生在工作。她馬上意識到冰淇淋屋的工作可能是一種會令人感到愉快的工作，要不然怎麼會有這麼多高級人才被吸引過來。這些人完全可以在任何行業找到比冰淇淋屋薪水高幾十倍的工作。所以她在1984年開辦她的第一家艾米冰淇淋屋時就確立了她的經營哲學：使顧客滿意必須依靠兩個條件，第一，就是要讓員工愉快地工作；第二，冰淇淋和服務同等重要。她的經營哲學爲她十餘年來的成功奠定了堅實的基礎。

　　經營之初，艾米經常雇用戲劇學院的學生和一些藝術家。這些人來這兒不是爲了賺錢，而是衝著冰淇淋屋工作的趣味性而來的。這些充滿想像力的員工在櫃台裡充分展示他們豐富的個性。他們與

顧客開玩笑、嬉戲，當然也爲顧客提供相應的服務。顧客則被這種有趣而有個性的服務吸引住了，戲稱該冰淇淋屋爲「冰淇淋劇院」。因此，顧客頻頻光臨，絡繹不絕。

那麼，艾米如何來招聘這些需「表演才能」的員工呢？該店生產經理克雷先生介紹了他的一次招聘經歷。在艾米冰淇淋屋沒有正式的求職申請表，只有手寫的複印件。一天，一位大個子應聘者來應徵，這時克雷先生手頭的申請表剛好用完。大個子很不高興。克雷先生就在櫃台下找了個白色紙袋給他。大個子十分滿意，並在紙袋上填好了求職申請。克雷先生後來把這事告訴了艾米，艾米說白色紙袋今後將成爲本店新的正式的求職申請表。實際上，使用白紙袋作爲申請表，可以看出申請人獲得此份工作的意願和如何在一個白紙袋上表現自己的創造力。有應聘者在紙袋上規規矩矩地寫上了相關應聘資訊（如姓名、地址等），而有的應聘者則用紙袋做了小紙人並在上面寫下自己的姓名和興趣愛好。很顯然，後者通過了初步測試，可以繼續參加下一個招聘程序了。

新員工都要經過在職培訓。培訓內容之一就是冰淇淋的製作程序，這種培訓可以使冰淇淋的品質、口味保持穩定。另一項培訓內容就是教員工如何與顧客打交道——這包括如何確定顧客的性格特徵，有的人喜歡打鬧，有的人喜歡獨自一人享用等——和與顧客開玩笑應把握的尺度。總之，員工可自由地甚至戲劇化地與願意這樣做的顧客交往。

艾米冰淇淋屋的利潤很低，約3％左右，所以員工薪資水準並不高，80％左右的雇員是兼職者。即使作爲經理也只有15,000美元的年薪。那麼如此低的待遇如何讓員工滿意呢？難道僅僅是員工可以隨意享用店裡的冰淇淋嗎？

最主要的原因可能是艾米冰淇淋屋的工作讓員工感到了最大的自由度。在這裡，沒有什麼嚴格的工作規律和標準，連制服的要求也不高，店內唯一統一的制服就是圍裙。另外員工還必須戴帽子，

但員工可自由選擇自己喜愛的任何一種款式的帽子，只要能包住頭髮就行。實質上，這兩個規定純粹是出於衛生需要。至於其他服飾，員工可隨意穿戴，只要不是很髒、很不禮貌或過分暴露。員工可帶自己的音樂CD或卡帶到店裡，當然這些音樂的類型必須與店裡的常客的愛好相符。例如，坐落在鬧區的一家分店主要吸引喜愛迪斯可、搖滾樂的年輕人，而坐落在一家高級商店樓上的分店則盡可能播放輕音樂和古典音樂。每家分店的裝飾物都儘量布置得色彩艷麗，員工也可以在這方面做出他們的貢獻。艾米雇用了一個當地藝術家為所有分店做裝飾。許多分店經理感到艾米冰淇淋店就如同他們自己的店鋪一樣親切。

每位員工可以做店內任何需要做的工作。如果地板髒了，經理也會拿起清潔工具。在這裡有一股很強的團隊合作精神和相互關愛精神。員工會議經常在營業結束之後的凌晨1時召開。很顯然，選擇在艾米冰淇淋屋工作就是選擇了一種生活方式。艾米冰淇淋屋的員工工作的最主要目的就是享受一種與眾不同的「工作生活」，他們不願從事那些所謂的常規工作，需穿著統一制服，在規定的時間上班，遵循嚴格的工作規範。在這裡工作，本身就有很大的樂趣。當員工把工作當作一種樂趣，他們就會發揮極大的創造性和積極性，全身心地投入進去，從而提供高品質的服務。

在以人際接觸為主要特徵的服務業，艾米冰淇淋屋的工作設計不失為一條頗具創造性和實用性的思路。它理順了服務接觸模型中顧客、員工和服務組織的三角關係，使服務行為既具有「服務性」又具備「工作性」。以頗具樂趣的工作設計提高員工的滿意度，激發其積極性，創造人性和團隊精神。滿意的員工回報以高品質的、人性化很強的服務提供，從而吸引了顧客並贏得他們的滿意。

整潔的卡車和紳士般的司機
——標準化工作行為設計

　　這則案例取自於英國《獨立報》1998年3月31日文章〈艾迪和他的乾淨機器〉，文章講述的是英國著名貨運公司——艾迪·斯托巴特公司在貨運業首先推行標準化服務贏得顧客的事蹟。

　　艾迪·斯托巴特公司是英國公路貨運業的龍頭企業，成立於二十世紀五○年代，公司最早從事化肥貿易和運輸。艾迪·斯托巴特14歲就在父親創辦的這家公司工作。當時他的工作只是招募卡車司機。1975年他接管了公司並開始把公司的經營重點放到運輸業。1980年，他的公司已有了25部卡車和35名員工。公司業務也逐步從為其他運輸商服務轉至直接為食品飲料包裝製造巨頭如Spiller和Metal Box提供運輸服務。從此食品、飲料及其包裝的運輸成為公司最主要的業務。到1995年其公司營業額為5.2億英鎊，擁有540輛大型運輸卡車，在英國設立了18個分支機構。雖然英國貨運業競爭激烈，公路運輸法規嚴格，燃油價格不斷升高（英國汽油價格為歐洲最高），艾迪和他的公司仍然取得了飛速發展。艾迪希望他的公司在三年內翻一倍，計畫向歐洲大陸擴展。

　　什麼促使了艾迪·斯托巴特公司的成功呢？

　　第一個秘訣，艾迪認為，是公司方便快捷的服務和競爭力極強的價格。艾迪公司的服務是二十四小時的，可為顧客進行JIT式的貨物發送（即時運輸）。艾迪公司的服務價格在英國貨運是最低的。「我們的價格具有競爭力是因為我們能有效地運作，品質和標準化能把價格降下來。清洗我們的卡車並讓所有司機都穿上制服實際上

能降低成本。只有不明智的人才會認為這樣做會增加公司的負擔。」艾迪總結道。

另一個秘訣就是微笑服務。艾迪認為：「在這個國家，形象對於做任何事都是很重要的，你只有一次機會給人留下第一印象。所以，你必須時刻注意自己行為並保持與人為善的態度，卡車司機也是一樣。」這意味著艾迪公司的卡車司機改變了傳統卡車司機的形象：粗魯、不修邊幅，而換上公司標準的制服：硬領襯衫、領帶和綠色上衣，並對人彬彬有禮。

「運輸業的形象一直不好，卡車司機的粗魯行為是原因之一，」艾迪認為，「運輸業的服務必須上台階，所以我們設定了我們的服務行為標準，」艾迪公司設立了一整套對卡車司機的行為規範，包括穿著、語言、姿態、行車規則等。

艾迪公司在外的形象由此煥然一新，卡車乾淨整潔，連駕駛室也秩序井然，司機們穿戴整齊，像紳士一樣對人彬彬有禮，經常保持著微笑，還可能向小朋友揮手致意。在艾迪公司的任何一輛交通工具上，找不到任何傳統卡車和傳統卡車司機的痕跡。

當然，保持這一標準並非易事，嚴格的獎懲制度發揮了作用。一名卡車司機由於在大熱天解開領帶違反了公司的著裝規定而被解雇。後來這名司機為此將公司告上了法庭。這事雖然後來在庭外得到了解決，但艾迪認為：「解雇任何一名員工對公司來說都是一個失敗，這件事說明公司在員工培訓和管理上做得還不夠。」

這個案例說明了服務行為設計的另一個思路。與艾米冰淇淋屋的個性化員工行為相反，艾迪公司為規範卡車司機的行為，制定了嚴格的服務行業標準，且同樣贏得了顧客。兩種截然相反的行為設計都取得了成功，其原因在於兩種服務性質的不同。艾米冰淇淋屋屬於休閒享受型的個人服務，更講究一種人際接觸和店客雙方的親密關係，因此提供這類個性化程度較高的服務應儘量發揮員工的積極性，而不能選用呆板嚴格的服務標準來限制這種積極性和創造性

的發揮。而艾迪公司屬於典型的商業服務，公司追求的是高效率、高的服務可靠性。特別地，公司在追求一種低成本運作。因此實現標準化營運是必然的。服務標準化通常給顧客的印象是「職業化」和「精幹」，這非常符合艾迪公司顧客的心理。同時，對卡車司機的行為進行規範，能一改過去卡車司機不佳的「個性形象」，使顧客感到服務的親切，同時又會使顧客感到「放心」。

當然，這個案例還說明了實施標準化的服務行為設計可能帶來的問題。如文中提到的解雇司機起訴公司的事件，顯示進行嚴格的標準化操作需要多方面的管理職能的支持，如員工培訓中的服務意識灌輸、人事管理中的激勵機制等，正如艾迪所說：「公司在員工培訓和管理上做得還不夠。」

案例 3

皇家郵政的人因工程學行為設計

　　皇家郵政（Royal Mail）是英國郵政系統的佼佼者，其服務效率與品質為英國和歐洲客戶所稱道。皇家郵政的高效率很大一部分原因在於其運用了人因工程學原理，對服務器材和服務行為進行了精心設計。

　　郵件的收集與運輸一直以來都是放在一種高強度的布袋中進行的。在世界上任何一個火車站、機場都可以看到這一幕。

　　而皇家郵政認為這種方法效率不高，需進行重新設計。他們於是召集了一批人因工程學家來進行這項研究。

　　研究發現，郵政職員在搬動、舉起郵政布袋時，常常會遇到困難，因為郵包重量經常會超過人因工程學所要求的經濟重量標準。根據人因工程學原理，人體以多種姿勢用力的可承受範圍各不相同，最小為5公斤，最大為25公斤。人體彎腰離地面很近時承受力量小，貼近身體的承受力為10公斤，遠離身體為5公斤，在腰部高度承受力量大，為25公斤。而且這個標準嚴格限制在每分鐘完成1次動作之內，如這些動作在每分鐘重複12次以上，這個標準就要下降80%。而郵政職員經常運用的動作是彎腰從地面拿起郵包舉至胸部高度再搬走。根據人因工程學原理，這個郵包不能超過10公斤，而且只能1分鐘搬動一個郵包。這在郵件搬運中顯然是不可能的。所以工程師們決定要對郵包的袋子進行重新設計，並對搬運郵包的行為進行改進。

　　經過反覆研究，工程師們設計了一種特殊的郵件推車，可承重

250公斤，由鋼架和滑輪組成。而一般的郵包被嚴格限制在5公斤。職員可將郵包搬至推車內，代替手工搬運。另外還設計了一組相應的適合新工具的服務動作與標準。

這種推車和相應的行為設計在成型之前進行過廣泛的實驗，並做出了相應的改進。新方法推廣後取得巨大的成功，工作效率大大提高，同時又保障了員工的工作安全。

人因工程學是很重要的工業設計和行為設計的學科，越來越多的服務組織正運用這一理論開展有效的服務產品設計和員工行為設計，在構造一個良好服務消費環境的同時，也為員工提供一個高品質的工作環境。

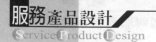
案例4

Penn Saving銀行的秘密

　　近年來，零售銀行都十分注重顧客服務，採取了許多改進服務、吸引顧客的措施。但遺憾的是，許多銀行的服務改善也都只是曇花一現，不能持久。而美國Penn Saving銀行卻在改進服務上取得了巨大的成功，成為銀行服務行為設計的典範。

　　該銀行的董事長認為，應該把做好顧客服務作為公司的主要經營哲學，使之成為公司文化的重要組成部分，這將影響到銀行員工的日常工作行為與態度。於是，他們決定把改善服務作為一個大的系統工程來進行。

　　首先，他們進行了有關服務的顧客調查和員工調查。調查結果顯示，該銀行的服務尚屬中上流，服務的反應度、準確度和員工基本禮節禮貌都不錯。銀行決定在此基礎上改進服務，使之更加「令人難忘」。

　　銀行推出了一項新的服務行為標準——SECRET（英文原意是「秘密」）。SECRET代表六種對員工日常工作行為的要求，其中「S」表示微笑（smile），「E」代表熱情（enthusiasm），「C」表示關心（caring），「R」代表迅速反應（response），「E」表示確保滿意（ensure satisfaction），「T」為感激顧客（thanks）。這項新的標準在不同的營業部門都有具體的規定。新標準不僅應用於銀行的外部顧客，而且也被要求用於對內部顧客的接待上。所謂「內部顧客」，即銀行各部門之間互為顧客，把內部員工也視為顧客來提供應有的服務（即正常工作往來）。新標準在全體員工大會上正式發布，這

使全公司所有人員都能參與進來。

經幾個月的精心準備，新的服務標準正式推行。當天，所有員工都穿上印有「在Penn Saving銀行，顧客永遠是第一」字樣的T恤，對每位進入銀行的客人，員工們都要禮貌地呼：「您來這裡，我們很高興。」管理人員也參與進來，這使員工受到相當的鼓舞，因為他們看到公司從上到下都表現出對新服務標準的關注和參與。

新標準推行當天，銀行的各分支機構都收到了來自公司總部的新服務推行的紀念品，如鉛筆、氣球等，每個紀念品上都標有努力改善服務的字樣。這一切都增強了新服務標準的影響力，提高了員工參與的積極性。

隨後，公司給每位員工都印製了名片，在名片上每位員工的頭銜都是一樣的——「顧客服務」。一般來說，名片上的頭銜代表著名片持有者在公司所擔負的主要職責，而公司以「顧客服務」為頭銜是提醒員工無論職位高低其根本職責是一致的，那就是為顧客服務。同時，這也能向看到名片的顧客表示公司真誠為顧客服務的經營宗旨。

與新服務標準相配合，公司還發展了一個引入顧客參與來激勵員工做好服務的活動。每月銀行進行一次幸運抽獎，每次有兩位幸運顧客將得到5美元贈券和一封有關這次活動的說明信。幸運顧客需在下一次來銀行時帶上贈券。如果他（她）在銀行得到了滿意的服務，銀行則建議顧客把贈券獎給為他（她）服務的銀行職員。如果顧客不滿意，則可持贈券到銀行內享受一頓美味的午餐。第一批幸運顧客產生的兩週內，公司就有9位員工得到了來自顧客的獎勵。

另外，銀行還給一線員工進行一定程度的授權。所有一線員工可現場自主決定採用某些措施來保證顧客的滿意，採取措施所涉及的費用最高可達50美元。這樣就大大提高了對顧客需求差異性的反

應度，同時，適當的授權也使員工增強了責任感和爲顧客提供優質服務的積極性與創造性。

　　本案例說明了服務行爲的「服務性」以及「工作性」設計的一些基本思路，Penn Saving銀行的新服務標準基本概括了服務行爲的各個方面，如態度、姿勢、語言等。該銀行推行標準的方法也較爲新穎有效，特別是全員參與這一作法是很值得學習的。另外，本案例也說明了員工授權方法也是改善服務、提高顧客滿意的有效途徑。

Chapter

1
2
3
4
5
6
7
8
9
10
11

· 第七章 ·

服務容量規劃

服務需求呈現鮮明的季節性變化，給服務提供帶來相當的衝擊。需求高峰期，服務組織必須超負荷運轉，而需求淡季，服務設施、人員等大量閒置。因此，服務設計者必須充分注意服務產品的這一需求特徵，進行科學合理的服務容量的規劃，最大限度地減小服務需求的季節性與服務接待能力的長期性之間的矛盾，避免不必要的設施、人員閒置和由於接待能力不足引起的營業額的減少。

第一節　服務容量規劃的實質

服務容量規劃是服務產品設計的重要內容，是服務組織為實施服務計畫所進行的確定完成計畫所需資源的過程。這裡所提的完成計畫所需資源是指滿足預計服務需求所必備的設施、設備和人力資源的組合。

一、服務容量的涵義

服務容量又可稱為服務接待能力，是服務組織提供某種服務必需的設施設備和人員的組合數量，是衡量服務組織提供某種服務產品的能力（即服務產品的生產能力）。服務容量的調節可以是短期的，也可以是中長期的。前者屬於服務管理範疇，後者為服務產品設計的任務之一，即進行服務容量的長期規劃，確定形成這一服務接待能力所需的設施、設備和人員。

二、服務容量規劃的實質

服務容量規劃對服務組織來說是一項很具挑戰性的工作，尤其是服務設計階段的長期規劃，因為服務接待所需的各種資源（特別是硬體設

施設備）一旦設計定案和付諸現實，就無法在短期內予以改變。如飯店客房數量在飯店建成後即無法改變。而服務需求又是服務組織不可控的（雖然利用價格手法等可進行小幅度的調節），顧客消費服務產品的時間又是隨意的，服務組織很難以相對固定的服務容量來應付波動起伏的服務需求。服務設施和人員出現閒置狀態在服務業經營中是經常可見的。更重要的是，服務產品的生產消費同步性使服務組織失去了調節生產能力的重要槓桿——庫存（這在製造業是常見的）。顧客要出現在服務場所消費服務，服務容量的不足必然導致長時間排隊等候現象，甚至可能引起顧客的不滿，造成營業收入的損失。

所以，服務組織在進行容量規劃時，必然要在這兩難處境中尋找解決方案。一方面要儘量減少由於容量不足而引起的顧客排隊等候現象，另一方面又要考慮減少由於需求不足而引起的容量過剩而導致的成本費用增加。

爲說明這個問題，我們假設顧客等候時間是可以用金錢計算的一種成本（對顧客而言）。那麼我們就可以用一簡明的圖形來表示這個問題的本質，如**圖7.1**所示。

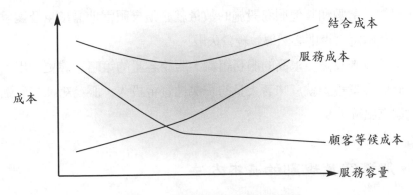

圖7.1　服務容量規劃的實質

圖中服務成本是指服務組織提供某種服務的必需成本，如設施設備的折舊、人工等。結合成本是指服務成本與顧客等候成本之和。隨著服務容量的增加，顧客等候成本將逐漸下降而服務成本將上升，結合成本隨著這兩者的變化而發生相應的變化。現在可以清楚看到，服務容量規劃的實質就是尋求一種能使結合成本達到最低的服務容量水準，即結合成本最低時所要求的設施、設備和人員的數量。

三、服務容量規劃的策略意義

服務容量規劃是策略性服務設計的必要組成部分。服務設計不僅要確定服務要素和服務流程的內容，還要確定服務提供系統的規模大小。如果說前者是服務產品「質」的設計，那麼後者，服務容量的規劃則是量的設計。只有將服務產品的質和量結合起來，才是一項完整的服務產品設計。

服務容量規劃必須正確反映市場需求量，否則會導致服務組織經營運作的失敗。大部分服務需求的地域性很強，在一定的客源地域內，服務需求量是有限的。服務組織在進行容量規劃時就必須考慮當地的服務需求量，並以此為基礎進行規劃。如在某一中等城市建一家四星級飯店，具體客房數和其他服務設施的數量就必須參照當地需求量及競爭對手狀況而確定，否則必然導致經營失敗。

對於設施設備要求高的服務組織，服務容量的策略意義更突出，因為這時的容量規劃就意味著大量的一次性資金投入，服務組織將面臨相當的財務風險。

四、服務容量規劃的基本方法

服務容量規劃是一個複雜的過程。服務業門類眾多，服務特點各有

不同，需要用多種不同的規劃技巧和方法。但對於一般比較簡單的服務類型，我們可用一種簡單方法——耐維方法來進行容量規劃。這種方法簡化了許多實際的具體細節，規劃過程簡明，不失爲一種粗線條的總體規劃方式。下面我們以一家英式「點心－冰淇淋」店爲例來說明耐維法的運用。

在某百貨大樓頂層，有人想開一家「點心——冰淇淋店」。據預測午餐時間會有50名顧客光臨，每人平均花20分鐘時間用餐，每人平均會點1個冰淇淋、6個烤餅和1杯自助式飲料。烤餅爐每次可烤12只，每次用時10分鐘，每名服務生接待一名顧客的用時爲6分鐘。容量規劃的內容是確定能爲50名顧客提供服務的設施、設備和人員數量。

（一） 設施數量的確定

這裡的設施主要指座位。我們用「最小法則」來計算設施數量。最小法則意味著設施數量（L）等於顧客到達數（λ）與平均等候時間（W）的乘積，即L＝λW。根據案例的敘述，我們可知，λ＝50（人），W＝20分鐘/60分鐘＝1/3小時，那麼L＝50×1/3＝16.7，即需16.7張座椅。

（二） 設備數量的確定

這裡主要是確定烤餅爐的數量。這個數量可以由烤餅的總需求數量除以每個烤餅爐的生產能力而得到。每小時烤餅的需求量＝50人×6個餅（1人）＝300個，每個烤餅爐每小時的生產能力＝12個餅（1次）×6次（1小時）＝72個，烤餅爐的數量＝300/72＝4.16個。

（三） 人員數量的確定

這裡主要計算服務生人數，將每小時需要的所有服務時間除以服務生的服務能力即可。服務生每小時的服務能力假定爲每小時能不間斷地

服務，即60分鐘。而每小時所需的服務時間為顧客數乘服務用時6分鐘即可，50×6＝300分鐘，那麼服務生數量等於300/60＝5人。

以上介紹的方法十分簡便，但它有許多局限性。最主要者它是以平均數為基礎的，即假設顧客消費時間是相同的，顧客的光臨頻率也是平均的，服務用時也是相同的。這在實際服務運作中是很少見的。因此這種方法還不能提供一個切合實際的解決方案，我們還需使用更為精準的技巧來提高服務容量規劃的實踐性。

第二節　排隊理論與服務過程描述

當代服務業已包羅萬象，服務內容、過程、形式不相同，服務容量的規劃目標及方法也不盡相同。對某一類型服務組織進行容量規劃，必須首先了解其服務過程的細節與特徵，以便採用正確的規劃方法。

一、排隊理論與服務容量規劃

服務業需求的一個重要特徵是顧客光顧的隨機性，即服務組織很難自主控制顧客的消費需求的產生和實現，無法讓顧客按服務組織自身的計畫安排進行消費。也正因為這一特徵，服務容量的恆定性與顧客需求的隨機性之間出現了不協調，服務容量規劃的實質的又一層涵義就是處理這種不協調。現代運籌學的一個重要分支——排隊論是解決這類問題的重要理論。與其他運籌學理論不同，排隊論的研究對象是一個隨機服務系統，即系統中服務對象的行為和服務提供者的行為都是隨機的，與服務業的實際運作情況十分類似。所以，運用排隊理論可以較真實地描述服務系統並利用其方法進行針對性的容量規劃。

二、排隊系統與服務過程

在排隊理論中，服務過程可用排隊系統來進行描述。雖然服務組織因服務內容不同而呈現多種服務過程形式，但其一般規律還是可歸納總結的，如圖**7.2**。

服務排隊系統由五大部分組成：顧客源、到達過程、排隊等候形式、排隊規則和服務過程。它描述了顧客由潛在的顧客源形式發展至實際光顧到排隊等候直至消費服務產品後離去的整個流程。另外還說明了顧客中途退出服務系統的可能點。

三、顧客源

這是服務組織的潛在市場，這個市場的顧客數可能是有限的，也可能是無限的（如果數量特別大，也可認為是無限的）。所謂無限的說法，只是在製造業排隊分析中應用較多，服務業極少沿用這一說法。顧客源不是排隊理論的主要研究對象，只有當顧客源已經到了到達過程才能列入排隊理論的研究範圍。

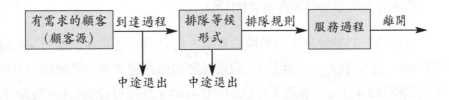

圖7.2 服務排隊系統示意圖

四、到達過程

到達過程是顧客光顧服務組織在時間和空間上的分布，其中最主要的是對時間分布的分析。

(一) 顧客到達的時間分布

了解顧客到達時間的分布，需首先記錄顧客到達的時間，然後利用這些數據來計算顧客到達的時間間隔，一般來說，顧客相繼到達的時間間隔的分布為指數分布或波松分布。當然在工業排隊系統分析中，還有一種分叫定長分布，即顧客（或製造對象）相繼到達時間間隔為確定的。而在服務業中，還是以指數分布和波松分布較為常見。

❖ 指數分布（連續性）

指數分布的密度函數為：$f(t) = \lambda e^{-\lambda t}$

式中，　λ：平均到達率（如每小時或每分鐘顧客到達數）

　　　　t：顧客相繼到達的時間間隔

　　　　e：自然對數

　　　$1/\lambda$：時間間隔的平均值

指數分布的累計分布函數為 $F(t) = 1 - e^{-\lambda t}$

指數分布的累計分布函數極為有用，它表明的是顧客到達的間隔時間為t或小於t的概率（可能性）。假設顧客相繼到達某個服務組織的平均時間間隔為2.4分鐘，那麼 $\lambda = 1/2.4 = 0.4167$，即每分鐘有0.4167個顧客到達服務組織（或每小時有25個顧客光顧）。如果要知道當一個顧客已到達，下一位顧客將在5分鐘內到達的概率，我們就可將 $\lambda = 0.4167$，$t = 5$代入累計分布函數，得出$F(t) = 0.876$。這表示了下一位顧客將在5分

鐘內到達的可能性為87.6%。

❖波松分布

與指數分布不同。波松分布顯示的是一種間斷性概率分布。其密度函數公式為：

$$f(n) = \frac{(\lambda t)^n e^{-\lambda t}}{n!} \qquad n=0,1,2,3$$

式中， λ：給定的時間間隔內顧客的平均到達率

t：需研究的時間段的個數，t經常為1

n：顧客數

e：自然對數

波松分布的密度函數表示n個顧客在 t個時間間隔到達的概率。在前面的案例中，$\lambda=5$，t＝5，代入公式得出：

$$f(n) = \frac{25^n e^{-25}}{n!} \qquad n=0,1,2,3$$

這表示了0,1,2,3,……個顧客在任何一個跨度為1小時的時間間隔中到達的概率。如果n＝0，$f(0)=e^{-25}=1.4\times10^{-11}$，這說明在1個小時的時間間隔沒有顧客光顧的可能性為1.4×10^{-11}，是一個很小的數。

❖波松分布與指數分布的關係

波松分布是一種間斷性的概率分布，而指數分布則表示一種連續性的概率分布。在實際運用時，波松分布的時間間隔單位往往較大，如以小時、天為單位；而指數分布則以較小時間間隔如分、秒為單位。

(二) 顧客到達的空間分布

空間分布並不是排隊理論分析的重點，但在服務實務中，顧客到達

的空間分布也會有一定變化。如大城市目前都有一種在一天之內的「人口大轉移」，即上班時間人口集中於商業區、工業區，下班時間人口則集中在郊外的住宅區或度假區。

五、排隊等候形式

我們已在設施佈局一章討論過排隊等候區域的佈局設計。服務排隊等候形式分為三種：多隊型排隊、單隊型排隊和叫號型排隊。詳細內容參看前面章節。

六、排隊規則

當顧客到達時，若所有服務設施被占用又允許排隊，該顧客將進入等候隊列。服務組織對顧客進行服務所遵循的規則有以下幾種：

（一）先來先服務

先來先服務（first-come, first-served, FCFS）是最為普遍的規則，服務組織按顧客到來的先後順序提供服務。這是一種相對靜態的規則，因為除了顧客在隊伍中的位置外，服務組織沒有其他任何資訊來判定誰是下一位輪到服務的顧客。

（二）後來先服務

後來先服務（late-come, first-served, LCFS）在工業分析中應用較多。

（三）具有優先權的服務

具有優先權的服務（priority served, PS）是一種相對動態的排隊規則。服務組織事先區分顧客，對顧客分別授予不同程度的優先權，再依

據優先權大小順序為其提供服務。大型超市專設一種為購買商品數小於
10件的顧客提供快速服務的收銀口。這是優先權規則應用的一個典型，
它幫助超市區分了顧客需求，使超市在與便利商店的競爭中處於有利地
位。

七、服務過程

排隊理論主要研究服務過程中服務時間的分布概率和服務設施的組
織方式。

（一）服務時間的分布

服務內容不同，服務時間的分布也不一樣。有些服務，特別是主要
使用設備進行的服務，如自動洗車服務，洗車時間就是恆定的，每次服
務時間基本相同。而大部分以人工服務為主的服務時間常常表現為指數
分布，如超市收銀、餐廳點菜，服務時間分布的隨機性很強。

（二）服務設施的組織方式

服務設施的組織方式在第五章已詳細討論，這裡主要針對排隊理論
所關注的服務通道問題對服務設施的組織方式加以歸納。

❖單排隊單服務通道型

顧客只能在一個隊列中排隊等候，只有一個服務通道可提供服務，
如圖7.3所示。這比較適合小型服務組織。

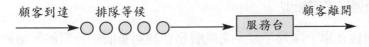

圖7.3 單排隊單服務通道型

❖單排隊多服務通道型

　　顧客只能在一個隊列中排隊等候，但可以在各個服務通道中選擇任何一個接受服務，其優點請參看第五章服務等候區的單隊型，如**圖7.4**所示。

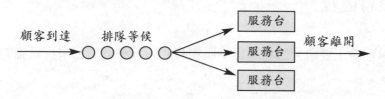

圖7.4　單排隊多服務通道型

❖多排隊多服務通道型

　　顧客根據自己的要求選擇隊列等候，進入相應的服務通道，其優點可參看第五章服務等候區的多隊型，如**圖7.5**。

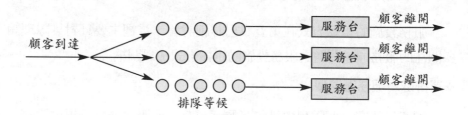

圖7.5　多排隊多服務通道型

❖單排隊單通道多環節型

　　顧客只能在單一隊列等候，完成服務要經過多個服務環節。適於手續多的服務，如入學登記、貸款申請等，如**圖7.6**。

顧客到達　　排隊等候　　　　　　　　　　　　　　　　　顧客離開
○○○○○ → 服務台1 → 服務台2 →

圖7.6　單排隊單通道多環節型

　　了解排隊系統中的組成，有助於我們理解排隊理論的六種基本模型。每個基本模型的排隊系統分別具有不同的特徵，從而可適合於模擬多種類型的服務系統，以便開展相關的容量規劃。

第三節　排隊理論模型

　　本章第一節介紹的耐維法提供了一種簡便的容量規劃方法，但它忽視了服務實際運作的許多細節，如顧客是成批還是單個來的、顧客到達時間的分布是怎樣的、服務提供由單個服務點還是多個服務點組成、服務的原則是怎樣的（先到先服務還是隨機的）等。這些細節在實際中都會大大地影響到服務容量的合適性。因此，要進行更為精準的容量規劃，必須找到一種能將這些細節都能考慮在內的方法。排隊理論模型能為我們找到解決問題的答案。

　　排隊理論根據實際服務排隊現象的細節將排隊現象劃分為六種形式，建立六個模型來分析各種排隊類型的特點。並以此作為服務容量規劃的依據。服務業各種組織均可在這六種模型中找到符合自己特點的對應者。

一、標準M／M／1模型（無限排隊單通道服務型）

　　這種模型的服務特點如下：

(1)顧客數量很大，相互獨立，且不受服務系統的影響（如不需要預約就可加入排隊行列）。

(2)顧客到達的概率分布符合波松分布。

(3)排隊隊伍的構成為單一隊伍，沒有隊伍長度的限制，顧客不可中途離開隊伍或插隊。

(4)排隊原則為先到先服務。

(5)服務者為單個的，服務時間的概率分布為指數分布。

下面我們以一個案例來說明這類排隊模型的特點。

一個度假旅遊區在入口處設置了一個可升降的斜面拖軌。當斜面放下，顧客可將自己的小船（拖在汽車後面拉到度假區的）沿著這斜面拖軌拖進湖中，享受自己駕船的樂趣。當無顧客時，斜面拖軌將被吊起以方便車輛行人通行。帶小船來的顧客來到入口的概率分布符合波松分布，且平均每小時有6條小船通過斜面拖軌。經測試調查測定每條小船拖過斜面拖軌的時間為6分鐘，即每小時可通過10條小船比較合適。如果本例的其他特徵如顧客量等都符合這一模型的特徵，我們就可運用適於該模型的公式來了解這一服務的具體細節。

服務的繁忙度 $\rho = \lambda / \mu = 6/10 = 0.6$，$\lambda$ 為平均到達量，即平均每小時有6條船通過斜面拖軌，μ 為平均服務率，即每小時可通過10條小船。0.6的繁忙度說明斜面拖軌有60%的時間在工作。發現斜面處於閒置狀態的機率為 $P_0 = 1 - \rho = 0.4$。

某個顧客排隊等候的概率，假設k＝1，概率則為 $P(n \geq k) = \rho^k = \rho^1 = 0.6$。

在整個服務系統中的小船的平均數為：

$$L_S = \frac{\lambda}{\mu - \lambda} = \frac{6}{10-6} = 1.5 個$$

在等待服務的小船平均數為：

$$L_Q = \frac{\rho \, \lambda}{\mu - \lambda} = \frac{0.6 \times 6}{10 - 6} = 0.9個$$

小船在整個服務系統中的平均逗留時間爲：

$$W_S = \frac{1}{\mu - \lambda} = \frac{1}{10 - 6} = 0.25小時（15分鐘）$$

顧客等候的平均時間爲：

$$W_Q = \frac{\rho}{\mu - \lambda} = \frac{0.6}{10 - 6} = 0.15小時（9分鐘）$$

透過計算，我們還發現，小船（或顧客）在整個服務系統中的平均逗留時間W_S＝15分鐘等於顧客等候的平均時間W_Q＝9分鐘加上平均服務6分鐘而成。

注意n，即在服務系統中顧客的數目，是一個隨機數。它出現的概率爲P_n，即系統中剛好有n個顧客概率。如果n＝0，整個服務系統處於閒置狀態，當n＝1時，服務系統進入工作狀態，但沒有排隊現象。當n＝2時，服務系統處於工作狀態且有一位顧客在排隊。N出現的概率分布可用於確定在一定的可能性保障下使顧客能找到等候座位的服務等候區域的規模。具體應用的公式：$P_n = (1 - \rho)\rho^n$。

還以斜面拖軌爲例，度假區需保證開車拖小船來的顧客在90%的時間裡能找到停車位（等候區域），這時需要多少個停車位呢？我們可不斷增加n的值並計算P_n和P（顧客數≦n），直到P（顧客數≦n）的值超過0.9，如**表7.1**所示。P（顧客數≦n）爲P_n的累計數。

n爲4時，P（顧客數≦n）首次超過0.9，說明度假區需安排4個停車位，以保證顧客在90%以上的時間裡能找到停車位。

表7.1

n	P_n	P（顧客數$\leq$n）
0	$0.4 \times 0.6^0 = 0.4$	0.4
1	$0.4 \times 0.6^1 = 0.24$	0.64(0.4＋0.24)
2	$0.4 \times 0.6^2 = 0.144$	0.784(0.64＋0.144)
3	$0.4 \times 0.6^3 = 0.0864$	0.8704(0.784＋0.0864)
4	$0.4 \times 0.6^4 = 0.05184$	0.92224(0.8704＋0.05184)

二、有限排隊M／M／1模型（有限排隊單通道服務型）

　　這個模型與上一個排隊模型十分相似，唯一不同的是這個模型對服務系統內顧客的數量進行了限制，假設N表示服務系統可容納的最多的顧客數，那麼在單通道服務模型中，N－1就表示排隊等候系統中允許的最多的顧客數。這樣，如果一位顧客到來，發現已有N個顧客在服務系統中，他（她）就只能離開了，因為整個服務系統已滿，連排隊等候的位置也沒有了。電話總機服務是典型的例子，顧客電話打進總機，只要分線未滿，顧客還可等候。當所有分線都占滿，顧客就只能聽到忙音（打不進）。

　　在這個模型中，P_N表示未進入服務系統的可能性，λP_N表示預計失去的顧客數。

　　這個模型可用來估計由於等候區域不足或排隊過長而引起的銷售損失。還是以度假區斜面軌道為例，假設度假區入口的停車場只有2個車位。那麼，N＝2＋1＝3，即整個服務系統最多只能容納3位顧客。我們再用該模型相應的公式來分別計算服務系統中有0,1,2,3個顧客的概率。ρ不變，還是等於0.6。

$$P_0 = \frac{1-\rho}{1-\rho^{N+1}} \qquad \text{當} \lambda \neq \mu \text{時}$$

$$P_n = P_0\rho^n \qquad \text{當} n \leq N \text{時}$$

列表計算

n	計算	P_n
0	$\frac{1-0.6}{1-0.6^4}(0.6)^0$	0.46
1	0.46×0.6^1	0.27
2	0.46×0.6^2	0.17
3	0.46×0.6^3	0.10
		1.00

注意服務系統中有幾個顧客的概率之和爲1.00，顯示我們已列出了系統所有的可能狀態（從無人到有3個人）。n＝3時，P_n＝0.10，說明系統有10%的時間會出現這種狀態；由前文可知，平均到達率爲每小時6位顧客，那麼每小時會有0.6個顧客（6×0.10）會發現沒有停車位。

我們再利用這個模型的公式來計算L_S。

$$L_S = \frac{\rho}{1-\rho} - \frac{(N+1)\rho^{N+1}}{1-\rho^{N+1}} = \frac{0.6}{1-0.6} = \frac{4 \times 0.6^4}{1-0.6^4} = 0.9$$

這比前一個模型的數量要小得多，因爲前者是無限排隊型，而這個模型是有限排隊，等候區域有限，一部分顧客可能失去。

三、M／G／1型

這個模型與標準M／M／1模型的區別僅僅在於它的服務時間分布不是指數分布。服務時間分布與中值E(t)和系統數V(t)有關，ρ的值等於

2E(t)。這裡我們先考察一下在這個模型中的L_q的值,即等候的顧客數。

$$L_q = \frac{\rho^2 + \lambda^2 V(t)}{2 \times (1 - \rho)}$$

從這個公式可以看出,等候的顧客數與服務時間的變化直接相關。這說明控制服務時間的變化度可以減少顧客等候。所以,速食店只提供種類有限的菜單,以此來減少由於種類多而出現的服務時間變化,從而減少顧客等候。換句話說,服務標準化(包括服務時間)能減少顧客等候。

如果$V(t) = 1/\mu^2$(即指數分布的係數),代入以上公式可得$L_q = \rho^2/(1 - \rho)$,這與標準M/M/1模型中L_Q的公式一致。這說明兩個模型的區別就在於服務時間的分布。

再來計算當$V(t) = 0$時L_q的值,這時,$L_q = \rho^2/[2(1 - \rho)]$,這說明當服務時間變化程度為0時,即服務已經標準化後,引起顧客等候的原因是顧客到達的間隔時間不同。這表示,減少顧客等候可以從兩個方面著手,一是服務標準化,二是透過預訂(或預約)減少顧客到達的間隔時間的不同。

四、標準M/M/c模型(多服務通道型)

這個模型的前提條件與標準M/M/1模型也十分類似,區別在於它是多服務通道,而且每個服務通道都是獨立的、並行的。跟前面公式一樣,$\rho = \lambda/\mu$。但在這個模型中,ρ必定小於c,即服務者數,因為這個模型是多服務通道。如果我們把服務系統的利用率定為$\lambda/c\mu$,那麼對於任何處於穩定狀態的服務系統,系統的利用率肯定在0和1之間。該模型說明了以下幾個問題。

首先這個模型說明了增加少量平行的服務者能大大地減少服務擁

擠。例如，只有單個服務者的服務系統（c＝1），如果系統利用率為80％，在系統中的顧客數L_S則為4。如果增加一個平行服務者（c＝2），系統的利用率只有原來的一半，即40％。而在這個利用率上，L_S大約等於1，也就是說，增加一倍的服務者能減少40％的服務擁擠。

另外，我們不增加服務者，還是採用單通道服務，但提高其服務率，這樣又會使服務系統的利用率降低到40％，我們可得出這時L_S約等於0.67，服務擁擠程度更低了。但是這個成果的取得，是以增加等候顧客的數目為代價的（L_q上升）。

從實際服務活動來看，這也不奇怪，因為單通道服務總是需要多人等候，而同等容量的通道服務則可為更多的顧客服務，從而減少顧客等候。

這樣看來，在容量規劃設計時，建立多通道服務系統還是保持單通道服務而增加服務率，取決於服務組織整個系統停留時間和等候系統停留時間兩者的認識：是減少顧客在整個服務系統的停留時間還是在等候系統中停留的時間，對提高顧客的滿意度更加有好處？

要取得服務提供的規模經濟效益，將所有服務容量結合起來形成一個「超級服務者」是一個很有效的途徑。另外一種方法就是把相互獨立的多個服務者集中在一起，形成一個單一的服務設施。

五、有限排隊M／M／c模型

此種模型與有限排隊M／M／1模型類似，區別在於N，即服務系統中可容納的最多的顧客數，它必須大於或等於c，即服務者數量。如果服務系統中的顧客數等於N或等候顧客數為N－c，新來的顧客就會被拒絕。該模型的假設條件與標準M／M／c模型差不多，但P可以大於c，因為過多的顧客會被拒絕。

在這個模型中，如果N＝c，就意味著這個服務系統沒有等候區域。

在實際生活中，停車場就是一個最好的例子。如果把每個停車位看作是一個服務者，當車停滿時，新來的車就得不到服務（車位）。此時，也無任何服務「等候」區域。

六、自助服務 M／G／∞模型

如果一個多通道服務系統有大量的服務者或顧客能自助服務，那麼就不會有顧客等候現象。這就是現代超市服務的基本理念。除了收銀口，整個購物過程都不會出現顧客等候現象。處在購物過程中的顧客數可能會由於顧客光臨的隨機性和服務時間不同而呈現變化，這個數的概率分布可以利用這個模型的 P_n 公式來計算：

$$P_n = \frac{e^{-\rho}}{n\,!}\,\rho^{\,n} \qquad （注意：L_S = \rho）$$

下面我們利用這個模式來分析超市的服務。

一家典型的超市可視為由兩種排隊模型構成的系統。顧客自己取手推車，自己從貨架上取商品，然後再走向收銀口加入另一個排隊系統。收銀員用掃描器錄入商品、出單、收銀、找零、為顧客包裝，而顧客在一旁等候。

整個過程可視為兩個排隊系統，顧客到收銀口排隊之前的自助服務過程可視為自助 M／G／∞模型，從等候收銀到離開超市可看作是一個多通道服務模型。

透過觀察可知，顧客到來的概率分布符合波松分布，到達率為30人每小時，購物過程耗時約20分鐘，購物時間分布為指數分布，超市有3個收銀口，平均收銀服務時間為5分鐘，服務時間分布也為指數分布。

我們可用自助 M／G／∞模型來描述顧客結帳之前的購物過程，λ ＝30，μ ＝60/20＝3，那麼 ρ ＝30/3，由於在這個模型中 $L_S = \rho$，所以

L_S＝10，說明處在購物過程中的顧客的數量平均爲10人。再看第二個系統，即收銀台，c＝3，λ＝30，μ＝60/5＝12，ρ＝30/12＝2.5，由此算出L_q＝3.5，由於在第二個模型中，L_S＝L_q＋ρ，所以L_S＝6，即處於收銀服務系統中的顧客平均數爲6個，再加上處於購物過程的顧客數，我們可知，處於整個超市服務系統中的顧客數爲10＋6＝16人。顧客在收銀服務系統中的平均時間爲L_S/λ＝6/30＝0.2小時＝12分鐘，再加上顧客的平均購物時間20分鐘，我們就可得出顧客在超市停留的平均時間爲20＋12＝32分鐘。

注意：本章所列各種公式均可透過電腦計算獲得結果。管理者只需選定需套用的公式，輸入對應的實際數據即可得出答案，無需從事任何複雜演算。

第四節　服務容量的規劃目標與規劃方法

服務業門類眾多，服務方式多樣，各服務組織的運作重點各不相同，服務組織在容量規劃時會有不同程度的考慮。有的服務組織追求減少顧客的平均等候時間，有的只求減少顧客過長等候的可能性，有的對服務等候區域的大小特別關心，因爲過小的等候區可能導致銷售機會的喪失等等。所以，對不同類型的服務組織作容量規劃時，應根據其服務特點對容量要求的不同程度，選擇不同的排隊理論模型，採用不同的服務容量的規劃方法。

一、以既定顧客平均等候時間爲目標的容量規劃

有些服務組織爲保證服務品質，把減少顧客的平均等候時間作爲容量規劃的主要目的。這在強調速度的量化服務中十分常見。如西方有些

餐廳規定顧客等候服務的平均時間不超過5分鐘，為此還定做了特別的
提醒顧客的掛鐘。鐘面刻度為5分鐘一格，等候中的顧客在指針指向下
一格之前很難準確地知道自己的等候時間。西方還有些「駛入式」的銀
行，為顧客提供快速簡單的存取款服務，顧客不用下車就可以辦理完所
有手續。由於車輛體積大，銀行不可能設置常規營業窗口，而只能設置
如同公路收費站般的營業通道。顧客駛入這些通道，逐次接受服務。當
前面的車接受服務時，後面的車只能在通道排隊等候。這類銀行也非常
重視服務等候時間，他們常常會作出服務等候時間的承諾，如保證顧客
等候的時間不超過5分鐘。

作出這類承諾的服務組織如何進行容量規劃呢？我們首先以「駛入
式」銀行為例來說明排隊理論模型在解決這類問題方面的應用。

一家位於市中心的「駛入式」銀行發現中午的營業高峰期顧客排隊
等候的現象十分嚴重，銀行負責人擔心顧客會因此將帳戶轉至其他銀
行，決定進行服務改善，重新考察其服務容量的合理性。調查發現，中
午前來辦理業務的顧客大約每小時30人。到來的機率符合波松分布（隨
機的）。銀行有3個營業通道，顧客必須選其一，一旦進入營業通道，便
不能中途退出。每次服務需用時3分鐘。假設顧客是隨機地選擇營業通
道，我們便可把這種系統的特徵歸納為：平行排列的相互獨立的營業通
道，單通道排隊，不能中途退出或插隊，顧客均勻地分布到各個服務
點。如果銀行要求顧客平均等候時間不超過5分鐘，需設置多少個服務
點（通道）呢？因為我們考慮的僅僅是實際在等候的顧客，所以應參照
標準M／M／1模型中的公式：

$$W_b = \frac{1}{\mu - \lambda}$$

λ為平均到達率，即每小時每條服務通道的顧客到達數，由案例可
知為$\lambda＝30/3＝10$人1小時，μ為平均服務率，由於每次服務約需3分鐘，

那麼每小時的服務次數為60/3＝20次，即 $\mu=20$，那麼 $W_b=\dfrac{1}{20-10}$ 即6分鐘。也就是說，3條通道（或3個服務點）的使用，顧客等候的平均時間為6分鐘，不符合新的服務要求。如果增加一條服務通道，那麼顧客等候時間又會是多少？ μ 等於20， λ 為30/4＝7.5，代入公式，可得 $W_b=$ 1/(20－7.5)＝0.08小時＝4.8分鐘，符合等候時間不超過5分鐘的要求。這說明，銀行要達到這一平均等候時間要求，必須新增一條服務通道。

二、以減小超時等候的可能性為目標的容量規劃

在公共服務當中，很難確定顧客等候的經濟成本，所以常常會以另一種形式對服務水準進行表述。這種形式為：百分之幾的顧客等候的時間不得超過多少時間。如救護車對求助電話的反應時間要求為：在城市區域，對95％的求助電話的反應時間應不超過10分鐘；在郊區或農村，則為30分鐘。某些電力供應的電話中心則要求，90％的來電必須在鈴聲響起後10秒鐘內接聽。這一類服務標準實質上反映了服務遲延概率以及在這概率分布下的服務容量要求。有關公式可在標準M／M／c模型中找到。

例如：一家石油公司準備在住宅小區旁建一個自助式加油站（顧客自己加油）。據調查分析，公司預計平均每小時有24輛汽車前來加油。根據其他自助加油站的觀察結果可知，顧客自己加油、付款再離開的時間約為5分鐘。顧客到來的概率分布符合波松分布。公司認為提高服務速度、減少顧客等候的概率是經營成功的要訣，所以公司決定要安裝足夠的加油機，以保證至少95％的時間內顧客能找到至少一個可以使用的加油機，即等候服務的顧客數不超過總數的5％，我們可用標準M／M／c模型中的公式來計算不同c的數量下顧客等候的概率，該公式為 $P(n \geq c)$ $=\dfrac{P^c \mu c}{c!(\mu c-\lambda)}$ 如**表7.2**。

表7.2

c	P_0	$P(n \geq c)$
3	0.11	0.44
4	0.13	0.27
5	0.134	0.06
6	0.135	0.02

當c＝6時，$P(n \geq c)$等於0.02，符合不超過5％的等候顧客率。這說明該加油站應配備6台加油機。

三、以顧客等候成本與服務成本之和最小化為目標的容量規劃

如果顧客和服務者屬於同一個服務組織，那麼提供服務的成本和員工等候的成本對服務組織的效率都是很重要的。這種情況出現在服務組織依賴於某一必需設備之時，如某個組織要依賴一台或幾台電腦設備提供服務。在這種情況下，員工等候的成本至少等於平均薪資，而實際上，如果考慮到停工給生產服務帶來的其他影響，這一成本還要遠遠大於平均工資。

第一節關於容量規劃的實質告訴我們，當服務者增加時，服務成本上升，但這將為等候成本的下降所抵銷。什麼時候兩種成本之和為最小呢，我們需要運用排隊模型來計算。這裡我們只給出計算總成本的公式：

總成本＝$C_S C + C_W \lambda W_S$　或＝$C_S C + C_W L_S$

式中，C_S：每小時每個服務者的成本

C_W：每小時顧客等候的成本

C　：服務者數量

W_S：顧客在服務系統中的平均停留時間

我們舉例說明。某廣告公司的設計部準備租用幾台電腦製圖設備為設計員提供工作輔助。據估計，該部門平均每小時要用這種設備製出8張效果圖，製作一張效果圖需大約15分鐘。每套設備的租金為每小時10元。根據設計員的平均薪資來看，每個設計員處於閒置狀態的成本為每小時30元。假定設計員數量足夠多，且使用這些設備的概率分布符合波松分布，使用時間也符合指數分布，那麼我們就可運用標準M／M／c模型來計算L_q，即等候的設計員數。由案例可知，$\lambda = 8$，$\mu = 60/15 = 4$，則$\rho = 8/4 = 2$，可查表也可直接用公式算出不同數量C所對應的L_q，再用總成本公式算出總成本，可發現當租用4台電腦製圖設備時，總成本最低。計算如**表7.3**。

表7.3

C	L_q	C_sC	$C_w L_q$	總成本
3	0.88	30	26.4	56
4	0.17	40	5.1	45.1
5	0.04	50	1.2	51.2
6	0.01	60	0.3	60.3

四、以減少由於等候區域不足而引起的銷售損失為目標的容量規劃

服務等候區域的不足會使顧客離開，去找其他服務組織，造成銷售機會的損失。許多服務組織會遇到這類問題，如餐廳必須配備足夠的停

車位，上文提到的「駛入式」銀行需有足夠的營業等候通道。我們一般用有限排隊M／M／c模型來估計銷售機會的損失或可能離開的顧客數。

　　如果N是允許在服務系統內最多的顧客數。那麼P_N則代表某一到來的顧客發現服務系統（包括等候區域）已滿的概率。也就是說，P_N代表由於等候區域不足而引起的銷售機會的喪失，λP_N表示每個單位時間可能損失的銷售機會。我們就可比較由於等候區域不足引起的銷售機會損失所引發的成本與增加等候區域面積而引起的投資量，從而決定是否增加等候區域。我們以停車場為例說明這個方法。停車場實質上是一個設有排隊現象的多服務者的排隊系統，也就是說，停車場可看作是每個停車位都是一個服務者的服務系統。如果停車場已滿，再來的汽車就被拒之門外，這是因為停車場本身沒有「服務等候區域」。這樣一來，停車場實質上就成了一個排隊等候的容量為0的服務系統，這時N＝g。我們來看下面的案例。

　　某百貨商場有一個小型的6個車位的停車場，顧客在商場購物的時間約為1小時，但據觀察，每小時大約有10輛車很難在這裡找到停車位，假設顧客到來的分布概率為波松分布，那麼由於停車位不足而引起的銷售機會的損失是多少呢？

　　這個停車場可視為一個沒有排隊等候區域的有限排隊M／M／c型服務系統，所以N＝g。相應的公式便可簡化如下：

$$P_0 = \frac{1}{\sum\limits_{i=1}^{n} \dfrac{\rho^i}{i!}}$$

$$P_n = \frac{\rho^n}{n!} P_0$$

　　由題意可知，$\lambda = 10$，N＝6，$\mu = 1$，可求出$\rho = \lambda / \mu = 10$，從而$P_0 = 0.000349$，$P_6 = 0.48$，說明有48％的顧客發現停車場是滿的，即6個停車位只能滿足52％的顧客需求。

市政廳秘書中心
——集中服務資源的容量規劃

　　某市市政廳有四個部門，財務部、公共交通部、經濟發展署和人力開發部。每個部門都配備有一名文字秘書，負責處理各自部門的文書工作。但四個部門的負責人都對各自部門的文字處理工作不滿意，尤其是財務部，反應更強烈。市政廳的分管負責人為解決問題，派了一名助手到各部門了解有關情況。有關資訊顯示，各部門文字處理的任務下達到秘書的分布情況符合波松分布。除財務部外其他三個部門的文字處理任務的到達率為每小時2個（即每小時有2個文字處理任務下達到秘書手中），財務部則為每小時3個任務。而完成一項文字處理任務的平均時間分布符合指數分布。

　　出於節省開支考慮，市政廳不可能再招更多的文字秘書。能否透過改變工作方式來提高效率並滿足各部門的需要呢？市政廳的分管負責人認為可以試試。他將四個部門的秘書集中起來組成一個文件處理中心，按先來先服務的原則處理來自各部門的文字任務。任何一位秘書都可處理來自任何部門的文字處理任務。在實施之前，為慎重起見，他決定將現有工作方法與新方法作一對比，看新方法是否更有效。

　　現有服務系統可視為四個獨立的單獨排隊服務系統，每個系統的服務率為每小時處理4個任務（$\mu = 60/15 = 4$）。衡量這個服務系統效率的指標可用顧客在服務系統中的平均停留時間，即任務下達後到完成的時間。財務部效率最低，主要因為任務的到達率較高。

利用標準M／M／1模型，我們可計算出除財務部外其他部門從任務下達到完成的平均時間$W_S=1/(4-2)=0.5$小時，或30分鐘，而財務部的W_S等於$1/(4-3)=1$小時，或60分鐘。

　　而新方法採用的服務系統則屬於多服務通道，單一排隊系統，這樣可運用標準M／M／c模型的公式來計算有關數據。到達率，即文字處理任務到達秘書中心的情況，爲$\lambda=2+2+2+3=9$，即每小時平均9個任務。$c=4$，$\rho=9/4$，則P_0爲

$$P_0=\frac{1}{\sum\limits_{i=0}^{c-1}\frac{\rho^i}{i!}+\frac{\rho^c}{c!(1-\rho/c)}}=0.098$$

然後再計算

$$L_S=\frac{\rho^{c+1}}{(c-1)!(c-\rho)^2}P_0+\rho=2.56$$

　　最後計算$W_S=L_S/\lambda=2.56/9=0.28$小時，或17分鐘。很顯然，採用新方法可以大大減少從任務下達到完成的時間，因而是可以接受的。使用新方法，將秘書們集中在一起服務，能提高服務系統的利用率。而原來的秘書在各自部門服務的方法則不然，當某一部門任務很多，部門的秘書十分忙時，其他部門的秘書可能處於無事狀態，這樣就大大降低了資源的利用率。新方法的使用，避免了這一現象，因而提高了資源利用率。

　　將服務資源集中起來使用，可以避免由於閒置而引起資源浪費。這不僅可應用於服務需求或顧客來自不同地點的情形（如本案例），也可適用於顧客或服務需求處於同一地點的服務系統，如銀行、郵局。在歐洲，銀行、郵局的等候排隊方式都是單排隊等候，設有多個服務窗口，每個服務窗口都能提供各種服務。這也是一種集中服務資源的做法。但是單排隊等候有一個缺點，那就是看上去很長的隊伍（其實移動很快）使顧客可能望而卻步，可能引起銷售

機會的損失。所以肯德基、麥當勞速食連鎖常常採用多排隊等候形
式。還有，集中服務資源還應考慮顧客是否必須親自來到服務設施
處的情形。在這種情況下，評估集中服務資源的方法時，還必須將
顧客來到服務設施處的時間考慮進來，而不僅僅是顧客在服務系統
中停留的平均時間。

案例2

陽光航空公司的登機手續辦理服務

　　陽光航空公司推出半價票的促銷活動。公司管理者估計屆時顧客會大量增加，可能影響到登機服務品質和服務速度，於是決定重新評估這一服務的效率，再據此進行新的容量規劃，以保證促銷工作正常進行。

　　首先，公司管理人員要對目前的登機手續辦理的服務系統進行評估。據現場觀測統計，一名服務人員接待一名顧客完成從行李秤重到發放登機證的全過程服務所需的平均時間為3分鐘，服務時間的分布符合指數分布，顧客到達時間符合波松分布，平均每小時約有15位顧客到達。

　　1.考慮顧客到來後不需等候就能馬上得到服務的概率

　　這個服務系統是一個單服務通道單排隊的排隊系統，我們可運用標準M／M／1模型。

　　平均到達率 $\lambda = 15$（每小時15位顧客）

　　平均服務率 $\mu = 60/3 = 20$人/小時

　　$P_0 = 1 - \rho = 1 - (15/20) = 0.25 = 25\%$

　　顧客到來後不需等候就能馬上得到服務的概率（可能性）為25％。

　　2.在服務台前的區域只能容納3名顧客，其中還包括1名正在接受服務的顧客。那麼在百分之幾的時間內，這個區域對等候的顧客數來說相對不足呢？

$$P(n \geqq 4) = \rho^4 = (15/20)^4 = 0.316$$

即約有31.6%的時間，這個區域是不足以容納顧客的。

然後，公司再依服務需求預測的結果來進行容量規劃，並評估新系統的效率。根據預測，顧客到達率將由15人/小時增至20人/小時，為應對這一變化，公司決定再增加一名服務人員以擴展服務容量。根據顧客調查的結果，可確定顧客等候的機會成本為每小時15元，服務人員的薪資每小時10元，平均服務時間仍為3分鐘。

1.假設此時服務系統為多服務通道多排隊的排隊系統，顧客不會在等候過程中換位或從一隊換至另一隊，服務需求也是平均地分配給兩名服務者。考慮一下這種安排的每小時成本。這個服務系統可視為兩個單獨的標準M／M／1排隊系統。

$$L_q = \frac{\rho \lambda}{\mu - \lambda} = \frac{10}{20}\left(\frac{10}{20-10}\right) = 0.5$$

所以整個系統的小時成本為$2 \times (10 + 15 \times 0.5) = 35$元/小時。

2.如果公司不增加服務人員，而是設置一個自動出票機來擴大服務容量。自動售票機完成服務的時間是恆定的，為3分鐘。假設服務需求在服務者和自動出票機之間平均分配。自動出票機的運作成本忽略不計，那麼在這種情況下，服務系統的成本為每小時多少元？

這個服務系統可視為由兩種不同排隊系統組成，一組是由服務人員提供服務的M／M／1排隊系統模型。另一種是由自動出票機提供服務的M／G／1型系統，利用以下公式，當V(t)＝0時，

$$L_q = \frac{\rho^2 + \lambda^2 V(t)}{2(1 - \rho)} = 0.25 \text{（在自動出票機服務系統中等候的顧客數）}$$

所以整個系統的成本為$10 + 15 \times 0.5 + 0 + 15 \times 0.25 = 21.25$元/小時，即服務者系統的成本加上自動出票機服務系統的成本。

附：排隊模型公式中符號的涵義

n：為在服務系統中顧客的數量

λ：為平均到達率（如每小時到達的顧客數）

μ：為平均服務率（如每小時接待顧客的數量）

p：為服務繁忙度（$\rho = \lambda / \mu$）

n：為允許在服務系統內的最多的顧客數

c：為服務者數

P_n：為剛好有幾個顧客在服務系統內的概率

L_s：為在服務系統內的平均顧客數

L_q：為等候的顧客數

L_b：為在一個進入工作狀態的服務系統中等候服務的顧客數

W_s：為顧客在服務系統中的平均停留時間

W_q：為顧客等候的平均時間

W_b：為在一個進入工作狀態的服務系統中顧客的平均等候時間

Chapter

1
2
3
4
5
6
7
8
9
10
11

· 第八章 ·

服務地點的選擇

在前面幾章關於服務流程設計的論述，解決了「以什麼方式提供服務」（流程總體設計、服務環境與設施、服務行為）和「提供多少服務」（服務容量規劃）的問題。下面我們將研究服務流程設計的最後一個方面——服務地點的選擇，以解決「在哪裡提供服務」的問題。

本章將就服務地點的選擇展開一系列討論，包括服務地點選擇的影響因素、地點與需求的關係、地段選擇的技巧與方法，同時要特別強調資訊化技術的發展對服務地點選擇的影響。

第一節　服務地點選擇的總體考慮

服務地點的選擇對生產與消費同時進行的服務組織來說，具有重大的策略意義，必須從多方面對服務地點的選擇進行綜合考慮，而不僅僅是在地圖上圈上一個位置。

一、服務地點的涵義

服務地點是服務組織提供服務產品和顧客進行服務體驗的地點。在製造業中，產品生產和顧客消費的地點是分離的。而在服務業，由於服務產品生產與消費的同時性，這兩個地點是同一的（至少絕大部分服務產品如此），即服務地點既是服務產品的生產地點，又是顧客消費服務產品的地點。

服務地點體現為服務組織所在的「位置」，對這個「位置」的理解可從宏觀到微觀分為三個層次：

(1)服務地點的宏觀位置：這是指服務地點在一個較大地理範圍所處的位置。如服務地點處於某一個大洲、某一個國家，或某一國家

的某個地理或經濟區域，甚至可以具體到某一國家的某一個城
市。

(2)服務地段：這是指服務組織在服務地點的宏觀位置確定之後，在
更小範圍內的具體地點。一般來說，服務地段指服務組織在某一
城市內（或某一鄉村區域內）所處的具體位置。如服務地點設在
某個街區。

(3)服務地點的細節位置：這是在服務地段確定之後服務組織在一個
極小範圍內的詳細位置。如服務地點在某個街區的某個建築物
旁，與某個停車場相鄰。

二、服務地點選擇的策略性影響

服務地點的選擇是服務流程設計的重要組成部分，解決流程設計中
「在哪裡提供服務」的問題。

飯店業鉅子希爾頓先生曾說過：「飯店成功的秘訣有三個，第一是
地段，第二也是地段，第三還是地段。」這句話顯示了服務地點的策略
性意義。這與我們先前討論的服務產品生產消費的同時性是密切相關
的。在大部分服務提供中，顧客都必須親自來到服務場所參與服務的生
產。因此服務地點的選擇在總的原則上要接近消費者。而服務組織又要
在有限資源（如設備、人力）的情況下，為更多的消費者提供產品，這
二者就產生了一定的矛盾，從而使服務地點的選擇變得複雜。

地點選擇是服務策略考慮的重要內容，在一定意義上可說是策略成
功的首要。具體說來，它影響到服務的環境適應性、服務組織的競爭定
位、服務需求的管理和服務組織的擴張。

(一) 服務的環境適應性

服務地點的適應性是衡量服務組織對環境變化的反映程度的重要標

尺。地點決策實質上是一個長遠性決策，牽涉到大量的一次性投資。地點一旦確定，就很難在短期內更改，如要更改，必定造成大量投資的浪費。因此，地點的選擇必須考慮該地點對經濟、文化、地理和競爭因素的變化具有很強的靈活性和適應性。某些服務組織在一個較廣的範圍（全國、全球）內設置機構，這樣可以避免地區性的經濟衰退影響。另外，也可以將地點設在需求彈性較小的客源地域，如飯店選址於一個會議中心附近。

（二）競爭定位

競爭定位是指服務組織用以確定自己的競爭地位，超越競爭對手的方法。在多個地點建立自己的服務機構有助於服務組織樹立服務形象，引起市場關注，並由此而確立有利的競爭地位。在某項服務的市場尚未完全開發時就搶占有利的服務地點能減少競爭威脅，使潛在的競爭對手得不到競爭時必需的「地利」而不得不望而卻步。從這個意義上來講，「地利」於服務組織相當於產品專利對於有形產品的製造企業。

（三）需求管理

需求管理是指服務組織控制市場需求的品質、數量與時段的能力。如飯店旅遊業由於設施設備容量的相對固定而很難調控接待能力，但它們可以透過將自身選址於一個需求多元化的地段，減少需求的季節性，保持需求的長時間穩定。

（四）服務組織擴張

許多實行組織擴張進行連鎖經營的服務企業在確定其連鎖經營的模式的指導手冊中，往往都要把地點選擇的標準化列入重點，保證各分支機構的地點都能具有較大的類同性。如肯德基、麥當勞等速食連鎖在選址時，要考慮三百多項選址標準。

三、服務地點選擇的步驟的內容

　　雖然地點的選擇在許多服務組織來看只是一種「直覺」，同時也受
到一些偶然因素的影響（如誘惑力極大的低租金），但對它進行分步驟
通盤考慮還是十分必要的，至少能避免許多不應有的失誤。

（一）服務地點宏觀位置的選擇

　　確定服務地點的宏觀位置是一種策略性思考，主要強調對宏觀環境
因素的分析。如備選地點的政府政策、文化兼容性、經濟環境等。這種
分析常爲一些大型服務組織所採用。而一般中小服務組織常常爲地方性
組織，實施這種分析的必要性不大。

（二）服務地段的選擇

　　服務地段的選擇強調對顧客需求量、顧客獲得服務所需的服務距離
的綜合分析。這種分析是所有服務組織都必須進行的，無論它是國際
性、全國性還是地方性的。而且這種分析的技術性極強，實用性較好，
我們將重點介紹。

　　服務地段選擇的主要內容包括：

　　(1)地域需求估算（確定顧客的需求量）。
　　(2)備選服務地點的地理位置描述。
　　(3)選擇和確定服務地段。

（三）服務地點細節性位置的選擇

　　服務地點細節性位置的選擇是對服務地點在一個已十分具體的位置
上進行的一種細節性考察，如有無停車場、交通流量等。它可以成爲服
務地段選擇的一種補充，但不在本章的重點討論範圍。

四、服務地點宏觀位置的選擇

進行服務地點宏觀位置決策是一個定性分析的過程，需對多方面因素進行綜合考慮。在選址決策時，開列一個需考慮因素的明細單是十分必要的。

(一) 勞動力成本

服務企業大都為勞動力密集型，勞動力成本所占比例較大，應成為一個重要的選址標準。尤其在已開發國家的服務組織進行國際化拓展時，勞動力成本因素被列入首要考慮。但勞動力成本不能純粹地看薪資水準的高低，而是應將薪資高低與勞動力可能產生的勞動效率結合起來考慮。

(二) 土地成本

租用或購買土地都需大量資金，這個因素也是非常重要的。

(三) 能源成本

為保證服務供應所需的能源亦為重要成本因素之一，尤其對於設施設備比重大、耗能較大的服務企業，如航空公司、旅館等，這是一個值得重點考慮的問題。

(四) 交通成本

對於支持性物資產品數量較多的服務企業，如零售業、物流配送業，這一項應予重視。

（五）社區因素

這裡指的是有可能對服務組織產生影響的當地政治、經濟和文化環境因素，主要包括：

(1)地方稅務政策。

(2)投資方向政策（如鼓勵或限制某類投資）。

(3)政府對某些行業的財政支持。

(4)政府宏觀規劃的支持（如配套設施等）。

(5)政治穩定性。

(6)當地居民對外來投資的歡迎程度。

(7)語言問題。

(8)配套服務的可獲得性。

(9)當地勞資關係。

(10)當地勞動狀況。

(11)環境保護政策。

選擇服務地點的宏觀位置可運用權重評分法來綜合分析。服務組織首先確定選址要考慮的各項因素，如交通、租金、發展潛力等。再分別對各種因素在選址中的重要性分別給予權重，並分別予以評分。最後將每項評分與權重相乘再全部相加得出某一個選址的最後得分。得分最高者為最佳位置。

如**表8.1**所示，此例中地址C得分最高，可確定為最佳服務地點。

五、服務地點細節性位置的選擇

服務地段的大致位置確定後，服務組織還需考慮具體地點上的環境細節。主要包括下列內容：

表8.1　權重評分法

考慮因素	重要性權重	得分和可能選址		
		A	B	C
租　　　　　金	4	80	50	60
當 地 稅 收 政 策	2	20	40	80
當 地 勞 動 力 狀 況	1	50	60	40
交 通 可 進 入 性	1	20	80	70
發 展 潛 力	1	75	40	55
總得分 （權重乘以各項得分相加）		505	460	565

(1)可進入性：大眾運輸是否能到達、進入地點的公路或入口情況。

(2)可見性：招牌設置的可能性、是否臨街。

(3)交通：交通擁擠情況、來往的人流量或車流量大小（表示潛在的購買者數量）。

(4)停車：有無停車設施是城市服務選址的重要考慮要素。

(5)可擴展的餘地：服務地點周圍是否留有擴大服務規模的餘地。

(6)競爭對手的相對位置：與競爭對手的服務網絡是否過於靠近。

第二節　地域需求估算與備選地點的地理位置描述

　　服務地段選擇所考慮的主要因素是目標顧客的需求量和顧客消費服務產品所需的服務距離。地域需求估算與備選地點的地理位置描述是確定這兩個因素的主要方法。地域需求估算用於確定目標顧客的需求量，為服務地點的確定提供需求參數，而對備選服務地點的地理位置描述則

為計算服務距離提供了依據。

一、地域需求估算

正確的服務選址需建立在對服務的地域需求的精確估算的基礎上。這需要服務組織選擇恰當的劃分人口的單位（街道、住宅區）和預測這些單位的服務需求的方法。在大部分情況下，估算需求的相關資訊可從歷史記錄中獲得。

下面以一個提供照顧小孩服務的社區服務中心為例，說明地域需求的估算過程。

（一）對目標人口特徵的確定

這裡主要是確定目標人口的特徵。家庭照顧中心的目標人口應是有5歲以下兒童且有至少一位成人有工作的所有家庭，另外這些家庭還應有一定的支付能力。

（二）選擇人口區域單位

人口區域位當然是越小越好，但實務中有兩大主要實際問題限制人口區域單位的選擇。一是這個單位的大小必須適合於進行抽樣調查時要求的樣本規模，二是單位的數量不能超過進行電腦統計時能容納的容量。在本例中，城市中的街道可成為較適合的單位，因為城市的行政區規模過大，而社區規模又太小。

（三）單位地域需求估算

首先，我們可用下列公式計算每個街道（即區域單位）中目標家庭（符合目標人口特徵的家庭）的比例。

$$y_i = 0.0043x_{1i} + 0.0248x_{2i} + 0.0092x_{3i}$$

y_i：目標家庭在I街道中所占比例

x_{1i}：在I街道年齡小於18歲且住在每個房間需住1.5人以上的居民的百分比

X_{2i}：在I街道有一位單身男性常帶著年齡小於18歲小孩的家庭的百分比

X_{3i}：在I街道有一位單身女性常帶著年齡小於18歲小孩的家庭的百分比

當y_i被推算出來後，我們再將它乘以這個街道的所有家庭數和每個家庭中5歲以下小孩的平均數，這就使我們最終得到這個街道需要家庭照顧服務小孩總數。這個估算數字可以推展至多個街道。假設在這街道共有100個家庭，每個家庭有2.5個小於5歲的兒童，而目標家庭所占比例為20％，那麼這個街道需要家庭照顧的兒童數量為20％×100×2.5＝50。

（四）繪製區域需求總體圖示

每個街道的需求量估算出來後，應將這些資訊在顯示了各街道之間相對位置的平面圖上標示出來。有了這個總體圖示，服務組織就可以找到需求產生的集中區域和分散區域，進而實施選址決策。

二、備選地點的地理位置描述

確定服務地點應首先了解如何描述某一地點的位置，並據此來計算顧客獲取服務所需的服務距離。有兩種方法來描述服務的可能地點，一種是平面位置描述，另一種為網絡位置描述。

（一）平面位置描述

描述一個地點的平面位置或兩地之間的位置關係，可採用幾何直線距離和矩形位移兩種方法，見**圖8.1**。

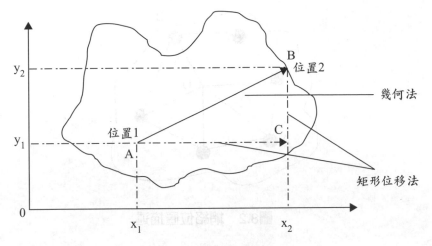

圖8.1　平面位置描述

d_{12}表示位置1與位置2之間的距離，(x_1,y_1)表示位置1的坐標，
(x_2,y_2)表示位置2的坐標。

如果用幾何直線距離法表示d_{12}，則可用公式：

$$d_{12}=\sqrt{(x_2-x_1)^2+(y_2-y_1)^2}$$

在圖上，幾何法表示的d_{12}就是指線段AB。

如果用矩形位移法，可為：

$$d_{12}=\mid x_1-x_2\mid+\mid y_1-y_2\mid$$

在圖上，用矩形位移法表示的d_{12}就是指AC＋BC。

（二）網絡位置描述

網絡位置描述與平面位置描述的不同在於，網絡位置的兩點之間的
距離不能簡單地以一條直線代表，而可能由於兩點之間出現所謂「節點」
或障礙，必須以兩條或兩條以上的直線將其連結並計算距離。如**圖8.2**，

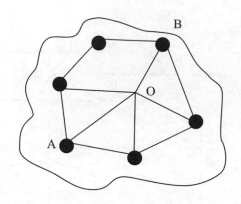

圖8.2　網絡位置描述

AB之間的直線距離是不存在的，因為AB之間有一個節點O，所以AB間的距離應為AO＋BO。

（三）地理性描述方法的選擇

　　選擇適當的描述位置方法取決於服務組織獲取相應資訊的難度和環境細節。網絡位置描述更適應於環境地形複雜的地域，如有一些自然障礙（河流、小山、橋樑等）。當描述一個城市區域內的平面位置時，矩形位移法是可行的，因為城市街道常常是較規則的經緯線型。

三、服務網點數量

　　單個設施定位於單個地點相對來說比較容易，但如果服務組織擁有較多設施且需將這些設施分布於多個網點，以滿足多個區域的服務需求時，這個選址問題變得複雜了，尤其在多個服務地點的服務容量不同時。這個問題我們將在以後的節次中詳細討論。

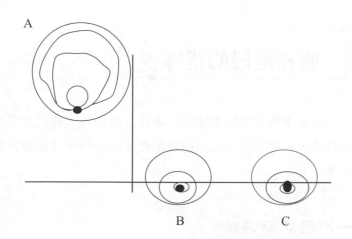

A

B C

圖8.3　健康服務中心選址

四、服務目的

　　不同服務組織有各自相異的服務目的。企業型服務組織以獲取最大利潤爲目的，而非營利組織以服務社會爲原則。服務目的的不同導致了其選址決策的偏重性。下面以三個城市的健康服務中心的不同選址爲例，說明服務目的與選擇的關係。A、B、C三個城市相鄰，每個城市的人口對健康服務的需求特徵各有不同。**圖8.3**說明了三個城市的健康服務中心由於服務目的不同而出現的不同選址。城市C的健康服務中心選址在市中心，因爲這個城市老年人較多，距離成爲服務提供的主要障礙。基於這個考慮，這個中心的主要服務目的定在對設施的最大限度的使用，或以接待更多的顧客爲目的。城市B的健康服務中心定址於其他兩個城市健康中心的正中間的位置，因爲這家中心的服務目的主要是爲了最大限度地減少顧客到最近健康中心的平均距離。城市A的人口數量最多而且健康消費需求極大，所以該市健康中心的主要服務目的是最大限度降低顧客每次光顧的距離，因而坐落於A市中心。

第三節　服務地段的選擇

進行了地域需求估算與備選地點的地理位置描述，我們就可利用獲得的資訊與數據，根據服務組織服務網點數量的不同來分別進行服務地段的分析與選擇。

一、單一服務網點選址

我們可用矩形位移法和幾何法來對處於不同環境下的服務設施進行選址決策。

（一）矩形位移法

首先，我們採用矩形位移法來考慮一家提供複印服務的公司的選址。這家公司準備在市中心商業區開設一家複印服務點，為四家主要客戶服務，其位置見**圖8.4**。公司根據各客戶每日的服務需求量大小分別給予了權重（w）。公司想為複印服務點尋找一個最佳位置，使客戶每月到服務點的總距離最小。

用矩形位移法實質上是求當 $Z=w_i\sum_{i=1}^{n}\{|x_1-x_s|+|y_1-y_s|\}$ 為最小值時，x_s 和 y_s 的值（即服務點的位置）。這可以用數學方法在電腦軟體中獲得，也可以用下列較簡單的手工方法求出。

第一步，我們用以下公式算出中值（median）：

$$Median=\sum_{i=1}^{n}\frac{w_i}{2}$$

由**圖 8.4**可知，權重分別為7、1、3、5則Median＝（7+1+3+5）/2＝8。

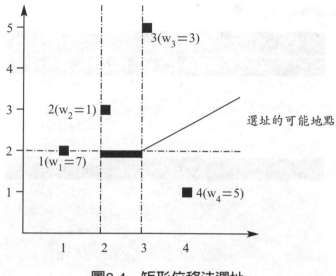

圖8.4　矩形位移法選址

　　第二步,確定x_s的橫坐標中值。我們在橫坐標軸上從西到東和從東到西計算所有權重的總和。**表8.2**列出了分兩個方向(由西到東和由東到西)按權重(需求量大小)的降序進行的排列,並指出了權重之和達到或超過8的服務需求點。在從西到東方向上,在位置2權重和已達到了中值8,所以在這個方向上x_s的橫坐標中值爲2公里。而在從東到西方向上,在位置3權重和已達到中值8,所以在這個方向上x_s的橫坐標爲3公里(即位置3的橫坐標)。

　　第三步,確定y_s的縱坐標中值。我們用與第二步相同的辦法,可得到由南向北的x_s縱坐標中值爲2公里,由北向南的y_s的縱坐標中值也爲2公里,見**表8.3**。

　　最後我們可得出(x_s,y_s)的可能坐標點,它實際上是一條線段(如**圖8.4**),即在$y_s = 2$時,x_s在2與3之間的任意組合。複印服務點可選擇設在這一線段上的任意一點,這就增強了選址的靈活性,爲服務地點細節性位置的選擇提供了空間。

表8.2 x_s的橫坐標中值

需求點	需求總位置(橫坐標)	$\sum_w$(權重和)
由西向東方向		
1	1	
2	2	7
3	3	7+1=8
4	4	
由東向西方向		
4	4	
3	3	5
2	2	5+3=8
1	1	

表8.3 y_s的縱坐標中值

需求點	需求總位置(縱坐標)	$\sum_w$(權重和)
由南向此方向		
4	1	5
1	2	5+7=12>8
2	3	
3	5	
由北向南方向		
3	5	3
2	3	3+1=4
1	2	3+1+7=11>8
4	1	

(二) 幾何法

我們從上一節中了解到幾何法的位置描述,在這裡用此法解決選址問題實質就是變成了求當$Z = \sum\limits_{Z}^{n} w_i [(x_1 - x_s) + (y_1 - y_s)^2]^{\frac{1}{2}}$為最小值時,$x_s$

和y_i的值。其中，w_i爲各個需求點的權重（按需求量大小劃分），（x_i,y_i）爲各需求點的坐標，而（x_s,y_s）爲服務點的坐標位置。求x_s和y_s的公式如下：

$$x_s = \frac{\sum\limits_{i=1}^{n} \frac{w_I x_I}{d_{IS}}}{\sum\limits_{i=1}^{n} \frac{w_I}{d_{IS}}} \qquad\qquad y_s = \frac{\sum\limits_{i=1}^{n} \frac{w_I y_I}{d_{IS}}}{\sum\limits_{i=1}^{n} \frac{w_I}{d_{IS}}}$$

實際用以上公式很難直接求出x_s和y_s，因爲公式兩邊都有x_s和y_s。所以應用這一公式，只能對x_s和y_s進行嘗試性定值，直到Z最小爲止。

繼續沿用複印服務的例子。先計算d_{IS}，運用第二節所提到的公式

$d_{IS} = \sqrt{(x_2 - x_1)^2 + (y_2 - y_1)^2}$，見**表8.4**的計算。

再設服務點位置爲（x_s=2, y_s=2），代入公式計算得到修正後的位置爲x_s=1.857，y_s=2.143。然後再改變服務點的位置代入公式，再修正，如此反覆，最後得到結果。

有關選址的定量分析方法，特別是以縮短服務距離爲主要標準的方法還有很多，如重力中心法等，這裡不一一介紹。

二、多個服務網點選址

服務組織要在某一區域設置多個服務地點，無非有兩種考慮，一是在最大服務範圍內設立盡可能少的服務網點，二是在目標服務區域內盡

表8.4　複印服務需求點的位置權重距離

需求點	1	2	3	4
位置（x,y）	(1,2)	(2,3)	(3,5)	(4,1)
權重w_i	7	1	3	5
距離d_{IS}	1.0	1.0	3.16	2.24

可能地擴大服務的覆蓋面。

我們以農村醫療服務網點為例，說明這種選址方法。目標服務區域內有9個社區，除了第6社區外，其餘8個社區都可能成為醫療服務點的選址。選址要求每個社區在30公里內都必須至少有一個醫療點。9個社區的位置如**圖8.5**。

解決方案可如下：

首先，確定每個社區周圍30公里內所相鄰的周邊社區的數量（**表8.5**）。例如社區1，符合條件的相鄰社區為2，3，4。依此方法可推出其餘社區的符合條件的相鄰社區數量。表第二列說明了這一資訊，而第三列說明了醫療的可能選址（只有社區6不能成為可能選址）。

醫療點可能選址縮小了範圍，如社區2，能為它提供服務的符合最大距離條件的醫療點只有三種可能，即在社區1，社區2，社區3。

然後，我們要盡可能減少醫療網點的數量。這裡要尋找可能選址數量較多而且與其他選址共性較強的可能地址。在本例中，社區3，4，8較符合要求。而經進一步考慮，我們可發現只需在社區3和8設立醫療服務點，那麼所有其他社區都可在30公里範圍內獲得服務了。因此，服務選址可最終定在社區3和8。

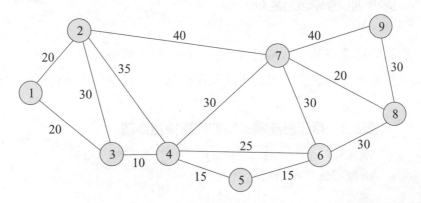

圖8.5　多個服務網點選址

第四節　服務選址新思路

　　常規的服務選址主要考慮的是方便顧客，即縮短顧客到達服務點的距離。但隨著新技術特別是資訊技術的發展，不少新的服務項目湧現出來，許多傳統服務業也採取了新的服務方式，這一傳統服務選址的標準便受到了強有力的挑戰。本節將介紹幾種目前服務業中比較盛行的選址新思路。

一、競爭集束選址

　　與傳統的儘量避開競爭者的選址方法不同，不少服務組織將自己的服務點設在競爭對手或同行盡可能集中的地段。這就是所謂「競爭集束選址」法。如家具、大型電器或二手車銷售，顧客需要在購買前做出比較，更願意去銷售商比較集中的地段。另外，美國汽車旅館連鎖

表8.5　30公里周邊醫療點選擇

社區	30公里範圍內周邊地區	醫療點的可能選址
1	1,2,3,4	1,2,3,4
2	1,2,3	1,2,3
3	1,2,3,4,5	1,2,3,4,5
4	1,3,4,5,6,7	1,3,4,5,7
5	3,4,5,6	3,4,5
6	4,5,6,7,8	4,5,7,8
7	4,6,7,8	4,7,8
8	6,7,8,9	7,8,9
9	8,9	8,9

LaQuinta調查發現與競爭對手相鄰的汽車旅館比相對獨立的汽車旅館生意要好得多，客房出租率遠遠超過後者。在中國大陸，特別在浙江省曾有過一陣「專業市場熱」，如輕紡市場、旅遊市場等，這些市場也是同一行業的各類企業提供一個「共同做生意」的固定地點。

競爭集束選址是一個很具實際意義的思路，它十分適合於購買頻率較低但一次性消費額較大的服務產品。由於購買頻率低，距離的遠近與方便程度對消費者已不再是主要考慮因素，而較大的一次性消費額則增大了購買風險，消費者需慎重行事，因而在大量供應商中進行多方比較是必然的。這就為競爭集束選址提供了需求保證。另外，大量競爭者的集中，形成較大的市場規模容易擴大該地段的知名度，造就該地段的商業氛圍，從而從總體上吸引更多的消費者。

反過來，對於購買頻率較高而一次性消費額度又不大的服務產品，這種選址法又顯不當，如理髮、修理、郵遞、小吃店等，這些還是要以方便性為選址的主要標準。

二、飽和營銷選址

這是一種類似「螞蟻啃骨頭」的營銷法，主要適合於購買頻率高的方便服務產品，如小吃、啡啡廳、冰淇淋屋等。以著名咖啡屋Au Bon Pain為例，這家咖啡屋連鎖主要提供方便食品如三明治、法式麵包等。其採取的選址（也是營銷）策略是在城市和交通流量大的地域大量地開設服務網點。它在波士頓市區就有16家咖啡屋，在當地著名的一家百貨大樓的五個不同樓層都開設了網點，而且絕大部分網點的規模都很小。此舉使這家歐洲的企業在美國大獲成功。在芬蘭的赫爾辛基，同屬一公司的小型冰淇淋店也布滿了市區的每個角落，同樣也獲得了成功。

這種方法為小型服務企業提供了發展的思路。規模雖小但如果聯合起來（類型連鎖），統一管理，統一品牌形象，再採用密集式的網點策

略，其好處是顯而易見的。首先節省了廣告費，網點多而密集本身就是強有力的廣告。其次簡化了管理，小規模企業的運作本身就不複雜。再次，密集的網點有一種壓倒對手的氣勢，也是對消費者的一種持續不斷的消費刺激。當然，有人認為網點過於密集會導致互相搶生意。其實不然，表面上看相鄰網點好像會搶生意，某一個網點可能不是顧客光顧的對象，但它的存在實質上起到一個加強消費刺激的作用，而很可能由於它的刺激作用使下一個網點有了銷售的機會。一個公司擁有較多網點，每一個網點實質上都可能成為「下一個」即前一個網點的受益網點。

三、非物理形式擴張

隨著現代通訊技術的網際網路的發展，不少服務組織開發出新的業務運作形式，實現了組織的非物理性擴張，即服務組織無須設立物質形式的服務網點，就能實現業務的增長和擴張。在銀行業，「網路銀行」的出現就是一種典型的非物理形式擴張。銀行不需在各地設立更多的分支機構，而只是在網上建立起銀行的服務存在，就可以為各地顧客提供各種銀行分支機構所能辦理的服務。這種擴張方式既經濟又快捷，還能為顧客帶來方便。還有旅行社、諮詢業等那些與資訊處理關係較大而與消費者本身的生理體驗關係不大的服務業，這種非物理性擴張都是合適的。

四、服務選址的分散化

美國洛杉磯一家保險公司利用通訊和網路技術改變了公司的辦公網點的配置，縮小了總部辦公大樓的規模，減少了所謂的「衛星辦公地點」，而代之以讓員工回家或在任何一個可以透過電話和網際網路與公司相連的地點辦公。這樣為公司帶來許多好處：減少了員工數目、降低

員工流失率和培訓費用、降低了租用辦公室租金和相關辦公費用。同時員工也免除了上下班的奔波之苦和相應的交通費用。

　　據英國和瑞典相關調查顯示，在許多服務行業，保持工作中的聯繫一般只需電話或E-mail即可。而面對面的直接接觸，只是用於少數的專題會議或定期的討論。基於這一點，許多服務組織的工作方式將趨於鬆散化，辦公運作系統趨於分散化。

巴黎迪士尼樂園的選址
——宏觀選址決策

　　娛樂界巨頭，主題公園的始祖——美國迪士尼公司在本土兩個迪士尼樂園和亞洲東京迪士尼成功推出後，開始了一項新的公司市場擴張的策略討論。討論的主題有兩個，其一，公司是否應在歐洲建立一個迪士尼樂園，以延續這一著名的主題公園的成功？其二，如果選擇歐洲，那麼又應具體選址在哪個國家、哪個城市？

　　公司高層管理者和顧問們就此展開熱烈的討論。

　　在考慮向歐洲發展之前，公司已在加州和佛州（全在美國）分別建立了迪士尼樂園，吸引了大量美國本土遊客和外國遊客。1983年，公司又在亞洲的東京建立了另一家迪士尼樂園。這是一個巨大的成功。它剛好迎合了日本休閒消費增長的趨勢和日本國內年輕人對美國文化的喜好。同時，東京迪士尼的建立，使喜愛迪士尼樂園的日本遊客不必花費大量時間、金錢，千里迢迢趕往美國本土，就可體驗迪士尼的樂趣。在亞洲的成功經驗能否推廣至歐洲呢？迪士尼樂園屬人造旅遊休閒景觀，是主題公園的傑出代表，表現了美國文化的詼諧、幽默的一面。迪士尼公司著名的兩個卡通人物——米老鼠和唐老鴨，成為這個樂園的主角。但迪士尼樂園占地面積大，設施設備眾多，要求有巨量的一次性投資，具有較大的商業風險。公司在美國本土和亞洲的成功能否在歐洲重現呢？公司分析家認為在歐洲已有不少旅遊公司在組織赴佛羅里達參觀迪士尼樂園和其他主題公園的旅遊路線，而且已形成一定規模。但旅行距離較長，費用偏高。建立歐洲迪士尼，可以減輕歐洲旅客的費用負擔。日本人

眼中的迪士尼與歐洲人的看法也不一致。對日本人來說，迪士尼樂園是一種異域文化，而對歐洲人來說，迪士尼與他們的文化差距並不會太大，因為許多迪士尼的傳說和故事都與歐洲有關。因此，有些反對者認為，在歐洲建立迪士尼樂園，就是「在遍布真的城堡的土地上建立一個假城堡」，「在一個已經是主題公園的大陸上再建立一個主題公園」。

經反覆討論、研究，公司克服了重重阻力，決定在歐洲發展。接下來就是第二項決策了，在歐洲的哪個國家的哪個城市建造這座主題公園呢？經過初步篩選，兩個備選地點放在了決策者面前，一個是在西班牙，另一個是在法國。

法國的優勢是它的位置處於歐洲的中心。如果把樂園建立在巴黎以東30公里處的一個候選地點，那麼對於潛在顧客來說，無論是旅行距離還是交通的便捷度都是合適的。而西班牙坐落在歐洲的邊緣地區。另外，法國政府十分支持迪士尼公司的這個投資。他們許諾以低廉的地價和誘人的免稅政策，同時還正致力於改善交通和其他相關基礎設施。

西班牙相對來說，地理位置較偏，也不能提供與法國政府提出的相當的優惠政策。但它有一個優勢，那就是，西班牙的天氣比法國好得多，十分適合這種露天的主題公園。

經綜合比較，迪士尼公司選擇了法國巴黎。

但巴黎迪士尼建成營業之後，公司發現他們在選址時忽略了兩個重要因素。一個是當地的文化。法國媒體渲染了一種對美國文化的敵意，認為巴黎迪士尼是一個「由色彩刺眼的硬紙板塑膠做成的恐怖場所」和一個「用變硬口香糖和荒唐美國民間故事編織的建築物」。反美情緒在一定程度上影響了巴黎迪士尼的正常營業。另一個因素就是員工問題。由於文化差異，巴黎迪士尼在招聘和培訓歐洲員工時遇到了問題，因為歐洲員工很不習慣於像美國本土迪士尼的員工那樣嚴格地遵守衣著規定和其他行為規範。

　　本案例說明了服務選址在宏觀決策上應考慮的要素。巴黎迪士尼的建立，迪士尼公司主要考慮的三個因素，第一是地理位置與目標客源地的距離；第二是基礎設施的配套，如交通；第三爲當地政府的支持，如稅收政策、地價。但迪士尼在巴黎開業後遇到的問題又顯示，選址時還應顧及當地文化的適應性以及當地勞動力素質狀況（或文化差異）。

案例 2

奧邦培咖啡館連鎖集團──飽和營銷選址

　　奧邦培是美國波士頓一家經營咖啡館的連鎖公司，以提供美味三明治、鮮榨橙汁、現烤法式麵包和咖啡飲品出名。該公司在選址上採用了所謂的「飽和營銷」策略，即在市區和交通繁忙區域密集分布服務網點。公司在波士頓地區總共有21家咖啡館，其中16家分布於波士頓中心，另外5家集中在一家著名百貨公司的不同樓層上，該公司在市中心的咖啡館相隔非常近，許多家之間相距不到100公尺。「我們公司的咖啡館之間可像踢足球那樣相互傳球」，該公司副董事長路易斯‧凱恩說道。

　　公司對這種選址策略非常有信心，並準備在其他城市進行推廣，特別是紐約、費城和華盛頓。

　　雖然網點選址靠得太近吞食了一部分銷售（相互競爭），這已在公司的銷售記錄中表現出來，但是公司的決策者們還是相信，這種選址策略的利還是大於弊。因為集束式、飽和式的選址能大量降低廣告支出，方便管理監督並能形成強大的集團吸引力，把顧客從競爭對手手中「搶過來」。更重要的是這種選址策略能幫助公司樹立鮮明的品牌形象。

　　「由於採用這種策略而形成的公司品牌形象能成為促進公司進一步發展的動力。當你想到克洛伊桑特街區（在波士頓市中心），你馬上會聯想到奧邦培咖啡館。」波士頓管理顧問集團的副總裁里查德‧溫格認為。

　　雖然現在還不能過早地認為飽和營銷選址已成營銷發展的趨勢，但確實有不少公司朝這方面邁出了謹慎的步子。波士頓的一家

地方性銀行——貝爾銀行也採用了這種方法來為自動櫃員機選址。僅在市中心它就有75處自動櫃員機，幾乎是其主要競爭對手的3倍。「我們無處不在」，該銀行的發言人唐納德·伊桑奇評論道，「公眾喜歡這樣。」

在美國，最早採用飽和營銷選址的是一家著名的義大利服裝公司——貝納通。該公司就是利用這種方法在二十世紀八〇年代成為服裝業的巨人。雖然這種策略有利於整個貝納通公司，但是卻給貝納通的經銷商帶來一些損害。許多貝納通零售店在一個很小的地域範圍內經營，相互之間免不了要相互搶奪生意。鑑於這一點，麥當勞採用了另一種截然不同的方法，他們不願把網點靠得太近，免得相互競爭。「我們致力於做好已有店面的銷售，這是我們的發展策略。」麥當勞的發言人曲克·伊貝林總結道。

對於飽和營銷策略的局限性，奧邦培公司認為也是存在的。飽和營銷策略在市區是行得通的，但在郊區、農村和住宅區就很難奏效，因為奧邦培咖啡廳並非那種所謂「目的地餐飲」，只是一個提供快速、方便餐飲服務的組織，顧客就不會像光顧某些特色餐飲那樣「特地」驅車趕到該地。

奧邦培公司成立於二十世紀七〇年代，由兩家小咖啡館和一個糕點公司合併而成。最初的公司沒有馬上採用飽和營銷策略。像其他速食連鎖公司一樣，它在增加了若干新的營業網點之後，採用了特許經營的策略進行擴展。它的特許經營網點逐步發展至美國東海岸和中西部地區以及美國的許多機場。隨著這一進程的加快，公司發現在公司的主要領地——波士頓，市區內開店越多，生意越好。於是公司逐步採用了飽和營銷法為新網點進行選址。目前公司已有了70家連鎖店，51家為公司所有，19家特許經營，平均每家營業額125萬美元，每週有10,000名顧客光顧。

「為什麼要採用這種方法選址？因為我們不斷地賺錢。」公司高層管理人員總結道，「人們只需步行20公尺就可在奧邦培用早

餐，步行一個街道就能享受奧邦培午餐。如果說客源市場的分隔牆是街道的話，我們就必須在每個分隔開的迷你市場中出現。」

當然這種方法的一個局限性就是相互吞食生意。例如在一家新的奧邦培分店開業兩週後，鄰近的聯邦街75-101號奧邦培店的營業額就下降了5％，但是四週以後，老店的營業額又恢復到較正常的水準，因爲較遠街區的顧客總是喜歡新開店，幾次嘗新之後，又發現還是老店比較方便，於是又回來了。雖然營業額不能完全恢復到原來水準，但公司總的營業額卻上升了。新店的利潤足以抵銷老店受到的損失。據公司的銷售記錄顯示，一家新店開張4個月後，鄰近的霍利街區的奧邦培店的銷售下降了5％，約爲75,000美元，而新店的營業額卻有85,000美元，大大地超過了損失。如果不在某個位置開新店，那麼這個地點就可能爲競爭對手所用。

相互競爭造成的營業損失還可被減少的廣告費用所抵銷。目前奧邦培公司的廣告開支幾乎沒有，而顧客對公司的認知程度卻很高。

「這種認知來自各分店的類同性，」紐約一家著名顧問公司的副總裁麥克·帕蒂遜認爲，「分店本身就是樹立在各個街區的廣告。這種策略同時也使公司的管理監督變得容易。少數幾個管理員每天就可以檢查所有的市中心的分店。同時，管理員減少，薪資成本亦隨之下降。」

本案例說明了飽和營銷選址的優缺點和它的適用範圍。提供方便、簡單和相對標準化服務產品的組織均可採用這種策略。

案例3

遠距辦公

　　隨著資訊技術特別是網路技術的發展，人們的工作方式已發生很大的改變。其中所謂「遠距辦公」就是重要的一種資訊化辦公方式。由此而出現了所謂「SOHO」族，即Small Office Home Office（小辦公室、家庭辦公室）。

　　所謂的「遠距辦公」（teleworking）是指員工不需要到辦公室，只需一台電腦與公司網路連接，便可在公園、在家中或其他任何員工想去的地點進行辦公。這種方法給員工最大的工作自由度，超出了以往所謂的「彈性工時」等方式。

　　當然並不是所有人都贊成這種作法，但確實有很大一部分人喜歡它。英國一家市場調查公司就「遠距辦公」方式的作用在全英國1,000多位經理中進行了調查，結果顯示大部分經理都十分樂觀地肯定了遠距辦公方式的積極作用，如**圖8.6**。

　　遠距辦公適用於專業型服務組織，如律師、管理諮詢等。這類服務對服務者個人技能要求高，工作的獨立性也較強，因而能適應這種分散的獨立式的辦公方式。

　　資訊技術的發展為服務組織的選址提供了新的思考方向。資訊技術可將員工遙相連接，共同完成工作。這實質上弱化了選址的重要性，也弱化了「辦公室」的實際存在的要求。傳統的選址成本因此而會大大降低，同時也為提高員工工作積極性創造了條件。

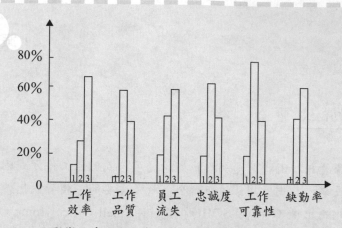

1.影響更壞　2.影響一樣（與以前比）　3.影響更好

圖8.6　遠距辦公的影響

Chapter

1
2
3
4
5
6
7
8
9
10
11

・第九章・
服務品質保險設計與承諾服務、
補救服務

經前面幾章的討論，我們已完成了服務要素組合、服務流程的具體設計，可以說，這些內容涵蓋了一項「常規」的服務產品的全部設計。

然而，在競爭日趨白熱化的服務業市場僅僅依靠「常規」服務產品是遠遠不夠的。服務組織還需對這些「常規設計」的服務產品加以改善，實施服務產品的改善性設計，以增強競爭力。

服務產品的改善性設計是旨在增強產品競爭力的對服務產品的品質、內容和流程所進行的增補性和改良性設計。它包括服務品質保險設計、承諾服務設計、補救服務設計、個性化服務設計和增值服務設計。本章所討論的是與服務品質相關的三種產品改善性設計：服務品質保險設計、承諾服務設計和補救服務設計。

第一節　服務品質與服務產品改善性設計

　　服務品質是顧客對服務的期望值與服務實際感受的對比關係，也是服務組織的生命線。提高服務品質是服務組織贏得競爭的必要手段。服務產品的改善性設計可協助服務組織將品質問題杜絕於設計階段，和推出與品質提升相關的新型服務產品。

一、服務品質的涵義

　　在服務業，對品質的評估應在服務提供過程之中。每次與顧客的接觸都被認為是使顧客滿意或不滿意的「真相時刻」。顧客滿意度就是顧客對服務的期望值（expectation）與顧客實際感受的服務（perception）之間的對比。當實際服務感受超過期望值，服務品質被認為是十分好或超值的；當實際服務感受沒有達到期望值，服務品質則被認為是差的或

不可接受的；二者剛好匹配時，服務品質被顧客認為是滿意的。因此服務品質實質上是一種主觀的對比感受，是服務期望值與服務實際感受的對比關係。服務品質的涵義可概括如下：

P＞E　十分滿意

P＝E　滿意

P＜E　不可接受的

二、影響顧客服務期望的因素

服務期望是顧客評價服務品質的前提，了解影響服務期望的因素有助於服務組織採取適當措施，對其進行一定程度的控制，從而改變其與服務實際感受的對比關係，提高顧客滿意度。這些因素主要包括：

(1)個人消費經驗與消費哲學：消費者透過以往的消費經驗所建立起來的個人消費哲學，是對即將消費服務的一種「想當然」的看法，即「某某服務應當是怎樣的」。

(2)個人需要：消費者個人生理和心理的需要。

(3)消費角色的感知程度：消費者個人在消費之前對自己即將扮演的角色的認知程度，如有人認為自己是「上帝」，有人則認為自己只是「購買者」等等。

(4)消費者個人在當時所處的一種狀態：如消費者臨時有事，不能容忍片刻等候；消費者心情很好，能忍受一些服務失誤等。

(5)其他人力所不能控制的環境因素：如壞天氣、自然災害、意外事故等，此時顧客的服務期望可能大大降低。

(6)服務組織的口碑：消費者從他人口中或從某個媒體報導了解到的有關服務組織的情況。

三、評價實際感受到的服務的基本標準

顧客一般從五個方面來評價實際感受到的服務,並以此來實施與服務期望的對比,完成服務品質的評價。

(1)可靠性:是指服務組織履行服務承諾的可靠性和準確程度,如服務提供是否準時、是否有差錯。

(2)反應度:是指服務組織幫助顧客並提供及時服務的意願程度。如服務的等候時間是不是過長,或當服務出現差錯時服務組織是否能採取及時妥當的補救措施。

(3)服務保證:是指服務提供者向顧客表達相互信任和自信所必需具備的知識、能力和殷勤態度。如員工的服務技能、對客人的尊敬和禮貌,與顧客有效的交流溝通等。

(4)服務投入程度:是服務提供者對顧客體現出的無微不至的關懷照顧和對顧客的個人需求所表現出的極度關注。如對顧客心理的揣摩、對顧客個性需要的理解和敏感。

(5)有形物質因素:指物理環境、設施設備和服務的輔助性物品。這是服務品質的物質基礎。

四、服務品質的構成要素

服務品質包含內容很廣,總的來看由五大要素組成:內容、流程、結構、結果和影響。

(1)服務內容:服務業門類廣泛,每一種服務組織都有其特定的服務內容。旅遊業為旅遊者提供吃、住、行、遊、娛、購等服務;醫療組織為人們提供診斷、開方、手術、保健等服務。

(2)流程：是指完成服務提供的方法或服務提供的順序。

(3)結構：這裡指的是有形設施佈局結構和服務組織的組織結構。特定內容的服務必須有相匹配的有形設施和設施佈局，如銀行服務就必須考慮其設施安全性（金庫），速食店的佈局與豪華飯店就會在佈局結構上大相逕庭。同時，不同服務也需特定的組織結構設計來維持其營運，如專業型服務適合於扁平型組織機構，而大量生產型服務組織則更多採用高聳型組織機構。

(4)結果：這是衡量服務品質的最終標準。是顧客對服務品質的最終評估。可以說，前三種要素內容、流程和結構的組合程度和適應程度最終是由服務結果來決定的。

(5)影響：這是指服務提供對社會或社區造成的影響。如教育機構對某地區識字率提高的貢獻，醫療服務對社會人均壽命延長所做出的努力等。

五、服務品質與服務產品改善性設計

　　服務品質是服務組織的生命線，是服務組織所提供的實際服務檢驗符合顧客期望的匹配程度。服務品質的優劣直接關係到顧客對服務產品的最終評價和準備再次購買的決心，從而影響到服務的回頭率和目標客源市場的保有率乃至服務組織的最終經濟效益。提供高品質服務產品成為服務組織經營管理的核心內容。

　　保證服務品質需要服務組織從兩方面著手：一是做好品質的控制與日常管理；另一個途徑就是實施服務產品的改善性設計。許多服務企業在經營中出現品質問題，其中有相當部分是源自於服務產品設計的不合理，如品質保險設計缺失、設計評估系統的不足等。如服務組織進行了服務產品的改善性設計，就可以將可能出現的品質問題杜絕於設計階段。

不僅如此，進行服務產品的改善性設計還能成為服務組織實施產品差異化策略、增強產品的獨特性和競爭力的有力武器。如目前許多組織所推行的「承諾服務」，就是為了減小顧客由於服務品質問題而出現的購買風險而設計的一種新型服務產品。為消除品質事故所帶來的顧客不滿，有些服務組織還設計了行之有效的「補救服務」。

所以，與服務品質有關的服務產品改善性設計包括了下列內容：

(1)服務品質保險設計：這可為服務產品提供品質保險。

(2)服務品質評估設計：這可查知服務品質的缺陷。

(3)承諾服務設計：這是在服務品質保險設計和服務品質評估設計健全的基礎上，向顧客推出的能降低其購買風險的具有一定吸引力的服務產品。

(4)補救服務設計：這是與承諾服務密切相關的服務。一旦出現品質問題，必須以補救服務來履行承諾。當然，未推出承諾服務的服務組織也需補救服務來挽回服務聲譽。

第二節　服務品質的保險設計

服務產品品質表現為極大的不穩定性，因為它受到多方因素的影響，不僅有前文所述的服務品質組成的多個要素的影響，而且還要受到服務組織所不能控制的外部因素的影響，如天氣等。而服務品質的穩定又是確保回頭率的前提，所以服務組織必須找到一種設計方法使服務品質的穩定擁有一定程度的「保險」。當今許多服務組織都提出了所謂的「承諾服務」、「百分之百地讓顧客滿意」等形式來吸引顧客。那麼，如何實現這個「萬無一失」的服務提供呢？服務品質的保險設計是一個很好的途徑。

對服務品質進行保險設計有兩種基本的方法，均源自於日本。首先應用於製造業，後逐步為服務業所採用。它們是Taguchi法和Poka-Yoke法。

一、Taguchi法

此法是以提出者——一位叫Taguchi的日本人的名字而命名的。他提出在設計中應著重強調產品的結實程度，即產品品質能在極端惡劣的條件下保持穩定。如電話機設計，其中一個品質標準就是電話機能承受從2公尺左右高度摔下的撞擊，因為電話機在使用時可能由於使用不小心而被從辦公桌上拽下來。這一理念同樣也被應用到生產過程的設計，如製造某種蛋糕的配方要設計成能適應於生產場所各種溫度變化的「穩定配方」，而不能由於生產條件的變化而導致生產不能進行。

這種方法同樣也適用於服務業，服務組織在設計服務產品時，應考慮各種可能出現的情形，看服務產品能否適應於這些變化。以旅遊業為例，在設計一個探險旅遊時，設計者應考慮下列特殊情形：

(1)壞天氣：設計者需考慮應付多種天氣變化。

(2)設備損壞：提供足夠的備用和維修設備。

(3)員工短缺：工作具有靈活性，旅遊活動在工作人員較少的情況下也能進行。

(4)意外事故：準備多種急救設備，使用安全性能較好的設備和通訊工具。

(5)有兒童參與：有足夠的設備與服務為兒童提供特殊的照顧。

服務設計的一項重要任務就是使服務產品能應付多種可能情形，設計者應找到一種最好的方法來應付這些情形。這裡「最好」的意思是最低的服務成本和最高的標準化程度。

二、Poka-Yoke法

日本人Shigeo Shingo最早提出這種防止出現生產失誤的方法，他因此在日本被稱為「品質改善先生」。Poka-Yoke法與Taguchi法有些類似，兩者都是強調產品生產過程的「結實程度」，以防止錯誤的出現，但又各有特點。第一個區別在於方法的不同，Taguchi強調用統計方法找到最佳生產方式，相對複雜一些。而Poka-Yoke無須這些特殊技巧，只要能區分好和壞就行。第二個區別是，前者要考慮產品及過程設計能應付生產者所不能控制的情形，而後者考慮的則是那些生產者所能控制的因素。

Shingo提出的方法包括兩方面基本內容，一是檢查，二是Poka-Yoke裝置或方法。檢查包括三種形式，一是後繼檢查，即下一道工序的生產者檢查上一道工序的品質問題，並立即回饋給上一道工序的生產者，讓其停止生產糾正錯誤。二是自我檢查，即生產者檢查自身的工作。三是預防性檢查，即在錯誤未發生之前發現它並採取相應措施。Poka-Yoke裝置或方法包括兩種，一種是信號型Poka-Yoke，它是對出現的錯誤採取的措施。如工業生產中，一個待加工零件被放在機器上一個不正確的位置，那麼信號型Poka-Yoke可能是一個指示燈，提醒工人要糾正位置。而控制型Poka-Yoke則可能是連接機器電源的一個裝置，它會自動關閉切斷電源，使生產停止，直至零件被拿走或放於正確位置。

三、Poka-Yoke在服務業的應用

Poka-Yoke源於製造業，若將其應用於服務業，還需首先區分製造業和服務業的不同生產特徵。這裡主要有兩個方面的區別與Poka-Yoke的應用有關。其一，必須將顧客的參與行為考慮進來。在服務提供中，顧客是作為「合作生產者」出現的，他們也可能出現「生產錯誤」。而在製

造業中則無此可能性。其二，顧客與服務者發生接觸的方法有多種，如面對面接觸、透過電話、透過某種機器裝置（如ATM自動櫃員機）發生聯繫等，因此Poka-Yoke必須適應這一多種聯繫方式。了解這些區別使我們把Poka-Yoke的方法重點應用於服務的前台區域，即服務接觸區域。而服務的後台區域，由於顧客不參與其工作過程，相對簡單得多，這裡基本不討論。

（一）服務Poka-Yoke分類

根據切斯（R. Chase）和斯蒂維特（D. Stewart）的研究，服務中的Poka-Yoke按錯誤發生的主體不同而分為兩大類：服務者Poka-Yoke和顧客Poka-Yoke。

服務者Poka-Yoke可被進一步劃分為服務任務型、服務接待型和有形因素型。而顧客Poka-Yoke則可分為服務接觸前型、服務接觸中型和服務接觸後型，如圖9.1。

服務者Poka-Yoke的三劃分類型是基於對服務要素的理解，加以概括總結而成的。這裡我們可聯想到服務包模型與這種劃分的共同性。服務組織常常會在這三方面出現工作失誤。顧客Poka-Yoke的類型是按顧客接受服務與服務者發生接觸的過程而劃分的。雖然服務業常以為「顧客永遠是對的」但實際生活中顧客會頻繁地「犯錯」，許多服務的失敗都源於顧客本身的失誤。

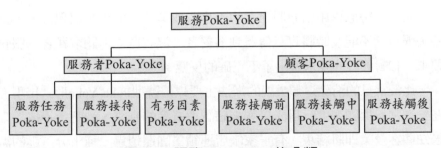

圖9.1　服務Poka-Yoke的分類

（二）服務者Poka-Yoke

❖服務任務Poka-Yoke

服務任務中出現錯誤十分常見，如汽車維修廠不能及時準確地把汽車修好，主要由於這種工作的服務任務發生了下列錯誤：

(1)工作程序不對。

(2)顧客沒要求維修的內容卻在任務中出現。

(3)工作日程安排錯誤等。

有許多Poka-Yoke的方法可用於防止這類錯誤。如為服務者配備電腦控制的工作程序指導器，給服務者和顧客提供揚聲器以保證雙方能清晰地通話，用不同顏色標誌牌表示顧客的修理要求和服務次序，並將它們置於車頂以便服務者在停滿汽車的修理場地能迅速準確進行工作。餐飲企業（如麥當勞）還用特定的量具來規範食品的用量標準，銀行用特製的硬幣盤來區分大小不同的硬幣等。

醫院十分重視Poka-Yoke，因為他們犯錯誤的後果十分嚴重。外科手術器材放在特製的容器中按特定的順序進行擺放以避免拿錯或遺漏。所有給病人服的藥品在放入病房之前就逐份包好，如果護士發放藥品完畢發現還有剩餘或短缺，醫生就要重新檢查配藥情況。

❖服務接待Poka-Yoke

服務接待過程中由於服務者的不小心或其他原因也會出現失誤。這些失誤包括不能及時將資訊傳遞到消費者、沒有認真地聽取顧客的服務要求，和對顧客的要求做出了不正確的反應。

比較常見的消除這類失誤的辦法主要以信號型Poka-Yoke形式出現。在餐廳常以與顧客進行目光接觸來確認消費者的到來，酒吧透過搖鈴來告知顧客營業即將結束。有一家飯店連鎖集團還透過一種十分有趣的辦

法來確認顧客的第二次光臨。門僮幫顧客提行李時會詢問顧客是否以前來過此店，如果顧客的回答是肯定的，門僮就會在總服務台前拉一下耳朵。看到這個動作，總台服務員就可大聲向顧客問候：歡迎再次光臨！

一家銀行為保證職員在接待顧客時能保持目光接觸，採取了一種Poka-Yoke，即要求員工記錄下顧客眼睛的顏色。為保證員工在與顧客通電話時保持「甜蜜微笑的聲音」，一些公司在電話機旁放置了一面鏡子。韓國一家主題公園為保持員工儀態的正確（如不能將雙手插入褲口袋），將員工制服的褲口袋縫起來。

許多服務組織加強對員工識別顧客的非語言暗示的培訓，尤其是識別出現在服務接觸的早期階段顧客那些不愉快的暗示。這種檢查技能能協助員工將服務失誤在最早的時候控制在最小範圍。為保證服務者能提供微笑服務，有些餐廳在設定服務行為準則時，並不要求服務者在工作時總保持微笑，而是要求員工在幾個關鍵環節上必須微笑，即當向顧客打招呼時、點菜時、推薦特色菜式時和顧客找零時。在這四個關鍵環節上設立Poka-Yokc，既剔除了要求員工時刻微笑的不現實性，又保證了關鍵的品質，從而具有較好的可行性。

❖有形因素Poka-Yoke

服務組織在提供有形物質因素方面也容易犯錯，如設施設備的清潔度差、制服不乾淨、噪音大、有怪味、室溫不適宜、光照不夠、服務文件不清楚等。

預防辦法如在員工更衣室設置穿衣鏡，以便員工上班前檢查儀容儀表，使用溫度自動調控器等。

（三）顧客Poka-Yoke

❖服務接觸前的Poka-Yoke

在服務接觸發生前，顧客可能會犯錯，如沒有攜帶必要的文件或其

他材料、沒有選準對口的服務、錯誤地理解自己在即將發生的服務接觸中的角色等。

服務發生之前的營銷工作幫助顧客明確服務期望,並告訴他們如何得到服務(進入服務系統)。如某些特殊設備的經銷商在發給目標顧客的廣告頁上畫上一個簡單的流程圖,指導顧客打服務電話。流程圖上有幾個簡單的只需回答「是」或「不是」的問題,顧客回答這些問題後可按指示路線十分方便找到自己所需的資訊,從而可直接找相關部門獲得服務。

其他方法如在邀請信上標明「正式穿著」的標記,簽證處在簽證申請表後附一張必需文件的檢查表等。

❖ **服務接觸時的Poka-Yoke**

服務接觸時顧客可能由於注意力不集中、誤解或忘記等原因而發生錯誤。如記不起接受服務的下一步驟、未能明示自己的特殊服務要求、沒有按服務指南行動等。

許多方法可用來防止這些失誤。服務等候區域設置圍欄以保證顧客按順序排隊;機場候機室設置一個可衡量顧客隨身行李是否超過標準的裝置,以避免顧客帶超大體積的行李上機;ATM機發出提示音提醒顧客取走金融卡;不同職務的員工穿著不同的制服,佩戴不同的胸牌,提示顧客選擇正確的人要求服務。

還有一種利用傳呼機來保證服務進行的方法。美國佛羅里達一家有300個餐位的海濱餐廳,生意興隆,顧客一般需等候45分鐘左右才能得到服務。該餐廳給等候的顧客提供一種小型傳呼機,一有空位傳呼機則馬上提醒顧客。這樣顧客不需要在餐廳等候,可以到其他地方做其他事情,十分方便。

另一個例子就是一間牙醫診所租給顧客傳呼機,使他們能在他們的孩子接受治療時間出去做其他事。

還有一些服務是透過電話來完成的。有線電視公司經常接到顧客關

於收視效果不佳的投訴電話,而實際上是顧客在頻道設置上犯了錯誤。如正確頻道應該是6,而顧客卻選在5。但如果接線員問顧客是否選對了頻道,顧客會感到很尷尬或不由自主地回答「是」,而並不檢查頻道。有些公司為此設置了Poka-Yoke,告訴顧客從現在的頻道轉到7頻道然後再轉到5頻道,這就確保了顧客自己實施了頻道檢查,同時也避免了尷尬場面。

❖服務接觸後的Poka-Yoke

服務接觸結束後,顧客一般會回顧和評估這一段服務體驗,調整對下次服務的期望,有時還會回饋一些意見給服務組織。在這一過程中,顧客會犯一些錯誤,如不願意指出服務失誤,不能採取正確的消費結束後應有的行動。

有些飯店為鼓勵消費者評價服務,在裝發票和找零錢的信封內放一張意見表。顧客填完表格就獲得一些小禮物。小孩照顧中心的牆上、門上都貼有「乾淨房間」的照片,提醒小孩玩耍結束後將玩具放回原處。某些餐廳設置餐具回收架和明顯標誌,提醒顧客消費結束後將餐具放到回收架上。

(四) 服務保險設計的基本步驟

將Poka-Yoke方法應用於服務系統的設計,給服務品質加上「保險」,一般要經過三個基本階段。

第一階段就是要審查服務過程的每個環節,並確定服務失誤在何時何處出現。前面章節提到的服務藍圖在這裡可派上用場。

發現服務錯誤後就進入第二階段,這一階段的任務就是要沿著服務藍圖中的流程尋找失誤發生的根源。

最後一個階段是建立一個服務保險系統(Poka-Yoke)來防止失誤。服務保險系統的建立可能包括很多資源的引入,如設備設施、人員培訓和前文提到的多種形式的檢查。

服務品質保險設計的具體應用請參看本章的案例。

第三節　服務品質評估

　　有了服務品質的保險設計，服務組織還需要有一個「顯示器」或「探測器」來了解品質標準在實際中的實施情況，以便制定相對應的品質管理措施，完善服務品質的保險設計，這個「顯示器」或「探測器」就是服務品質的評估系統。服務品質評估系統是服務產品改善性設計中非常重要的組成部分。服務品質是顧客期望值與實際服務體驗的對比關係。品質的優劣取決於這一對比關係。服務品質評估系統的設計，也是以這一原理為基礎的。

一、服務品質差距理論

　　服務品質差距理論是服務品質概念的延伸，是品質理念在服務組織運作中的應用。服務品質差距是顧客期望的服務與其在服務消費過程所體驗到的服務之間的差距。而造成這一差距的原因很複雜，有消費者自身的因素，也有服務組織的因素。兩者之間存在的多方面的對比關係的不均衡，最終造成了服務品質差距。澤山姆等人建立了一個服務品質差距模型來解釋這一差距的形成原因，如圖9.2。他們認為服務品質差距即顧客期望與實際服務體驗的最終差距是由於在服務組織和顧客之間還存在一系列的其他差距而形成的。除了這個最終差距（為圖上的差距5）之，另外還有四個差距。

差距1

　　服務組織不了解顧客的期望，或對顧客期望的感知出現偏差。形成

這一差距的原因較多，如服務組織缺乏顧客意識而不願去了解顧客的期望，或沒有採用適當的方法去了解相關訊息，或根本就不知道顧客期望是如何形成的。彌補這一差距的主要措施是要注重市場調查，加強與顧客的聯繫與溝通。

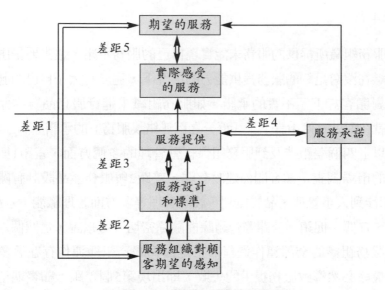

圖9.2　服務品質差距模型

差距2

　　服務組織未能選擇恰當的服務設計標準去滿足顧客的需要，或是未能準確地將顧客的需要「翻譯」成對應的服務標準。這一差距之所以形成，是因為服務組織沒有足夠重視服務設計或沒有運用正確的設計方法，或設定了一個不切實際的目標，使在這個目標指導之下的服務標準不能滿足顧客的需要。設定一個現實可行的目標，進行以顧客需求為導向的服務產品設計能消除這一差距。

差距3

　　服務提供系統未能按服務標準提供服務。形成這一差距的原因很多，有員工技能問題、員工積極性問題、設施設備問題等。要彌補這一差距，需要從管理的多個方面著手。

差距4

　　服務組織所提供的服務未能實現自己的服務承諾，這主要是由於服務組織在沒有足夠的服務提供能力的情況下，過於誇大了自己的服務品質，對顧客許下了不實的承諾。如服務組織未進行服務品質的保險設計，就在對外宣傳中許下了「百分之百無錯誤服務」的承諾。

　　以上四個差距涉及到服務組織經營管理的多個方面，差距1與市場營銷的市場調查、顧客關係建設有關，差距2與服務產品設計有關，差距3牽涉到人事管理、品質控制、設備管理等多方面管理職能，差距4與廣告、宣傳、促銷、公關等營銷職能關係密切。可以說，這四個差距涵蓋了服務組織的全部運作過程。正是因為服務組織運作存在著多種問題，最終必然導致服務提供的失敗，即出現第5個差距：顧客期望與實際服務體驗的差距。

二、服務品質的評估方法

　　對服務品質的評估難度極大，因為服務包含許多無形因素和心理因素，難以如評估工業製成品一般設定精確的量化標準。

　　因此需要有特殊的方法來實現這一評估。西方服務業普遍採用一種名為SERVQUAL的方法評估服務品質（SERVQUAL實際上是由兩個詞service[服務]和quality[品質]組合而成的）。這種方法的工作原理就是前文討論過的服務品質差距理論，即對顧客的期望和實際服務體驗分別評

估，然後對比兩種評估的結果，找到其中的差距，而得到最後的對服務品質的評價。

　　SERVQUAL法使用一種特殊的表格來衡量服務品質的五大標準，即前文所述的服務的可靠性、反應度、服務保證、服務投入程度和有形物質因素。表格分為兩部分，第一部分衡量顧客對某一特定層次的服務產品的期望，第二部分用來記錄顧客對這一服務的實際感受。如**表9.1**和**表9.2**，它屬於一種顧客調查類型表格，顧客根據自己的期望和實際感受分別給表中項目進行評分。評分為7分制，1分表示「最不同意」，7分表示「完全同意」，2-6分屬於中間狀態。

　　顧客評分蒐集起來後將被輸入電腦進行處理（如果數量少則可用人工統計），最後結果顯示顧客期望與實際體驗的差距，即服務品質差距理論中的差距5。我們還可以用類似的辦法設計調查表，評分、統計、分析，找到其他四個差距。

　　這種方法在服務品質設計與管理中應用很廣。但作為品質評估方法，它最大的用處莫過於發現現存的品質問題，找到品質提高的突破口和要點。如果某一項品質要素得分偏低，則表示有品質問題。根據這一資訊，管理者可以從兩方面——即降低顧客期望值和改善服務提供——入手採取相應措施。當然使用前一種手段應謹慎，應在了解了競爭狀況對品質要求的前提下經審慎研究之後才能使用。

表9.1 SERVQUAL調查表（第一部分）

> 說明：請協助填寫關於××公司的××服務的調查表。本表分兩部分，本頁爲
> 第一部分，是有關您對該項服務的期望。請在每項後面評分（1-7），7
> 表示您堅決同意，1表示您堅決不同意，2-6表示您對這兩者所持的中間
> 態度。

E1　他們（公司）應該有不過時的服務設備

E2　他們的設施外觀應能吸引人

E3　他們的員工應穿戴整齊乾淨

E4　設備的外觀應與其提供的服務相符

E5　公司必須履行服務承諾

E6　顧客遇到難題，公司應表示同情並向顧客作出保證

E7　公司必須是可以依賴的

E8　他們必須按其承諾的服務時間表提供服務

E9　他們應準確地做好服務記錄

E10　當服務即將提供時他們不必把服務內容準確地告訴顧客＊

E11　顧客希望從員工那裡得到迅速及時服務是不切實的＊

E12　公司的員工不一定要每次都很情願幫助顧客＊

E13　如果他們太忙而不能迅速對顧客要求作出反應，也是可以理解的＊

E14　顧客應相信這些員工

E15　顧客與員工進行服務交易時能感到安全

E16　員工必須有禮貌

E17　公司必須爲其員工做好服務工作提供足夠的支持

E18　公司不一定要照顧到顧客的個性需要＊

E19　公司員工不一定要給顧客人性化的照顧＊

E20　希望員工能了解顧客的需求是不切實的＊

E21　希望員工能發自內心地爲顧客利益服務是不切實的＊

E22　公司的營業時間不一定要考慮顧客的方便＊

表9.2　SERVQUAL調查表（第二部分）

> 本部分是關於您對××公司的××服務的實際感受的調查。評分方法與第一部分相同。

P1　他們具有不過時的設備

P2　他們的設施外觀吸引人

P3　他們的員工穿戴整齊乾淨

P4　設施設備的外觀與其提供的服務相符

P5　公司能履行服務承諾

P6　當您遇到問題時，公司表示同情並向您作出了保證

P7　這個公司是可以信賴的

P8　他們能按承諾的服務時間表提供服務

P9　他們準確地做好的服務記錄

P10　他們沒有把服務的內容準確地告訴您＊

P11　公司員工沒有向您提供迅速及時的服務＊

P12　員工並不總是很情願地為您服務＊

P13　員工太忙而沒有對您的需求作出反應＊

P14　您可以信任這裡的員工

P15　當您與員工們進行服務交易時感到安全

P16　員工們很有禮貌

P17　公司為員工提供了足夠的支持

P18　公司沒有兼顧您的個性需要＊

P19　公司員工沒有給您人性化的照顧＊

P20　公司員工不知道您的需要＊

P21　公司並沒有把您的利益放在心上＊

P22　公司沒有按您的方便來安排營業時間＊

註：帶＊的條目應反向評分

第四節　承諾服務與補救服務

　　承諾服務是近年來服務業推出的一種新的吸引顧客的服務方式，也是服務組織向顧客作出的服務品質保證。設計良好的承諾服務，使之眞正能促成顧客的消費決策，是服務組織必須注意的問題。

　　當服務品質出現問題，服務承諾不能得到貫徹，服務組織還需推出相應的補救服務，補償顧客損失，並盡力消除顧客的反感，使之重新成爲組織的支持者。

　　這兩種服務形式都是服務產品改善性設計的重要組成部分。

一、承諾服務

　　服務產品生產與消費的同步性使顧客在購買產品之前不能事先檢測服務品質的優劣，這就增大了其購買風險，甚至有可能使其放棄購買。爲克服這一困難，不少服務組織推出了「承諾」服務，向顧客提出服務保證，以促成顧客的消費決策。

　　所謂承諾服務就是服務組織對所提供的服務產品作出品質保證，承擔由於品質問題而使顧客遭受的一切損失。品質問題的標準通常爲顧客滿意度。目前，有許多服務組織提出了100%顧客滿意的承諾服務。

(一) 承諾服務設計應具備的特徵

❖無條件的

　　「100%」顧客「滿意」本身就是無條件的，對顧客許下的品質保證承諾也應無例外，無條件履行，一些推出承諾服務的服務組織，常

常附加許多履行服務承諾的條件，精明的顧客則認爲這種承諾實質上是虛假的。

❖ 容易理解

服務承諾表達應十分清楚、明瞭、易於理解。如美國本尼格餐廳承諾，如果在15分鐘之內不能把顧客所需菜餚提供到餐桌上，顧客可以不付帳。

❖ 觸及服務的核心

承諾服務應涉及服務的核心內容或顧客對某項服務的主要關注點。如速食外賣點的服務速度、銀行服務的準確率。

❖ 容易操作

如顧客不滿意，承諾服務系統應使顧客很容易就能告知服務組織並獲得相應補償。承諾服務的操作程序應儘量簡單化。一些服務組織通常在履行服務承諾前要求顧客填寫大量表格，提供許多文件。這同樣使顧客認爲該承諾爲虛假的。英國一家照相器材零售商承諾自己的價格爲最低，如顧客發現有低於該店零售價的同種商品，商店將退還差價部分。如顧客發現這種情況，索取差價退款唯一要做的就是透過商店免費服務電話告知其任何一家分店即可。

❖ 容易得到補償

最好的承諾服務就是讓顧客當場得到賠償。

（二）承諾服務的作用

承諾服務最早是作爲一種吸引顧客、促成購買的營銷方式，而隨著越來越多的服務組織採用這一方式，它就逐步成爲一種制定行業服務標準、提升行業服務品質的有效形式。承諾服務對服務組織的主要作用如下：

❖**有助於顧客導向觀念的形成**

　　推行承諾服務，必然促使服務組織認真研究顧客需求，尋求讓顧客滿意的最佳途徑，從而在組織內形成一切為顧客著想的願望導向觀念。

❖**確定明確的服務標準**

　　為推出和履行服務承諾，服務組織必然要制定表述明確、嚴格規範的服務標準，用以吸引顧客並規範員工行為。

❖**確保了服務回饋**

　　顧客對服務作出評估和回饋，這對服務組織發現品質問題改進管理有著相當大的作用。而承諾服務的推出，在客觀上鼓勵了顧客在消費後對服務品質進行評估並回饋給服務組織，因為承諾服務的補償措施能給顧客帶來利益。

❖**增進消費者忠誠**

　　承諾服務降低了顧客消費的風險，並透過補償措施留住不滿意的消費者，從而能增進消費者對企業的忠誠。

二、補救服務

（一）服務失敗與顧客反應

　　任何組織都不可能百分之百地確保不發生任何服務差錯。一旦差錯出現，就意味著服務失敗。服務失敗的出現，顧客可能有不同的反應，**圖9.3**列出了顧客對服務失敗的多種反應行為。

　　服務失敗對「口碑」影響極大，而「口碑」又是影響服務組織經營的極為重要的一環，因為服務產品生產消費的同步性，決定了顧客作出購買決策前是無法檢驗產品品質的。顧客只能依據相關資訊來做出決

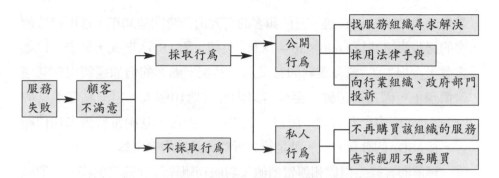

圖9.3　顧客對服務失敗的各種反應行為

斷，「口碑」則往往成為最受顧客信賴的決策依據。下面是英國一家調查公司關於口碑與顧客回饋意見的統計資訊。

(1)在不滿意的顧客中，只有4％會向服務組織提出回饋意見。96％怕麻煩而不採取投訴行為，雖然他們中有25％的人遇到了很嚴重的品質問題

(2)投訴的顧客再次光顧服務組織的可能性比不投訴者大。

(3)如投訴得到較滿意的解決，65％的投訴者可能再次成為顧客，如果投訴能得到迅速滿意的解決，95％的投訴者可能再次成為顧客。

(4)不滿意的顧客可能會把他（她）們的經歷告訴其他10-20人。

(5)投訴得到解決的顧客會把他（她）的經歷告訴約5個人。

（二）顧客的終生價值和連帶價值

一位顧客的價值（即給服務組織帶來收益）是多少？西方服務組織對此有兩點認識。首先，顧客的價值遠不止一次消費的總額，而體現在顧客的終生價值──顧客一生中某項服務消費的總消費額。英國著名超市ASDA公司認為，一位顧客每週在超市購物消費一般為50英鎊，一年

就是50×52＝2,600英鎊，一位顧客的有效消費時間達30年，那麼這位顧客的終生價值就是2,600×30＝78,000英鎊，對ASDA來說，失去一位顧客就至少損失了7萬多英鎊的營業額。其次，顧客的價值還體現在其連帶價值上，因為一位顧客至少可以影響其他10個人。這一點在前文的「口碑」效應中已有討論。所以，失去一位顧客，就相當於失去10位顧客。按ASDA的計算方式，就是損失近80萬英鎊的營業額！

理解顧客終生價值和連帶價值，對服務組織設計補救服務、爭取顧客有著極其重要的影響。服務組織的管理者應認識到顧客的真正價值，並在這一認識的指導下，設計相應的服務。

（三）補救服務設計

服務失敗出現後，服務組織應迅速推出補救服務，糾正失誤，力爭使不滿意的顧客重新成為自己的顧客。

❖了解顧客投訴的目的

不同的顧客懷有不同的目的前來投訴。有的是出於經濟上的原因，希望得到經濟補償，這是較為常見的。有的是出於心理上的原因，希望透過投訴來求得心理平衡，滿足自己能受到尊重和照顧的心理需求。許多情況下，顧客投訴的目的是綜合的，既有經濟上的需求，又有心理上的需要。

❖提供能滿足顧客投訴目的的補償服務

雖然顧客會有不同的投訴目的，但補償服務的設計仍需假設顧客同時具有多重目的，即既有經濟上的需求，又有心理上的需要。

對顧客進行補償，特別是經濟方面的補償，則需考慮顧客的「投訴成本」。「投訴成本」是指顧客在投訴行動所付出的費用、精力和時間。如顧客前來投訴所花費的交通費用、因服務失敗而引起的經濟損失、與服務組織聯繫的通訊費用、為投訴而耽誤的工作生活時間等。很

多服務組織在補償顧客時常犯的錯誤就是僅僅「退賠服務」，而沒有考慮投訴成本。這樣做只會打消顧客投訴的積極性。很多顧客以不再光顧作爲對這種賠償作法的回應。

因此，當服務失敗出現、顧客投訴時，許多服務組織不僅「退賠服務」，而且予以額外的補償。如有些餐廳規定，若顧客用餐時發現有一道菜存在嚴重品質問題，則可獲得所有餐食免費的補償，還有許多服務組織設有專門的免費投訴電話。這些做法可稱爲「超額」補償。

超額補償不僅要能彌補顧客服務失敗而遭受的損失，還要從心理角度滿足顧客的投訴目的。超額補償表達了一種歉意，一種爲服務失敗而爲顧客提供額外「禮物」的眞誠致歉。有時，服務失敗引起的經濟損失並不大，甚至微不足道。在這種情況下，顧客前來投訴，很明顯不是爲了經濟損失而是爲尋求一種心理平衡，一種爲自己討回公道的心理。服務組織此時切記不可僅僅賠償服務損失，而應在表示誠摯歉意的同時適當予以一定的額外經濟補償。

❖顧客遇到的第一個人就能馬上解決問題

西方服務組織非常強調解決投訴的即刻性。我們前文所提及的員工授權，就包含這層意思。顧客投訴時心情很急切，一進入服務組織就希望很快就有人能意識到問題的存在並解決問題。因此設計補償服務系統時，應有適當程度的員工授權。小問題，一線員工就能解決。對於大問題，也必須有一個迅速傳遞資訊的管道，使有權處理者能迅速來到現場解決問題。切忌投訴無門，手續複雜，處理遲滯。

案例 1

汽車維修服務的保險設計

　　Poka-Yoke法是服務保險設計的主要方法。本案例就是應用Poka-Yoke的原理對汽車維修公司進行服務保險設計。

　　某汽車維修公司爲顧客提供維修服務，其服務過程如下面的服務藍圖（**圖9.4**）所示。

　　這個過程當然省去了一些其他服務，如內部運作的一系列活動。爲簡明起見，我們權且以這個藍圖概括該公司所有的流程。我們將這個流程劃分爲四個階段，分別確定其服務失誤的可能點，並進行相應的服務保險設計。

一、第一階段

　　第一階段包括顧客預約的安排和所有的初期服務活動，如招呼顧客、了解顧客汽車的基本資訊。這一階段的可能失誤和相應的服務保險設計如下：

(1)顧客預約之後可能會忘記赴約，這在服務活動中經常出現。所以在這裡應進行服務保險。公司可在顧客預約日期前一天打電話提醒顧客赴約，甚至還應在預約日期當天再次提醒顧客。

(2)顧客來到服務現場時，可能找不到相應的服務人員或設施，因此，明顯的服務標誌在這裡可避免這類失誤。

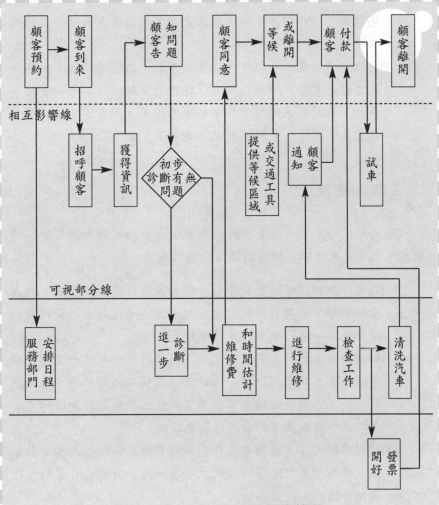

圖9.4 汽車維修服務的服務藍圖

(3) 接下來，服務者可能會由於在從事其他服務活動而沒注意到顧客的到來，造成顧客的不快。這裡，使用一種提起注意的設備如服務鈴（自動感應）可解決問題。

(4) 如果服務繁忙，服務場地又過大，服務者可能很難按顧客到來的先後次序提供服務。這時可以使用不同顏色的標有數字

的標牌，置於顧客車頂，服務者便可很容易在大量停放的汽車中確定服務順序。

(5)記錄汽車的基本資訊時可能會出差錯。對公司而言，大部分顧客都是常客，所以這類資訊除行駛里程以外都是不變的。這裡，公司如果建立了基本的顧客檔案，則可事先將其資訊調出來，從而避免錯誤，也能減輕工作量。

二、第二階段

第二階段的主要工作是診斷汽車可能存在的問題和徵得顧客的同意。主要可失誤點和相應服務保險設計如下：

(1)汽車診斷的正確性可能會由於顧客與服務者之間交流不暢而受到影響。這裡的保險設計可規定服務者應將自己對問題的理解重複一遍給顧客以獲得確認。

(2)即使服務者已經理解了汽車的問題所在，但也不一定能正確診斷出產生問題的原因。由於這是維修服務的關鍵，公司應投資購置高技術設備如電腦專家系統來協助技師或服務者實施診斷和對服務者的診斷進行再診斷。

(3)問題診斷之後，服務者要估算維修費用。為防止人為計算錯誤，使用標準的配件表、人工費表和綜合計算表（最好用電腦進行操作）是必要的。

(4)費用計算出來後，顧客並不一定會同意。如果他們不理解這項維修建議，如更換某一零件是否必要。他們可能認為公司在某種程度上利用了他們對專業問題的無知而拒絕維修建議。為防止這種誤解，服務者應向顧客提交正式的書面文件，列出所有的工作細節、維修原因、價格等。當然，面對面的解釋也是十分必要的。

(5)如果診斷問題和估算費用時，顧客有事離開了，一般會留下一個電話號碼供聯繫。但許多顧客不一定留下行動電話號碼，而固定電話又不一定能聯繫上。公司如果能租（借）給顧客一台傳呼機則可確保雙方聯繫的可靠性和及時性。

三、第三階段

第三階段主要是後台工作。顧客被安排至等候區或乘接駁車離開，顧客的汽車則被移至後台維修場所。在後台，服務性工作轉化成了生產性工作。這裡可能出現的問題是汽車配件的庫存不足。公司可用電腦控制的存貨管理系統及時了解配件的庫存情況。防止出現缺貨的方法可用「最低庫存量」法，即當某種配件的庫存量小於某一水準時，管理系統會自動發出補貨警告。

另外，乘接駁車的顧客可能會發現班車安排不方便，班車座位不夠。解決這個問題的保險設計應追溯到接受顧客預訂之時，服務者應在這時及時檢查班車時刻表和班車座位的預訂情況，並採取適當的措施，如為顧客預訂班車座位或建議顧客何時光臨為最佳時段。

四、第四階段

這是服務的最後一個階段，包括收費和發還車輛。可能的失誤點及相應的服務保險設計如下：

(1)顧客在付費時可能發現發票字跡不清，尤其是無碳複寫紙，字跡可能會由於時間長而越發模糊。解決這個問題的方法有兩種，一是把發票的第一頁給顧客，另一種是用打印機出票。

(2)為保證顧客付款後很快拿到車，一種動作性的服務保險裝置可應用進來。凱迪拉克的維修站的收銀系統就有這麼一個裝置，只要收銀員將顧客姓名輸入收銀系統，這個系統就會自動透過內部電子網路通知後台工作人員將車調出。

(3)在將汽車交還給顧客之前，必須確保汽車已按標準清洗完畢。這裡的保險方法是在車庫或顧客拿車點設置自動洗車裝置。另一個服務保險就是讓服務者當著顧客的面取走為保持車輛清潔衛生而放置的薄膜或其他遮蓋物。這樣還使顧客看到了「後台」服務。

(4)對所有服務而言，獲得對服務的資訊回饋是最後的也是十分重要的服務活動。保證公司能獲得回饋的方法是將附有回郵的顧客意見調查表連同車鑰匙一起交給顧客。凱迪拉克公司的做法則是在顧客等候結帳時讓其填寫一份設計十分簡單的調查表。

　　所有這些服務保險設計都能減少服務失誤的發生，其中許多保險設計所費成本都不高，公司也能較容易付諸實施。其中許多設計的提出和完成，也不需高深的專業知識技能，一般員工都可以參與進來，而且一線員工提出的問題會更加直接、具體，解決方法也更實際。

阿高斯的十六天無條件退貨——承諾服務

阿高斯（Argos）是英國一家目錄式零售連鎖公司，是該國零售業的佼佼者。其推出的十六天無條件退貨承諾服務更是名滿整個歐洲。

目錄式零售是一種低成本運作的零售形式。與傳統商店不同，目錄式零售店沒有或很少量設置商品陳列櫃式貨架，而代之以商品目錄。商品目錄列出了可供出售的多種商品的品名、價格、性能功用、特點和實物照片。顧客翻看查閱目錄後，可將需購買的商品的編號、數量寫在商店提供的標準貨單上。隨後顧客持填好的貨單到收銀台付款，並從收銀員處得到一張標有順序號碼的提貨單。持提貨單的顧客隨後到提貨處拿取商品。提貨處設有電視螢幕和店內廣播，告知提貨進程，提醒顧客取走商品。

這種方式能大大降低運作成本。首先，不設商品陳列櫃節省了商店面積，卻能提供與普通商店同樣多品種的商品。其次，減少了商場營業員和推銷員，降低了人力成本。但這種服務方式有一個缺點，顧客不能像在普通商店購物那樣，在購買前先檢查商品的品質或進行嘗試使用。在目錄式銷售中，顧客只能憑商品目錄有關資訊來決定是否購買。這就大大地增加了顧客購買的風險。

阿高斯公司充分認識到這一點。英國零售業是一個成熟度很高、競爭相當激烈的行業。超市、百貨商店、便利店、市場、專賣店等多種形式並存，尤其是超市，其基本服務策略與阿高斯十分類似，即成本領先策略，強調價格競爭。在超市，顧客還可直接接觸商品，購買風險較小。這些優勢使超市具有較強的競爭力。阿高斯

公司爲此組織研究人員進行了專題研究，尋找吸引顧客的方法。經反覆斟酌，一項旨在降低顧客購買風險的承諾服務在阿高斯各個分店全面推廣開來——十六天無條件退貨。顧客在阿高斯購買的貨品（阿高斯不出售食品）除消耗性物品外，均可在購買之日起十六天內無條件退還。退還時，顧客只需出示購貨發票，説一句：「我不滿意這個商品。」阿高斯的接待員就會遞給顧客填寫一張内容十分簡單的退貨單，顧客稍作填寫並簽名就可馬上拿回貨款，無須再費唇舌解釋退貨原因（這在許多商場是必需的，而且解釋程序十分複雜）。此舉大受顧客歡迎，阿高斯營業額由此節節攀升，保住並擴大了在英國零售業中的市場占有額。

無獨有偶，英國超市集團阿斯達（ASDA）也推出了類似的承諾服務。他們的退貨甚至不需要顧客出示任何票據。顧客只需將貨品交至店内服務台，就可馬上拿回貨款。這樣的服務承諾也鞏固了該集團的市場地。

這些承諾服務的成功在於眞正做到了「無條件履行承諾」，而且履行承諾的程序十分簡單，給顧客帶來了方便，從而眞正降低了顧客的購買風險。另外，這些成功還説明了承諾服務應眞正觸及服務的核心。阿高斯把退貨作爲主要的服務承諾，正是針對目錄式零售的本身缺陷而設計的。承諾服務彌補了核心服務的主要缺陷，自然就能吸引更多的顧客。

Chapter

· 第十章 ·
個性化服務設計

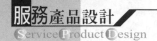
個性化服務就是根據顧客的個體需求特點而採用相應的服務方式提供的針對性服務。服務的雙因素理論闡明了個性化與標準服務以及競爭優勢的關係，成為個性化服務的理論基礎。是否進行個性化或個性化程度大小是服務組織的一次策略決策。服務組織不僅要進行服務內容的個性化設計，還需對服務提供系統加以改造，使之能為服務的個性化提供足夠的支持。個性化服務產品設計是服務產品改善性設計的一個重要內容。

第一節　個性化服務的涵義

人類社會進入「體驗經濟」時代，享受高品質的服務成為這個時代的鮮明消費特徵。正如我們在第一章所描述的，服務消費成為顧客的一種體驗，即透過參與服務過程從中獲得某種感受，從而能滿足某種其心理需要或其他形式的需求。服務體驗從一定意義上成為一種「心理體驗」，服務經濟成為一種「心理經濟」。

一、顧客滿意程度與服務的雙因素

管理學者赫茲伯格曾提出了管理學的「雙因素理論」，將影響員工積極性的因素劃分為兩類，一類是保健因素，如薪資、工作環境、人際關係等，是保證員工不至於產生「不滿」的必要組成因素，另一類為「激勵因素」，如工作內容。若保健因素缺失，員工必定不滿；若保健因素齊全，員工沒有不滿，但並不等於滿意。只有當保健因素健全，而又具有激勵因素時，員工才會滿意。

赫茲伯格實質上提出了人們對某種事物表示滿意的幾種層次。首先是不滿，其次是「沒有不滿意」，再次是「滿意」。隨著滿意程度的提

高，人們對某種事物的看法會依次從「不滿意」到「沒有不滿意」最後
到「滿意」，如圖**10.1**。

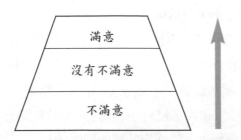

圖10.1　人們對某種事物表示滿意的三種層次

　　其中最難區分的「沒有不滿意」和「滿意」。正如黑色與白色之間
還存在灰色，「不滿意」與「滿意」之間還存在一個過渡狀態。人們處
在這個狀態，對某個事物沒有什麼「不滿意」的，挑不出什麼毛病，感
覺「一般」或「可以」，但並不能使人們感到十分「滿意」，更談不上有
些「難忘」或「突出」的感覺。如某人到某餐廳用餐，餐廳服務周到，
菜餚品質也無可挑剔，用餐環境也不錯。該顧客用餐完畢後，留下的印
象是「不錯」、「可以」，與其他餐廳差不多，這位顧客此時處於「沒有
不滿意」狀態。但該顧客如果光臨另一家餐廳，該餐廳服務周到、熱
情，服務員還能叫出顧客的名字，並能將顧客安排在一個平時最喜歡的
位置，廚房還能針對顧客口味適當處理菜餚。這時，顧客又處於一個什
麼心理狀態？肯定是十分滿意！

　　理解顧客服務評估的幾種狀態，特別是「沒有不滿意≠滿意狀態」
的存在，有助於我們剖析服務各要素及服務提供程度對最終服務結果所
起的作用。

　　類似於赫茲伯格的管理「雙因素理論」，我們可總結出一個服務的
「雙因素」理論。

　　組成服務的諸多要素並非平行存在，也非對服務後果起著同樣性質、同等重要程度的作用。不同的服務要在服務體驗過程中扮演不同的角色，對顧客的最終感受起到不同程度、不同性質的影響。從這個意義上來看，服務要素可分為兩大類：

　　第一，合格因素。合格要素就是完成某項服務所必不可少的因素。如規範的服務程序、行為，必需的設施，合適的物質產品。如果「合格要素」缺失，顧客就會「不滿意」。如「合格要素」全部具備，說明服務已經「合格」，顧客「沒有不滿意」。至於此時顧客是否已「滿意」，則需考慮另一種要素才能作出相應的判斷。

　　第二，魅力因素。魅力要素是指能使顧客產生「滿意」感的服務組成要素。如果合格要素健全，又具備魅力要素，這類服務就能真正使顧客「滿意」。如合格要素健全，但不具備魅力要素，服務就不能使顧客「滿意」，只能使其處於「沒有不滿意」的狀態。

　　合格因素是提供顧客滿意服務的前提和基礎。沒有合格要素或缺少部分合格要素，「滿意」二字無從談起。一句話，就是「缺之不行」。而魅力因素則是服務的完美化，是在合格要素健全的基礎之上的昇華，在「沒有不滿意」基礎之上的「滿意」。一句話，「有之才好」。**圖10.2**

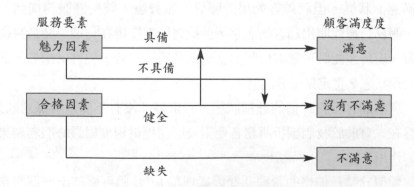

圖10.2　服務的雙因素與顧客滿意度

說明了服務雙因素理論的基本思想。

二、「服務要素組合」理論與服務的雙因素

服務的雙因素理論提出了「合格要素」和「魅力要素」之分，那麼在組成服務的眾多要素當中，哪些歸於前者，哪些又屬於後者呢？

首先，我們回顧一下前面章節討論過的服務要素組合理論。服務要素組合理論提出了組成服務的各種要素，包括服務設施要素、支持性物質產品要素、顯性服務要素和隱性服務要素。很顯然，要提供一種能滿足顧客某種需要的服務產品，服務設施是十分必要的，相應的支持性物質產品也是必不可少的，而能滿足顧客的顯性服務也當然是服務的必要組成部分。這三種要素可列入「合格因素」範疇。無論是服務內容本身還是服務提供系統，缺乏其中任何一項要素，都會導致客人「不滿意」。如百貨商店的有形商品品質欠佳、餐飲服務的上菜程序出錯、主題公園的設施故障，都會引起顧客不滿。如果這三項要素健全，顧客會不會滿意呢？假設某飯店接待了一位喜好紅顏色的客人，將其安排至一個普通標準房。該房間的設施設備、衛生程度、消耗性用品的配置以及客房服務都無可挑剔，是一個標準服務產品。對客人來說，他沒什麼可抱怨和不滿的，但這個服務產品並沒有體現出對客人喜好的關注，並未體現出該產品與其他客人接受的服務有不同之處和特殊之處，所以留給客人的印象是「很普通」、「一般」，無其獨特之處。這時客人只是「沒有不滿意」。當前的人類社會已從「溫飽經濟」進入「體驗經濟」時代，經濟心理化趨勢十分明顯。社會發展已使人們的需求從過去的依靠物質性消費實現吃飽穿暖，轉向更高層次的靠無形性服務體驗來滿足個人心理需要。人們消費某個服務產品，除了需獲得某項服務所能帶來的顯性利益（通常是生理性或功能性的），還需從中體驗到一種感受，來滿足個人的心理需要。如社會地位的體現、好奇心的滿足、興趣愛好的

實現、心理上的「安全感」等。特別地，人們在消費中，具有一種強烈的「突出自我」的願望，希望自己被服務組織當作一個單獨具有個性特點的「某某人」，而不是「顧客之一」。還是剛才那個例子，美國紐約某家飯店接待了這位喜好紅色的客人。管理人員從顧客檔案中查知該客人的喜好，就在客人外出辦事之際，派人迅速將房間大部分家具、裝飾畫和用品都換成紅顏色。客人回飯店看到重新布置好的房間，大為感動，連聲稱讚飯店服務周到、細心。此後該客人逢人便誇飯店的優質服務，成為飯店的「業務推銷員」。美國這家飯店令客人滿意的成功之處在於以針對性很強的服務滿足了顧客的個性心理需要。由此看來，在「服務要素組合」中，代表提供給顧客的心理利益的隱性服務，理所當然應歸入「魅力因素」的範疇。

三、希爾的競爭兩因素理論與服務的雙因素

我們在前面章節提到了希爾的競爭兩因素理論。希爾從競爭形勢需要的角度出發，將組織內產品及流程設計的各要素劃分為兩類，一類為資格取得要素，即組織要進入某一行業提供某些產品或服務時必須具備的要素。只有具備這些要素，該組織生產的產品、提供的服務才可能被列入顧客的可選擇範圍，才能具有參與競爭的資格。另一類是競爭優勢要素，是能幫助組織贏得顧客手中的「貨幣選票」或光顧的決定因素。具備這些要素，該組織的產品、服務才具有戰勝對手的競爭優勢。

希爾的競爭兩因素與服務的雙因素理論具有相當的一致性。服務組織要獲取參與某一行業的服務競爭的資格，就必須要做到顧客「沒有不滿意」。否則，顧客不會將那些明顯有「不滿意」因素存在的服務產品列入自己消費的可選擇範圍。因此，服務的「合格因素」與競爭的「資格取得因素」是一致的。僅僅具有參與資格是不足以在競爭中取勝的，服務組織還需擁有戰勝對手的競爭優勢。換句話說，就是要有足夠的吸

引顧客的「魅力」。因此，「競爭優勢」因素又與「魅力因素」取得了一致。

這兩個理論實質上是從不同角度闡述同一個問題。希爾的理論是從服務組織如何取得競爭勝利的角度來觀察服務的組成，而服務的雙因素理論則立足於如何使顧客滿意，對服務要進行劃分。在實踐中，顧客滿意與贏得競爭又是一致的。

兩個理論的一致性說明，在競爭日趨激烈的服務業，服務組織不僅要提供「合格要素」俱全的服務產品，還必須在此基礎上，加入服務的「魅力要素」，才能立足於這個行業，才可能謀求進一步發展。

四、個性化服務、標準化服務與服務的雙因素

服務的「合格因素」是提供某種服務必不可少的要素，也就是說，為使顧客「沒有不滿意」和服務組織取得參與競爭的「資格」，提供給任何顧客的服務都必須具備這類要素。因而，「合格因素」體現了這項服務的「共性」。一般來說有「共性」的服務內容均可實現也必須實現標準化和規範化。

服務的「魅力因素」是能使顧客滿意和服務組織贏得競爭的服務要素。服務組織提供怎樣的服務才能做到這一點呢？顯然，在競爭激烈的服務市場，僅僅憑標準化的「常規」產品只能做到令顧客「沒有不滿意」，而不能促使顧客做出消費決策。顧客在大量的可選擇的同質服務產品中會垂青哪些服務組織呢？

標準化的常規產品只能滿足顧客需求的共性。在各服務組織都具有提供標準化服務的基礎上，顧客會尋找那些更適合「自己」的需求特點的服務產品。從顧客角度出發，他們認為與常規產品相比，那些能符合自己特殊要求的服務產品增加了自己消費該產品所獲得的利益。顧客當然願意購買「增值」過的服務。如健康運動中心不僅提供給顧客標準的

鍛鍊計畫，還能根據顧客的身體條件和興趣愛好為顧客提出個人鍛鍊意見，使顧客能在日常生活工作中也能將鍛鍊內容結合進去。這種服務就是符合顧客個體特點的。對顧客來說，這種健康服務就能增加服務消費所獲得的價值，因而是有吸引力的。由此看來，個性化服務是服務魅力之所在。

個性化服務、標準化服務與服務的雙因素之間的關係可如**圖10.3**所示。

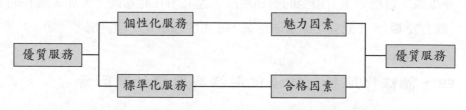

圖10.3　個性化服務、標準化服務與服務的雙因素

第二節　服務個性化策略決策與服務內容的個性化設計

個性化服務具備很強的競爭優勢，常常為服務組織所廣泛採用。但個性化服務策略並非是萬能的，它也存在天然的缺陷。服務組織必須根據組織本身的實際和市場競爭的形勢，做出是否進行個性化和個性化程度大小以及相應的服務設計的決策。

一、個性化服務的競爭優勢

從上一節的分析可清楚地看到，個性化服務符合經濟心理化的發展趨勢，令顧客滿意，增加顧客消費服務所獲之利益，因而是服務之魅力所在，並能大大提高服務組織的競爭優勢。這些優勢主要表現在以下幾個方面：

（一）提高模仿難度

服務產品的無專利性使服務組織經常面臨被競爭對手仿製的風險。增加服務產品的個性化程度，能提高其非常規化水準，使服務產品在某種意義上更具「技術成分」，因而大大提高了對手模仿的難度。

（二）提高回頭率，保持長久顧客關係

個性化服務滿足了顧客的個性需求，在某種意義上成為顧客在某方面的「私人助理」。這樣能增加顧客成為常客的可能性，並能在此基礎上發展與顧客長期良好的業務關係，甚至是私人關係。

（三）增加顧客的轉移成本

許多顧客喜歡經常更換服務品牌，這就是所謂的「品牌轉移」（brand-switch）。克服這種傾向的有效方式就是個性化。經個性化的服務，能大大增加顧客品牌轉移的成本。如某醫療診所已為顧客建立了齊全的個人健康資料檔案。如果顧客想轉至其他的診所，其代價是較大的，因為顧客要費力費時地轉移檔案，而新的診所還要重新建立以舊檔案為基礎的新檔案，並且還需要有相當的時間去了解、「消化」它。對於刻不容緩的醫療服務，這個成本是巨大的。另外我們在前面章節中關於資訊工具在服務業中的應用，也提到了類似的例子，如美國某家醫藥

公司的個性化服務增大了客戶醫院的轉移成本。

二、服務個性化的弱點

絕對正確而無缺點的事物是不存在的，個性化服務也是一樣，它也存在著多方面的弱點。個性化服務能提高顧客滿意度和服務組織的競爭優勢，但其個性化的特點與商業（或規模）運作模式還存在著一定的矛盾。

（一）個性化服務會大大增加生產成本

與標準化生產相比，個性化服務需要更多的人力、物力和財力的投入。個性化服務就是提供非標準化的符合顧客個體特點的服務。在大部分情況下，這種提供是「一對一」的提供，而不能組織規模生產，從而不能擁有規模經濟效益，生產成本將隨著個性化程度的提高而上升。最典型的例子就是規模化速食經營的成本肯定要比法式點菜餐廳低得多。

（二）個性化服務增加了管理難度

個性化服務要求直接與顧客接觸的服務者能迅速地對顧客的個體需求變化做出正確的反應，因而要求服務者能擁有較大的處理各種情形的自主權。服務組織必須加大授權力度和範圍，但由此就會產生各種由於授權程度大小而引起的管理不便。如員工素質的參差不齊會使某種授權行為變得複雜。高素質員工會利用自主權做好服務，而素質較差者則可能濫用所獲的授權。

（三）個性化服務使品質成本控制變得複雜

服務的個性化使管理者很難制定一個統一的品質標準來衡量和控制服務品質。服務品質的好壞、服務內容的提供都可能由於顧客個體需求

特點不同而發生改變。這就使原本已相當繁瑣的無形服務品質控制過程變得更加複雜，充滿變數。與這一過程相應的服務成本也隨著顧客的不同而出現較大的變化，統一的成本標準也變得難以執行。

三、服務個性化的策略決策

從上面的分析及我們在前面章節提到的服務策略理論，我們可以看到，推出個性化服務吸引顧客不是一般性的內部管理或品質提升的舉措，而是一種策略性決策。因為個性化服務不僅僅是服務內容和形式的變化，也是對整個服務提供系統提出的根本性的改革要求，從而牽涉到整個服務組織的生產經營模式的轉變。

服務組織在進行這類策略決策，即決定是否進行服務個性化或個性化程度大小時，應做如下考慮：

(一) 顧客的需求特點

雖然顧客對個性化服務的滿意度很高，但並非對所有服務而言。某些服務，顧客對個性化要求很高。特別是所謂的「高級服務」，如豪華點菜餐廳、法律顧問、管理諮詢等。而有些服務主要為顧客提供某種快速、簡單、方便的服務幫助，如速食、大眾交通、普及性培訓或教育等，顧客對其個性化程度要求很低。服務組織要根據各自目標顧客對個性化要求程度的不同，做出是否進行服務個性化和個性化程度大小的決策。

所以在我們以前討論過的服務策略理論中，服務組織或採取總成本領先策略、或採取差異化策略。服務個性化就屬於差異化策略的一種。若採用總成本領先策略，服務個性化程度就只可能很低。服務組織必須根據目標客源的特點來做出此類策略決策。

(二) 實行個性化的成本增加

對服務實行個性化或提高其個性化程度，一般都會引起服務成本的增加。對於成本的增加，服務組織有兩條基本途徑，一是讓利給顧客，二是要求顧客接受更高價格的服務。前者導致服務組織效益的下降，服務組織必須考慮能否長期承受這種損失。後者則取決於顧客是否願意為接受更多的個性化而支付較高的價格。

(三) 服務系統對個性化服務的兼容性

個性化服務的提供對某些服務組織來說，可能意味著對服務系統進行較大的更改。如速食店要增加菜色品種，其廚房生產流程則需進行改進，由大量生產模式轉向小量生產或客製化生產。往往，這幾種流程都不能互相兼容。如果強行要在原來生產模式上進行個性化生產，則可能引起生產過程的混亂和服務速度的下降，反而失去了原有特色，陷入兩難的境地。所以肯德基、麥當勞等著名速食連鎖總是將供應品種維持在一定範圍，不予隨意擴充。

服務組織在做人性化服務的決策時，應充分考慮以上三方面因素，結合本組織的實際情況，決定是否實施個性化策略。如果需要實施，則應進一步考慮個性化程度的高低。

四、服務內容的個性化設計

服務行業範圍極廣，包容的服務內容與形式極多。對服務內容進行個性化設計，會由於服務種類的不同而呈現成千上萬種變化。這裡，將從服務業的共性出發，歸納出進行服務內容個性化設計的一些要點。

（一）服務內容個性化設計的總體思路

雖然個性化的形式很多，但進行個性化設計的中心思想是不會變的，那就是服務設計要滿足顧客的個體需要。在個體性設計中，沒有一般意義的「顧客」。顧客都可被明確地區別為「顧客某某」，至少可被區分為特點鮮明的小型顧客群。個性化服務要留給顧客的印象是，這項服務是為「我」而提供的；「我」所得到的服務是非同一般的服務；這項服務剛好切合「我」的口味；「我」得到特別照顧。可以說，個性化服務設計是在服務組織內部的以顧客個性特點為依據的「產品差異化」策略。

（二）服務內容個性化設計的幾個層次

各類服務組織服務的具體內容不同，服務提供方式不同，對個性化的要求程度也不同。所以在服務內容的個性化設計上，不同服務組織應在不同層次上進行個性化設計。主要有三種層次的服務個性化設計：

(1)簡單形式的服務個性化：適於大量生產型服務，如速食業。
(2)中等程度的服務個性化：適於服務店鋪型服務組織，如飯店業。
(3)高級形式的服務個性化：適於專業型服務組織，如諮詢、稅務顧問。

（三）簡單形式的服務個性化設計

由於這類服務組織採用大量生產型方式提供服務，標準化程度要求高，過度的服務個性化會影響原有服務效率和服務風格，所以一般採用較為初級形式的服務個性化設計。

❖以滿足顧客群體的個性需求代替滿足單體顧客要求

大量生產的原理就是在於為滿足目標市場的需求共性而提供標準化

的產品。如果要捨棄這一基本觀念，就會導致運作失敗。所以這類組織在進行個性化設計時，不可能做到真正滿足顧客作為個體的特別需求，只能採用一種「中庸」形式，那就是將目標客源市場進一步劃分為若干個小型各具特點的顧客群，對各個群體進行對應服務。如肯德基將顧客群劃分為兒童、成人和家庭三種，分別推出不同形式的套餐。

❖適當擴大服務的可選擇範圍

擴大服務範圍、增加服務品種會影響大量生產的效率，所以服務組織在這一點上應非常慎重。首先，服務品種的增加應嚴格限制在一定範圍。其次，儘量少從空間角度擴展服務範圍，而應從時間角度來進行。如計畫推出十項新服務品種，不要同時進行，而是季節性、階段性地逐步推出。每季節推出三個新品種，下一季節再換成另外三個新品種。這樣能緩解品種增加給生產帶來的壓力，同時又能在下一個較長時間內擴大顧客對服務產品的可選擇範圍。

❖實行「最後一步」的個性化

這是較適於大量服務生產的個性化方式。服務組織把服務的最後一個階段從標準化流程中提煉出來，按顧客的需求分別加以個性化（當然，這種個性化也是以顧客群為單位的）。如必勝客出售的比薩的最後調味是個性化的。顧客可根據自己的口味，選擇不同的餡和口味。廚師按顧客要求最後烹製比薩。當然，也可以採用自助服務的形式達到這一目的。在必勝客，顧客可自己調製自己喜歡的沙拉。

採用這種形式，對原來的大量生產流程不會有太大影響，因為服務的主體部分已「大量生產」出來了，只剩下最後一個簡單的個性化步驟。同時，又能在一定程度上區分顧客的不同特點，提供具有一定意義的個性化服務。

（四）中等程度的服務個性化設計

採用服務店鋪型生產方式的服務組織可進行中等程度的服務個性化。因為其生產流程比大量服務具有更大的靈活性，服務範圍比前者更廣泛。

所以，這類服務組織進行的個性化設計，可從顧客群具體到顧客的個性，從而提供具有真正意義的個性化服務。

❖顧客的基本識別

服務組織要對顧客進行單體上的區別，即要知道顧客作為個體的基本情況，如姓名、性別、基本愛好、身分等。

❖建立常客檔案

由服務店鋪型組織的業務量比較大，所以很難做到對所有顧客進行一一區分。但對於常客，服務組織必須做到十分了解。建立常客檔案是一條基本途徑。

❖姓名辨認與服務語言豐富化

姓名是顧客區別於其他人的最明顯的標誌。稱呼顧客的姓名及相應頭銜能產生極大的親切感，通常被顧客認為是服務個性化的重要標誌。西方營銷學把「姓名辨認」歸入為一種營銷手段，足見其重要性。

服務組織一般規定員工必須以標準服務語言接待客人，但這很容易被理解為職業性的禮貌，人情味不夠。所以西方許多服務組織在服務語言的規定上做了一些靈活處理，使員工可較自由地在不同場合使用豐富多樣的服務語言。日本也提出了所謂「彩虹式」的打招呼法。一般社區小店沒有規範性服務語言，但顧客總感到十分親切，原因就在此。作為正規服務組織，可在標準服務語言的基礎上，適當增加各種「場景語言」。有關服務語言的內容可參看第六章。

❖服務過程中細節服務的個性化

服務店鋪型組織實質是採用小量生產的方式，不可能對整個服務流程進行完全個性化，所以常常在「細節服務」的層次上進行個性化。如客房服務員在按常規整理房間時發現顧客讀過的書敞開著擺在桌上，細心的服務員會將一張便箋插入書中並合上擺好。這個小細節其實就是一種個性化服務。這種以細節服務來進行個性化的方法與大量服務中的「最後一步」個性化方法極其相似，都能在不影響整個流程的基礎上，對服務實行一定程度的個性化。

❖適當增加可選擇服務的範圍，拓展產品線的寬度

當然，這種增加也是有限度的。但適當的範圍擴大和可選擇機會的增加會提高個性化程度。如在一般存款方式的基礎上，許多銀行又推出個人通知存款、保值儲蓄等多種形式，使顧客能根據自己的情況選擇更切合自己特點的服務。飯店客房不僅按常規劃分成套房、標準房和豪華客房，還在坐落位置等方面進行區分。有的顧客喜歡清靜，需遠離電梯口的房間，有的顧客喜歡臨街熱鬧的客房，有的顧客怕高，喜歡低樓層房間等。

❖追蹤服務的個性化

顧客消費結束後，服務組織還可提供一些追蹤服務，保持雙方長久的聯繫。由於服務產品大都為無形的「經歷」，無物質產品形式，可能很難為顧客所永久記住。因此，有些服務組織提供一些個性化的有形物品給顧客「留作記念」。許多旅遊景點為購買門票的顧客提供一張免費製作的印有顧客頭像的精美紀念卡。由於該紀念卡是個性化的，常常為遊客所長期珍藏，成為永久廣告。類似做法還很多。否則，沒有個性化的常規贈品，常常只會被丟棄。

有些服務組織還在重大節假日或一些特殊場合（如顧客生日）以賀卡、賀信、電子郵件等形式與顧客聯絡感情。運用這些形式，最好也能

注意到個性化。如在顧客生日給顧客發賀卡比過年過節要好，因爲生日完全是顧客的個性特徵。所以，西方服務業提出了「生日營銷」的觀念，把做好顧客生日當天的服務作爲個性化的一條重要途徑。

❖**重點個性化**

　　建立常客檔案有助於服務組織進行重點個性化，提高常客服務水準。當然，重點個性化服務還不僅僅局限於常客，在同一批顧客或同一時段光顧的顧客當中，服務組織可選擇重點客人進行個性化服務，或該顧客當時特別重要，或該顧客在某方面「與眾不同」。大飯店常使用這種方法，他們給當天過生日的所有顧客獻上特別的賀禮，或鮮花，或蛋糕，或免費服務，形式多樣。對重點顧客的服務的個性化，對該顧客能起到聯絡感情之作用，而對其他顧客則能起到宣傳作用，特別是與重點顧客同在一起的顧客。所以服務組織在接待某些團隊客戶時，經常採用這種方法。

　　有些服務組織還採用「常客計畫」的方式對重點客人進行個性化服務。這在前面章節中已有所提及。

（五）高級形式的個性化服務設計

　　高級形式的個性化要求服務組織具有極強的靈活性，能對顧客的個性需求作出準確、嚴密的判斷，提供迅速、切中胃口的個性化服務。這類服務組織一般爲專業型服務組織，如法律顧問、管理諮詢、高級醫療服務等。

❖**完整準確的全程追蹤顧客檔案**

　　在服務店鋪型的服務產品個性化中，只需建立常客檔案，而對於專業型服務組織，則需對所有顧客都建立檔案。而且，這種顧客資料是完整、準確、細緻的，記錄了有關顧客的基本情況和所有往來業務。同時，所謂「全程追蹤」就是與顧客第一次接觸開始（無論是直接接觸還

是間接接觸）至接受服務及服務結束以及再次光顧，這個過程中所有有
關顧客的資訊都必須記錄在案。

❖ 全個性化的服務內容

服務組織完全按顧客的個體要求提供服務，無論其內容是否符合原
有服務流程。服務組織應成為顧客某一方面的「私人助理」。

❖ 迅速即時的服務反應

對於顧客在消費過程中的任何變化，服務組織能迅速、即時地做出
反應，不能局限於服務系統的限制。

❖ 全個性化的追蹤服務

透過這種個性化的追蹤服務，服務組織可與顧客結成「終身伙伴」
關係。

第三節　個性化服務系統設計

服務組織的管理者經常能認識到個性化服務對增強競爭力的作用，
也極其希望能在組織內推行服務的個性化，但許多服務組織往往不能如
願。其主要原因在於，個性化服務的提供有賴於服務系統的支持，失去
這種支持，再美好的個性化服務內容設計也只是空中樓閣。滿足顧客的
個性化需求，關鍵在於資訊的蒐集和資訊在服務鏈中的準確傳遞。個性
化服務系統設計重點也在於此。

一、顧客資訊的全程追蹤系統

個性化服務的宗旨是為滿足顧客的個性需要而服務。所以提供個性
化服務的前提就是要了解顧客，掌握與服務相關的所有的顧客資料。這

就需建立一個顧客資訊的全程追蹤系統。

（一）顧客資訊全程追蹤系統的特點

(1)資訊完整、全面、準確：該系統能記錄顧客從服務第一次接觸開始至服務消費和消費後回饋的所有資訊，能正確反映顧客與服務組織的所有業務關係和顧客的基本資料。

(2)便於進行統計、分析：資訊庫記錄資訊的格式能為統計分析顧客的需求特點提供方便，它可以以多種形式調用有關資料，如按顧客姓氏筆畫或姓氏首個字母順序調用，或按顧客年齡、性別、職業進行統計，或按某種特別需要進行調用等。

(3)自動提醒服務組織進行某項個性化服務：如有顧客在當天過生日，資料庫能自動提醒服務者準備鮮花、蛋糕。

（二）顧客資訊全程追蹤系統的內容

(1)顧客的基本資料：包括姓名、年齡、性別、職業、身高體重、興趣愛好、個性特徵、聯繫方式等。有可能的話，還可儲存顧客的照片（便於進行姓名辨認）。

(2)顧客與服務組織的業務往來資料：每次業務的時間、時刻、具體地點、服務內容和顧客當時的評價，都需記錄在案。這是分析顧客個性需求特點的主要依據。

(3)顧客對服務的回饋意見。

（三）顧客資訊的蒐集

建立顧客資訊的全程追蹤系統，關鍵在於如何進行顧客資訊的蒐集。

❖**服務接觸初期的資訊蒐集**

服務接觸初期是蒐集顧客基本資料的重要階段。在這個階段蒐集資

訊的主要手段有兩種。其一為顧客為獲得服務而必須填寫或以其他方式提供的必要資訊，如申請表、登記表等。因此，服務組織在設計這類表格時，應考慮表格的詳細程度和服務組織最需要的資訊內容。過於詳細會給顧客帶來麻煩，過於簡單則無助資訊蒐集。另一種為服務者的觀察。許多服務，只能靠服務者的目測，判斷顧客的基本情況。

❖服務接觸中的資訊蒐集

在服務提供過程中，也有兩種類似的方式可蒐集顧客的資訊。但更主要的是靠服務者的觀察。這個階段主要是了解顧客對服務的反應，從中獲知顧客的需求特點。

❖服務的後期階段及結束的階段

在營利性服務組織，服務的後期階段往往有一個結帳過程，這是蒐集顧客資訊的極好管道。我們在流程設計一章中提到過的「微觀營銷法」，就是利用電腦化的收銀結帳所獲得之資訊，對顧客實行個性化服務。另外，有些服務組織設計意見調查表，以贈送小禮品為回報，要求顧客填寫。非營利性組織經常運用這種方式，當然，也有的服務組織以口頭詢問方式獲得相關資訊。

服務結束後，服務組織可提供一些追蹤服務，以調查表的方式獲得一些有關顧客的新的資訊，如身分的變化、新的要求等。另外，處理和記錄顧客投訴也是十分重要的資訊來源。

二、顧客資訊的傳遞系統

掌握顧客資訊是為了更好地指導服務者提供針對性的服務。顧客資訊的全程追蹤系統的建立，只是服務個性化的基礎。服務組織還需把掌握的資訊及時準確地傳遞給服務者，以便其針對顧客的個體要求提供個性化的服務。

（一）顧客資訊傳遞系統的要求

(1)快速及時：服務生產的特點是顧客直接參與服務的提供過程，顧客就在服務現場等候或接受服務。這時服務速度提出了極高的要求。資訊能否及時快速地傳達到服務者，必然影響其提供個性化服務的效率。

(2)準確無誤：這是個性化服務能否成功的又一關鍵，特別是在多環節服務中，資訊傳遞容易出現失誤，造成服務失敗。

（二）顧客資訊傳遞的基本形式

根據是否已建立顧客檔案，資訊傳遞可有兩種基本形式。一種情況是服務組織已建立該顧客的資訊庫，此時資訊傳遞方式為向心式，如**圖10.4**。

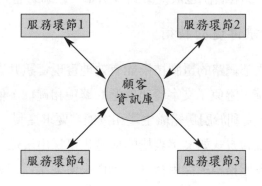

圖10.4　向心式顧客資訊傳遞

資訊庫與各服務環節之間進行雙向資訊交流。資訊庫將儲存的顧客資訊傳遞給各服務環節，指導對顧客服務。而有關顧客的新的資訊（發生在服務接觸中）則由服務環節點傳給資訊庫，對該顧客檔案進行資訊更新、補充和完善。這是接待老顧客常用的資訊傳遞模式。

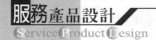
另一種情況為顧客初來乍到，服務組織尚無該顧客的有關資訊，則採用流程式傳遞方法，如圖**10.5**。

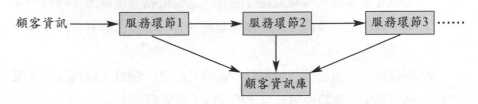

圖10.5　流程式顧客資訊傳遞

各服務環節在接觸顧客的過程中，把得到的顧客資訊傳遞給下一環節，使後面的服務環節能掌握更多的有關顧客的資訊，提供更加個性化的服務。同時，顧客資訊也被蒐集到資訊庫，以協助建立顧客檔案。

（三）顧客資訊傳遞的技術

普遍採用內部網路的電腦技術能有效地實現資訊共享。有些餐廳使用電腦點菜系統，避免了文字資訊傳遞的繁瑣和遲緩，使點菜資訊能迅速傳遞到廚房，有利於廚房組織生產和按顧客要求烹製。

當然，傳統的方式如文字表格的傳遞也可採用，但失誤較多且速度較慢。還有許多服務組織採用特殊的動作來傳遞某種資訊。如一家飯店的行李員接待客人時，如果發現此人是第二次光顧，則在領客人至總櫃台登記時，用力拉一下自己的帽沿。櫃台服務員就心領神會，可大聲向顧客問候：「歡迎您再次光臨。」

通訊工具也被服務組織所廣泛採用，如組織內的尋呼系統、對講機、行動電話等。最近幾年來，中國大陸許多大型點菜餐廳使用對講機來保持餐廳與廚房的聯繫，收到了很大成效。

三、員工授權

提供個性化服務，要求一線員工能對顧客在服務消費過程中的需求變化做出迅速反應。「對不起，我做不了主，您等一下，我去問一下經理。」這是許多服務組織的一線員工遇到難題時常說的一句話，這種做法往往會耽誤服務時機，引起顧客不快。因此，要提供個性化服務還必須適當擴大一線員工的自主權。

進行員工授權，必須考慮增強組織機構的彈性，減少管理層次，使特殊問題處理能在較短時間內完成。確定授權程度的大小，也必須充分考慮各種服務情形的可能成本費用。

如希爾頓飯店規定，凡涉及可能費用2,000美元以下的顧客特殊要求，一線服務員工可自由處理。但實施員工授權的根本點還在於提高員工素質。明確服務意識，提高員工的服務技能，特別是對顧客心理的感知，應列入員工培訓的主要內容。

四、自助服務

在服務系統中加入適當的自助服務，同樣也能提高服務的個性化程度。

自助服務系統的設計重點在消費路線和設施佈局，消費路線需符合顧客消費習慣。如自助餐擺設，應基本按餐具—冷荣—熱荣—湯類—點心的自然用餐順序進行安排。服務設施佈局也應適合消費路線，服務標誌也應明顯可見。具體內容可參看第五章。

案例 1

Tesco的微觀營銷——資訊技術與個性化服務

　　微觀營銷是隨著資訊技術的發展而新興的一種研究顧客消費行為細節的方法。這裡應用的資訊技術主要指條碼編碼技術、條碼掃描技術、電子交易記錄技術等。微觀營銷就是利用這些技術，記錄、統計顧客消費的細節，如對某種服務或商品在某一時間的購買頻率，購買一批商品或服務的消費結構等，從中發現顧客消費的規律，用以指導服務組織的個性化產品服務開發。

　　Tesco是英國三大連鎖超市集團的龍頭（其他兩家為阿斯達[ASDA]、桑思布瑞[Sainsbury's]），在整個歐洲零售業也赫赫有名。Tesco是歐洲零售業中較早應用資訊技術開展微觀營銷活動的企業之一。

　　其實條碼技術和收銀口掃描技術早已普遍為超市業所採用，但主要用於方便收銀，提高服務速度和減少人工收銀計價可能出現的失誤。所以最早的利用這些技術為顧客打印出的帳單很簡單，只有商品名稱、單價、數量和金額。帳單的電腦記錄也局限於這些內容。

　　一個偶然的機會使Tesco的一名員工有了微觀營銷的想法。她是一名在布林斯比的一家Tesco超市的收銀員，為Tesco工作已多年。她發現一名經常來光顧的顧客的消費很奇特。這名顧客每週來一次，每次只買同樣金額、品種的日用品及食品。所以每次結帳時，這名收銀員幾乎可以不經掃描就報出該顧客結帳的商品品種及數量，而且顧客幾乎都是在週五下午四點左右前來。是不是其他顧客

也有類似的行為呢？如果有，超市應透過什麼方法來了解顧客的消費行為呢？她向超市經理提出了自己的想法。經理這時還在為進貨的品種和數量問題傷神，聽了收銀員的發現，感到有了主意。他組織了一批人對顧客結帳記錄進行了統計，發現許多顧客在購物的結構上有其獨特的規律，對商品品牌也多有偏好。超市進貨品種和數量完全可依賴於這些資訊。

後來，這個想法為Tesco總公司所重視，並發展成為一種成熟的營銷方法——微觀營銷法。在條碼技術和掃描結帳的基礎上，Tesco將收銀記錄細化了，突出了商品品牌的識別，並加上購物的具體時刻。同時，將收銀記錄的資訊建成數據庫，並形成以顧客、購物時間、商品品牌、分支超市為標準進行劃分的結帳記錄資訊分庫，為公司的營銷活動提供基本資料。Tesco在此基礎上推出了Tesco優惠積分卡。顧客每在 Tesco消費1英鎊，就可獲一個獎勵積分，累計至100分便可在Tesco進行消費，分值由公司另行確定。這樣就穩定了一批常客，同時在顧客申請領卡時又可獲得顧客的基本資料。顧客每次結帳時，都被要求輸入積分卡號碼，這樣顧客的情況與其消費內容便可在電腦記錄中直接找到。對於未領卡的顧客，公司也規定員工在收銀時盡可能判斷顧客的情況，如姓別、年齡等，並將其輸入收銀終端的電腦中。

獲取這些資訊後，經統計分析，公司將主要得出有關商品品牌、某種品牌的主要使用者、某種品牌商品銷售額較高的分支超市等資訊，用以指導進貨和其他營銷活動以及開展個性化服務。下面是Tesco對幾種商品在英格蘭東北部利用微觀營銷技術進行調查所作出的分析和結論。如**表10.1**。

Tesco利用這些資料，調整商場的進貨，改善商場布置。如在桑德蘭一店增加中國食品和廉價商品的供應，培訓員工的簡單中文會話，以適應亞洲留學生較多的客源特點。利用類似的資訊技術開展微觀營銷活動服務組織還很多，如美國運通卡公司利用顧客刷卡記

表10.1　Tesco的調查結果

品　　牌	主要購買者	購買者生活方式	最佳三家超市
太陽花牌奶油	有小孩的家庭主婦和老年婦女	喜歡聽收音機，極少看電視，非週末購物	紐卡斯爾一店 提塞一店 桑德蘭二店
吉尼斯特黑啤酒	18-30歲的青年白領	喜歡聽流行音樂，泡酒吧，看電視，極少聽收音機，週末購物	米德爾斯堡店 紐卡斯爾一店 桑德蘭二店
Tesco牌淡啤酒	18-28歲的外國留學生	生活節儉，喜歡在週六購物，聽音樂，很少看電視	桑德蘭一店 紐卡斯爾一店 紐卡斯爾二店

錄所獲資訊，來推斷特定目標群體的消費結構，甚至可分析判斷顧客什麼時候結婚並據此來開展個性化的服務活動。服務組織進行服務設計時應充分利用資訊技術所帶來的方便，建立實用的資料庫，為開展微觀營銷活動和提供個性化服務奠定基礎。

案例2

客人姓名的重要性

　　「歡迎光臨，先生！」某國客人格林先生首次來到某旅館，受到門廳門僮的熱情問候，十分高興。小住幾日，他外出辦公。歸來時，恰巧又碰到上次那位門廳門僮。「歡迎光臨，先生。」門僮依舊熱情問候。但這次格林先生聽到此話大為不悅，一氣下辦完退房手續，轉到另一家旅館去了。

　　為什麼一句相同的問候語，對同個人在兩個不同的場景產生的效果卻有天壤之別呢？客人首次到店，「歡迎光臨，先生。」是一句很有禮貌的親切問候。但客人住店一段時日後，從客人角度來看，他與飯店之間已不再是初次見面的生疏關係了。辦完事回店，遇到先前碰到過的門廳侍應，聽到的卻還是那句老話。這句本來十分熱情的問候，在客人聽來就成了一種職業性的客套話，不再具有人情味和親切感了。如果門廳侍應這時能說：「您回來了，格林先生。」效果就大不相同。客人聽到呼喚自己的名字，自然會有一種受到尊重的感覺，服務員的人情味同時也體現出來了。

　　這就是西方飯店營銷學家一致推崇的「姓名辨認」（name recognition）。他們認為這不僅僅是一個人情味極濃的方式，更是一種極為有效的推銷手段。使用這種方法，能提高顧客的滿意感，增強認牌購買的傾向和提高重購率。

　　一個大飯店，每日成千客人，要求一一記住姓名實屬苛求。但我們可以盡可能找到並創造各種機會使用客人的姓名，增強親切感、尊重感。

首先，服務人員，尤其是前廳員工，應迅速了解和記住客人姓名，並盡可能使用之。同時還應迅速、準確地將客人姓名通知給下一個流程的服務員。但許多飯店的前台服務員未能充分利用個人登記的機會使用姓名，在與客人交談中只是附上一些「先生」、「小姐」之類的一般稱謂，如，客人辦完手續，服務員只是說：「這是您的鑰匙，先生。」而真正富有人情味的則是：「這是您的鑰匙，格林先生。」然後再對行李員說：「請把格林先生送到118房間。」而不是僅僅提一句：「送到118房。」因為前者把服務資訊——客人姓名傳遞給了下一服務流程的執行者——行李員那裡，使行李員也能有機會使用客人的姓名。這樣，行李員就可以問候客人：「歡迎您來××飯店，格林先生。」臨別時可以加上一句：「再見，格林先生。」從總台到客房，不斷地使用客人的姓名，必然使客人備感親切。

其次，飯店各營業部門都應該有當天住店客人房號、姓名表以供查詢。比如餐廳，住房客人有時會向餐廳預訂餐食，餐廳這時會有足夠的時間查知該客人的房號與姓名，並在客人到來之時正確使用其姓名。如：「這是您預訂的餐位，格林先生。」另外，許多未預訂的客人用餐時常帶房間鑰匙牌，服務人員可以透過了解房號，迅速查閱房號、姓名表，了解客人姓名，並正確使用之。

另外，諸如晨喚服務（morning call）、送餐服務、客房清掃服務等各項服務，都應利用各種可能機會了解客人姓名，多多使用客人姓名，以收到意想不到的服務效果和推銷效果。

本例說明了姓名辨認是服務個性化的一種重要方式，同時也說明了顧客資訊傳遞在個性化服務提供中的重要性。

Chapter

1
2
3
4
5
6
7
8
9
10
11

·第十一章·
增值服務設計

與個性化服務一樣，「增值服務」業已成爲當今各類服務組織所廣泛採用一個「行業名詞」，推行增值服務也成爲服務組織提高產品吸引力、增強競爭優勢的一個重要手段。本章將運用現代營銷的整體產品理念闡釋增值服務的內涵，發掘增值服務設計的思路，並提出增值服務及服務提供系統設計的基本方法。

增值服務設計也是服務產品改善性設計的又一重要內容。

第一節　服務產品整體觀念與增值服務的涵義

西方營銷學關於產品整體觀念的理論爲現代服務組織提供增值服務定了理論基礎。理解產品整體觀念有助於發掘增值服務的內涵，爲進行增值服務的設計拓展思路。

一、產品整體觀念

西方營銷學對產品的理解始於有形的工業製成品。人們圍繞著「某個產品是什麼」這一問題展開了深入的討論。比如「錄音機是什麼？」或「茶杯是什麼？」最早的理解停留於對有形產品的物理形態的描述，「錄音機是一個四方形的灰黑色鐵盒子，能發音」，「茶杯是一個圓柱形有底帶把手的容器」等。隨著工業生產的發展和營銷研究的深入，對產品的表述從物理形態擴展到產品本身功能。這時，「錄音機是一個能發音並能給人帶來愉悅的聽覺感受的四方形灰黑色鐵盒子」，「茶杯是一個能盛裝各種飲品滿足人們飲用需求的有底帶把手的圓柱形容器」。後工業化社會市場競爭日益激烈，營銷研究也達到了一個前所未有的程度，人們對產品的認識亦更加全面深刻。工業產品被認爲「產品是產品

製造商向顧客提供的能滿足顧客某種需要的有形產品與無形服務的總和」。這個概念後來被擴展成為現代產品整體觀念理論。

現代產品整體觀念的理論認為，產品不僅僅是有形產品本身，包括其物理形態性質和功能，而且還牽涉到產品銷售、與使用相關的其他非有形因素，如售後服務。總的來看，一個完整的產品，應包含三個層面的產品內容：核心產品、有形產品和延伸產品。

核心產品是指產品製造商向顧客提供的利益效用或產品的功能，即產品本身的提供能滿足顧客哪些需求，能向顧客提供哪些利益。如錄音機的核心產品就是「能滿足顧客聽覺享受的產品」、「能幫助顧客欣賞音樂、學習外語」。關於核心產品的理解，有一個非常典型的案例。某生產鑽頭的公司召開年終銷售人員總結大會。總經理向全體銷售人員提出了一個看似極其簡單的問題：「你們向顧客推銷的是什麼？」銷售人員的答案幾乎是一致的「鑽頭！」總經理卻認為這並非正確答案，他公布的答案出人意料：「鑽孔！」「用本公司生產的鑽頭鑽出來的孔！」這個案例生動地闡明了核心產品的涵義就是為顧客提供的某種利益或效用。

有形產品是指產品的物理形態和性質，是體現某種產品功能的物質載體，如產品的形狀、色澤、質地、軟硬度等。人們對產品的最初認識就是在這個層次。

延伸產品的涵義是「向顧客提供的附加的利益和效用」，即產品製造商在提供產品本身所具備的功能和效用之外，額外提供給顧客的與產品相關的利益或效用。在製造業中，延伸產品表現為「配套產品」和「售後服務」。如電腦製造商不僅向顧客提供電腦硬體本身，還「附送」一些配套的軟體程式、配套附件，如隨身碟等，另提供迅速及時的售後服務，如維修、保養、送貨以及電腦使用培訓等。工業製成品的競爭目前已從原始的價格競爭階段走到了一個服務競爭階段，各製造商、銷售商已非常重視售後服務，紛紛成立了售後服務部門或顧客服務部門，把

提供「無擔心」服務作爲有力的競爭手段，使之成爲有形產品的有效延伸。

　　產品的三個層次共同組成了現代產品的整體架構。一個現代意義上的「完整」的產品應以核心產品爲中軸點，即以一種產品能提供給顧客的功能和效用爲中心，圍繞這一核心製造出有形產品，或以有形產品的存在來體現出這些核心效用和功能，再利用延伸產品來完善這一產品提供，使核心功能和效用更加豐富和全面，從而能爲顧客提供更多的利益，達到增強競爭力的目的。產品整體觀念三個層次的產品之間的關係，如**圖11.1**。

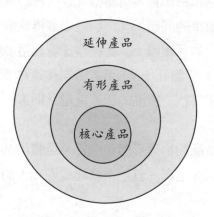

圖11.1　三個產品層次的關係

二、服務產品的整體觀念

　　隨著服務業的蓬勃發展，適用於製造業的整體產品觀念和原理被改造並應用到服務行業，形成了服務產品的整體觀念。一項完整的服務產品也包括三個層次：核心產品、可感覺到的產品和延伸產品。

(一) 核心產品

　　服務的核心產品的涵義與工業製成品核心產品類似，都是指向顧客提供的利益或效用。某項服務的核心產品，就是這項服務的提供能爲顧客帶來哪些好處或效用，或者說顧客消費這項服務產品能得到什麼利益，能在哪些方面滿足自己需要。從這個意義上說，健身服務的核心產品就是服務者透過提供這類服務來滿足顧客鍛鍊身體、保持身心健康以適應現代快節奏生活的需要。而管理諮詢服務的核心產品則是要透過服務協助企業在人員培訓、策略制定、制度建設、營銷策劃等各方面取得成功。

　　核心產品的具體內容因服務內容的不同而不同，有些服務的核心產品內容較爲單一，而有些則包含較多內容。如一家五星級豪華飯店的核心產品可概括爲五大方面（我們以顧客獲得滿足來表示其獲得的利益）：

(1)生理上的滿意：舒適的床消除旅途疲憊，美味的荣餚飲品解除飢渴。

(2)安全上的滿意：安全設施與保安服務保障客人生命財產在店內的安全。

(3)經濟上的滿意（或工作上的滿意）：飯店便捷的交通位置、高效率的商務服務爲客人從事商務（公務）活動創造了良好的條件。

(4)社交上的滿意：飯店的設施與溫馨的人情味服務構造一個優雅的社交環境。

(5)心理上的滿意：飯店的服務能滿足各類客人的不同心理需求，如好奇心、求知欲、社會地位的認可等。

(二) 可感覺到的產品

　　這是與工業產品中的有形產品相對應的一個產品層次。服務產品本

身是無形的，無法以有形物質載體形式來實現產品的功能，所以我們用「可感覺的產品」來概括這一用來實現各項服務功能的產品載體。一般來說，可感覺到的產品包括有形和無形兩個組成部分。有形部分為服務設施設備和一部分物質產品，如銀行服務的場所和設備，餐廳的菜餚酒水等物質產品。無形部分就是可視的各項前台服務和顧客不能見到的支持性後台服務。

可感覺到的產品與服務要素組合理論非常相似。可以說，這個產品層次包含了服務要素組合理論中的三個要素，即輔助性設施、輔助性物品和顯性服務。

（三）延伸產品

延伸產品是服務組織為目標顧客提供的超出可感覺到服務產品範圍之外的額外服務和利益。延伸產品的概念來源於對顧客消費需求的深入認識。顧客購買某種服務產品的目的是為了滿足其某種需要，因而他們希望得到與滿足該項需要有關的一切。如客人在餐廳享受某種菜餚，以滿足其生理上和精神上的需求（飽腹感、美味感、愉悅感），同時也希望能了解菜餚的製作、由來以及營養成分等資訊。這種期望有時並未明顯地表現出來，常常以潛在需求的形式存在。因此，餐廳如能在提供菜餚和餐桌服務之外，向客人介紹有關該菜餚的知識，無疑是對顧客利益的一種追加。在服務條件基本相同的情況下，顧客往往根據服務組織提供的附加服務項目的多少和優劣來決定消費取捨。為顧客提供盡可能多的延伸產品已成為服務組織吸引顧客、增強競爭力的重要手段，也就是說，同質服務產品的競爭往往就是在延伸產品層次上展開的。

與工業製成品的延伸產品不同，服務延伸產品不僅僅表現為消費過程後的追加服務或追蹤服務（在工業品中被稱為售後服務），而且還體現在服務過程中的產品延伸。這是因為服務產品具有生產、消費同步性，服務提供過程同時也是服務本身。對服務產品進行延伸，可在服務

過程結束後進行追加，如服務結束後定期向顧客郵寄問候卡和小禮品。
也可在服務過程中提供附加的服務，如餐廳向客人介紹菜餚知識、銀行
在下雨天免費租借雨傘等。

三、增值服務的涵義

提供增值服務以增強產品競爭力已成為當今服務業競爭的一個趨
勢，對於增值服務的關注也已到了一個前所未有的高度。了解增值服務
的涵義必然能促進增值服務的設計。

顧名思義，所謂增值服務（value-added services），就是價值增加過
的服務，或超出一般服務產品價值的服務。正因為物超所值，顧客才會
垂青。那麼，如何才能物超所值呢？必然是該服務的提供超出了一般服
務範圍，在一般服務的基礎上加入了附加值，而這種附加值來源於附加
服務的提供。與前文我們討論的產品整體觀念理論聯繫起來，我們發
現，增值服務與延伸產品的涵義有著極大的類同性。可見，增值服務概
念的產生和提供是基於產品整體觀念理論之上的。

相類似地，我們可總結出增值服務的概念：增值服務是一種透過向
顧客提供與核心服務產品相關的附加服務而增加服務產品價值的完全服
務產品提供方式。

從產品整體觀念的理論來看，增值服務就是延伸產品理念的應用。
有了增值服務，服務產品才得以「完整」地提供出來。增值服務能提高
服務產品的附加值，從而能增強服務組織的競爭力。

增值服務與上一章我們提到的個性化服務也有著密切關係。兩者都
是服務產品改善性設計的重要形式。增值服務的範疇更廣，它包含了個
性化服務在內的所有延伸性服務產品形式，而個性化服務則是增值服務
的一個重要類型。

第二節　增值服務設計

　　服務產品整體觀念的理論闡明了增值服務與延伸產品在內涵上的一致性，同時也為服務組織進行增值服務的設計提供了思路。

一、增值服務設計的總體思路

　　從前一節的討論中我們可知增值服務實質上是服務延伸產品的發展形式。服務的延伸產品的提出則是來源於對顧客需求的進一步挖掘。顧客對某種服務產品的需求的表現形式是複雜的，有明顯可見的，也有潛藏未露的；有核心性的，也有邊緣性的。設計服務產品時，經常是以顧客業已表現出來的核心需求為依據的。如電話服務的主要功能就是滿足顧客通話的要求，銀行的存取款服務就是為顧客轉帳、提現、支付提供方便，航空公司就是要為顧客實現空間的位移。這些明顯可見的需求為服務產品的設計確定了核心內容。但不僅僅如此，對於服務產品顧客還有一些尚未表露的潛在的邊緣性需求。如對於電話服務，許多顧客還需要電話公司能提供「來電顯示」服務，以便在接聽電話之前了解通話人，甚至決定該不該接聽；對於航空服務，顧客不僅僅要實現空間的位移，還希望有一個愉快的旅程，消除高空飛行和長途跋涉的單調和不安，這就需要航空公司提供可口的機上用餐和機上娛樂服務；餐廳的顧客在享受美食和熱情服務的同時，也希望能了解到有關某些菜餚的知識，如特別製作方法、有趣的典故等。

　　如圖11.2，顧客對某項服務的需求可分為核心需求和邊緣性需求，核心需求常常是已表露的和為人共知的，而邊緣性需求則常常以潛在的未顯露的形式存在。

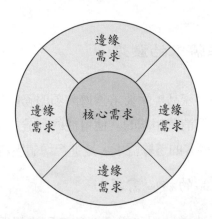

圖11.2 核心需求與邊緣需求

　　服務產品的設計一般是以核心需求爲主要依據，因爲這些需求往往是爲行業所共知的。這就構成了同一行業服務產品的同質性。同質產品如何進行競爭呢？服務組織在確定核心服務的基礎上，再對那些不大爲人所認識到的邊緣性潛在需求進行挖掘，並設計出能滿足此類需求的延伸性服務，這就是服務增值，也構成了同一行業服務產品的異質性。同樣提供某種服務，推行增值服務的服務組織就能使顧客感到此服務不同於「一般服務」，且能從此服務的消費體驗中「得到更多」。如某餐廳在提供福建名菜「佛跳牆」時，服務人員要特意講一段有趣的關於這道菜名稱的由來以及它的特殊做法。顧客品嚐美食後讚嘆道：「此餐廳的『佛跳牆』不同於其他餐廳，不僅品嚐了美味，而且學到許多烹調常識以及歷史典故。同樣的價格，此餐廳的『佛跳牆』就顯得物超所值了。」

　　增值服務設計的思路以延伸產品理論爲基礎，強調對服務產品進行整體分析，區分顧客對服務產品的核心需求與邊緣性需求，並以挖掘和分析邊緣性需求爲線索，尋找可滿足這些邊緣性需求的服務方式和內容，對主體服務產品進行延伸，實現服務產品的完整提供。

二、顧客邊緣性需求的發掘

顧客消費某種服務產品，除要求獲得該項服務能提供的核心功能，還需要得到與此項服務消費相關的其他可能的利益，這些就是所謂的邊緣需求。發現並分析顧客的邊緣需求，是進行增值服務設計的第一步。

（一）界定服務產品的核心需求

在分析邊緣需求之前，服務組織要確定顧客對服務產品的核心需求，即顧客從消費某項服務產品的過程中主要獲得了何種利益。我們在前面章節中所進行的「服務要素組合」設計就是依據核心需求而確定服務產品的主要內容。任何一項服務的提供，都是為了滿足人們一種或少數幾種主要的需求。電話公司的服務主要滿足人們遠程通話的需求，旅遊飯店的服務主要為外出旅行者解決吃、住不便的問題，家庭服務中心主要為上班族解決小孩照料困難的問題等。

界定核心需求可透過行業性調查獲得資訊，或透過有關行業法、行規的定義獲得依據。界定核心需求也就確定了服務產品的主體內容，也為發現與核心需求相關的邊緣性需求創造了條件。

（二）發掘邊緣需求

邊緣需求與核心需求緊密相關。邊緣需求是顧客消費某項服務產品所產生相關性的需求，邊緣需求的內容與核心需求有著必然的聯繫，如顧客在某商店購買大型電器商品，與此項服務相關的邊緣需求便有送貨、安裝以及維修保養等。

發掘邊緣需求，服務組織首先必須樹立顧客導向的觀念。服務組織設計增值服務時，要「設身處地」地從顧客角度來考察服務體驗的過程。

發掘邊緣需求，應考察顧客消費某項服務的需求的多樣性，從多角度來考察服務產品對顧客不同層次需求的滿足度，從中發現可能的尚未滿足的邊緣需求。西方服務業常常從五個方面來分析顧客的需求：

(1)生理上的需求：服務產品能否給顧客帶來生理上的滿足。

(2)安全上的需求：服務產品能否為顧客的人身和財物提供安全保障。

(3)經濟上（工作上）的需求：服務產品能否為顧客節省費用，為顧客從事各種工作性活動提供方便。

(4)社交上的需求：社交是人類天性，服務產品能否為顧客構造社交的環境與氣氛。

(5)心理上的需求：服務產品能否為顧客提供各種心理上的滿足，如個人表現欲、求知欲、好奇心、社會地位的體現。

人們對某項服務的核心需求不可能涵蓋以上所有五個層次的內容。所以發現邊緣需求，可從這五個方面著手，逐一考察顧客在消費服務產品時是否具有相應層次的需求。如提供餐飲產品在滿足顧客生理需求的同時，可進一步考慮顧客是否在社交上、心理上、經濟上、安全上還具有潛在需求。前文所提之「佛跳牆」的案例就是發現了顧客消費餐飲產品的一個邊緣性心理需求——求知欲。國外一家快遞公司利用先進的資訊系統使顧客隨時了解所投遞包裹的位置和狀況，這就是發現了顧客對快遞業務的一項邊緣性需求——安全性和知情權。另外，不同顧客對同一服務產品的個性化需求也是需求分析的一個方向。

發掘邊緣需求，還可從某項服務產品的關聯產品角度去考察。顧客對某項服務產品的需求可能從屬於一個更大範疇的「需求類」，在這個「需求類」中必然有許多其他需求與對該服務產品的需求相關聯。如對銀行信用卡服務的需求，最初僅為存取款和購物支付的需求。而當銀行發現了顧客更大範疇的需求類——個人金融理財需求之後，更多的關聯

性需求也就浮現出來——代理支付各種費用（電話費、保險費等）、銀行轉帳、外匯交易等。

（三）界定主要的邊緣需求

如上文所討論，挖掘邊緣需求可從人們需求的不同層次以及關聯性產品兩條途徑進行。因而，與某項服務產品的核心需求相關的邊緣性需求可能會有很多。服務組織此時是否應將所有挖掘出來的邊緣性需求加以分析並發展相應的增值服務呢？答案是否定的，因為各種邊緣需求的重要性在消費者心目中是不同的。而且開發增值服務是有成本的，還需要考慮競爭因素，所以有必要將挖掘出來的邊緣性需求進行綜合分析，界定主要的邊緣需求，並據此開發相應的增值服務。判斷某種邊緣性需求是否為「主要邊緣性需求」應考慮如下因素：

(1)該邊緣需求在消費某項服務產品的顧客心目中的重要程度。
(2)競爭對手的產品是否已滿足這種邊緣需求。

三、增值服務的形式與服務提供過程

發掘並分析邊緣需求為增值服務設計提供了基本思路，沿著這一線索，服務組織可開發出相應的增值服務。

工業製成品的延伸產品表現為生產過程結束後的附加服務（或售後服務），而服務產品生產消費的同時性則決定了其延伸產品的提供可在服務過程中和服務過程後進行。與延伸產品類同的增值服務亦然。

（一）服務過程中的增值服務

在服務（生產）過程中提供增值服務是服務產品生產獨有的特徵，這與服務產品生產消費的同時性是緊密相關的。服務過程中的增值服務

有兩種形式：

❖ **根據邊緣性需求分析的結果所提供的與消費該服務產品有關的「附加服務」**

　　前文提及的邊緣需求分析爲提供這類附加服務指出了基本方向，服務組織可據此設計相應的增值服務。如前文所提之爲顧客介紹菜餚典故和烹調知識，又如許多國外大商場爲顧客提供照料小孩服務，讓顧客安心購物。

❖ **服務過程中的個性化服務**

　　上一章所討論的個性化服務實質上屬於增值服務的一種形式。個性化服務是在提供標準服務產品的基礎之上，根據不同顧客的個性需求，對服務提供的內容和形式加以個性化的服務。實質上它也是對顧客利益的追加，只是不同顧客得到了不同的「附加利益」而已。

(二) 服務過程後的增值服務

　　服務產品的生產與消費是同時進行的，但並不意味著兩者同時結束。消費結束了，生產過程並未完結，還需要順延一個過程，這是產品的一種延伸，也是增值服務的一種提供方式。服務過程後的增值服務也有兩種形式。

❖ **追蹤服務**

　　在個性化服務一章中，我們已對此深入討論過。利用顧客資訊全程追蹤系統隨時了解客人的狀況，並據此提供相應的服務，如寄送生日卡、禮物、電話問候等。具體內容可參看第十章。

❖ **一站式服務**

　　在某項服務產品提供結束之後，向顧客提供關聯性服務產品。前文提到的大商場銷售大型電器所提供的銷售、安裝、保養、維修一條龍服

務就是一例。有些服務組織甚至把這種服務延伸至「終身服務」。

　　增值服務的形式將日趨增多，但無論其以何種方式出現，其設計原理都是相通的，即增值服務的內容都來自於對顧客邊緣性需求的分析。

第三節　增值服務提供系統

　　增值服務是服務組織增強競爭力的有力武器，但增值服務推行的成功與否還有賴於服務提供系統的支持。服務策略、服務提供系統與增值服務的兼容性是推行增值服務的關鍵。

一、服務策略與增值服務

　　增值服務雖然被認爲是競爭法寶，但它並非是包治百病的萬用藥，不可能適合所有服務組織。不同服務組織可能會採用迥異的服務策略，其策略與增值服務的兼容性也會大爲不同。

　　採用差異化策略的服務組織可充分推行增值服務，因爲差異化策略與增值服務的原則是相通的，都是透過增加產品的附加價值和與競爭對手產品的差異性來加強競爭力。

　　採用總成本領先策略的服務組織則不適合推行增值服務，因爲兩者的目的是相背離的。總成本領先策略的目標是節省成本，勢必簡化生產系統，實行規模化和標準化生產，減少產品的個性化程度和品種，以突出其核心功能。而增值服務則把注意力放到了與核心功能相關的邊緣需求上，力求增加產品的個性化程度和擴大服務範圍。所以採用總成本領先策略的服務組織一般不會採用增值服務的方式。如前面章節所提及的美國西南航空公司，它採用了總成本領先策略，突出其服務產品的核心功能——運送旅客，而撤去了幾乎所有的邊緣性服務，甚至包括機上用

餐。

二、增值服務的提供系統

增值服務的提供系統實質上包含兩個系統，一個是個性化服務的提供系統，另一個是關聯服務產品的提供系統。

(一) 個性化服務提供系統

這已在第十章中詳細討論過。主要需建立的服務系統包括顧客資訊的全程追蹤系統、顧客資訊的傳遞系統，另還需對員工進行充分授權，加強服務第一線的靈活反應度。此外，發展一定程度的自助式服務也可收到效果。

(二) 關聯服務產品的提供系統

這個系統的建立可有兩種方式。其一是服務組織自行建立相關服務產品的提供系統，構成一個提供增值服務的平台。這個平台是以核心服務為中心，可同時提供多種延伸性的增值服務的服務系統。在這個平台上，增值服務的提供與核心服務提供是相兼容的，也是相互補充的。構築這樣一個平台，服務組織可利用現成的核心服務的提供系統，並對其加以改進和完善，使之能同時提多種增值服務。目前，電訊業將有線、無線、數據通信進行整合，向顧客推出具有多項增值服務功能的新型電訊服務產品即為一例。採取這種方式有利於保持增值服務品質的一貫性和服務品牌的一致性，但耗費頗大，有相當大的財務風險。

另外一種方式就是將服務外包（outsourcing）。一個完整的服務產業鏈包括供應、生產、銷售、售後服務等多個環節，不同環節有不同角色參與進行，發揮不同的作用。一個服務組織不可能包攬整個產業鏈的所有環節，不可能在每一個環節上都做得很好。因此，適當地將服務外

包、建立策略同盟也是推行增值服務的可行方式。服務組織與其關聯服務產品的提供者結成策略同盟或達成合作協議，由合作者來完成關聯性增值服務產品的提供。這不失為一種既節省成本又能增加服務附加價值，給顧客帶來方便的做法。但這種做法可能會由於合作協議的不明確和合作雙方服務提供能力的不同，而產生增值服務的品質難以保證的問題。

亞馬遜網路書店的增值服務

　　亞馬遜公司是著名的網上書籍零售商（http://www.amazon.com），成立於1995年。目前公司爲160個國家的8億顧客提供服務，平均每秒鐘可產生20美元的網上銷售額，被人們稱爲網際網路上的「金童」。

　　亞馬遜成功的關鍵在於提供高度的網上個性化服務，增強顧客對亞馬遜品牌的忠誠度。該公司首席執行官杰弗瑞‧貝洛斯認爲過於追求短期效益會令公司忽視對顧客滿意度的關注，從而會影響公司的長遠發展。爲保證公司長期目標的實現，犧牲一些近期利益在所難免。所以亞馬遜公司雖然銷售額以驚人速度增長，而利潤卻增長極爲緩慢。但公司已在網上樹立了良好的品牌形象，這將成爲公司今後發展的主動力。隨著品牌形象的增強，亞馬遜已從起初的書籍銷售發展至多種業務，如影音出版物、軟體、玩具的銷售和網上拍賣。

1.以顧客爲中心的經營哲學

　　亞馬遜的經營宗旨就是爲顧客提供超一流的服務。貝洛斯與他的助手們花了一年多時間來建立爲網站服務的電子數據庫和相應軟體，使網站的界面更加「平民化」、「簡單化」，讓沒有多少電腦知識的顧客都容易接受並能使用。並且，將網上服務個性化，使之更加切合顧客的個性需要，從而增強消費者忠誠度。

2.個性化服務與顧客參與

顧客可有多種方式參與亞馬遜的網上服務，亞馬遜設有一個讀者討論網頁。顧客可在這個網頁上與其他顧客討論對某些感興趣的書籍的看法，也可以網上閱讀其他人對書籍的評論。亞馬遜還有一項「我的書目」服務。顧客可自行列出並建立一個自己喜歡的書目單。如果有人想以書作為禮物送給朋友，則可在朋友的「我喜愛的書目」中選擇。

亞馬遜還針對顧客的個體消費特點提供針對性的服務，特別是給顧客的推薦意見。這些推薦意見的產生來源於兩個方面，其一是顧客以往在亞馬遜購買書籍的記錄，這主要針對老顧客。其二為其他顧客以往的類似購買行為，這主要針對新顧客。亞馬遜為顧客建立了個性化的歡迎網頁，如果老顧客再次光顧網站，歡迎網頁上會顯示出顧客的姓名和根據顧客檔案列出的推薦書目表。亞馬遜允許顧客將重要資訊如個人信用卡記錄、郵寄地址等儲存在公司的加密伺服器上。這樣顧客進行多次購買時就不必重複填寫這類資訊。亞馬遜網頁設計十分個性化，排版清楚、簡潔、易讀、易用，同時盡量少用圖像文件，這樣大大提高了網上瀏覽速度，成為網際網路上登錄最容易、速度最快的網站之一。

亞馬遜的搜尋引擎服務也高度智能化，它可以自動識別拼寫錯誤，並作出修正，並以「您的意思是指……」的方式提醒顧客。如顧客把「service」誤拼為「sevrice」，搜尋引擎會提示顧客：「您的意思是指service？」給顧客帶來極大的方便。

亞馬遜的服務不是被動的「等客上門」，而是積極主動地與顧客保持聯繫。某位顧客較長時間未登錄網站，亞馬遜會發出電子郵件告知顧客新書資訊提醒他們光顧。亞馬遜把顧客當成「亞馬遜社區」的成員，引導他們積極參與「社區活動」。一位顧客很高興地告知公司，在亞馬遜的幫助下，他父親的二十年前就停印的書又被找到了。亞馬遜允許雅虎等網站以超連接形式向其登錄者推薦本公

司的書籍、影音、電子出版物。如果有登錄者透過超連結形式從其他網站購買了亞馬遜的產品，該網站就能得到亞馬遜公司支付的佣金。

　　雖然利潤不甚理想，但這並不影響亞馬遜成為網際網路上最大的書商（85％的市場占有率）。而且亞馬遜已成為世界著名品牌，這為公司的未來發展奠定了良好的基礎。亞馬遜目前64％的營業收入來自重複購買，說明其品牌與服務已成功地攏絡了一個規模極其龐大的顧客群。

　　亞馬遜利用品牌優勢開始拓展自己的服務範圍。1999年3月，亞馬遜進入拍賣領域，成為網上拍賣的重要服務商。另外，亞馬遜還買下了網上寵物零售公司（www.pet.com）50％的股份，部分參股網上藥品零售公司Dragstore.com。亞馬遜未來的目標是建立一個能提供各種服務的one-stop網站，讓登錄網站的各類顧客都能購買自己所需的一切服務與商品。

　　亞馬遜公司為我們展示了一種以個性化服務為主要特點的增值服務形式。顧客購買亞馬遜的產品，獲得的不僅僅是一種書籍的銷售服務，而是獲了遠遠超出這項服務的更多利益，如文中提到的個人喜愛書目的建立、絕版書籍的重新找到，顧客獲得了與書籍購買相關的多種利益。

　　而且亞馬遜公司的未來發展計畫則揭示了增值服務設計的另一條思路──開發關聯產品，成為一個「one-stop」網站。

　　亞馬遜增值服務產品的設計是建立在對顧客「邊緣需求」的認識的基礎之上的。書籍銷售是亞馬遜的核心服務，購買書籍是顧客對這一服務的核心需求。亞馬遜公司把滿足顧客的與核心需求相關邊緣性需求作為增值服務提供的方向。與「購買書籍」這一核心需求相關，顧客需要有一個可方便進行書籍挑選的個性化「個人書目單」，還需要有一個能即時告知新書資訊的「自動提醒」器，有時還想與「書友」聊天。與書籍相關的其他出版物也在他們關心之

列，購書之時「順便」購買其他物品也是一種樂趣，如此種種。亞馬遜公司服務產品的提供，不僅滿足了顧客購書的要求，還為滿足顧客這些與購書相關的邊緣性需求提供了方便。顧客在亞馬遜購書所獲得的服務體驗，遠比一般性的書籍零售服務要豐富得多，從中獲得的利益也遠遠超出了一般服務。在顧客看來，這就是「物超所值」的服務。

參考書目

Bateson, J. E. C. (1983). "The self-service consumer: Empirical Findings." In L. Berry, L. Shostock, & C. Upah (Eds.), *Marketing of Services* (pp. 76-83). Chicago: American Marketing Association.

Bateson, J. E. C. (1985). "Perceived control and the service encounter." In J. A. Czepied, M. R. Solomon, & C. F. Surprenant (Eds.), *The service encounter*. Lexington, Mass.: Lexington Books.

Bitner, M. J. (1992). "Servicescape: The impact of physical surroundings on customers and employees." *Journal of Marketing, 56*, 59-60.

Chase, R., & Stewart, D. (1994). "Make your service fail-safe." *Sloan Management Review*, Spring.

Financial Time, 10th December 1998.

Fitzsimmons, J. A., & Fitzsimmons, M. J. (2001). *Service Management* (3rd ed.). McGraw-Hill, Inc.

Gronroos, C. (1990). *Service Management and Marketing*. Lexington Books.

Hackman, R. J., & Oldman, G. (1980). *Work design*. Addison-Wesley.

Hayes, R. H., & Weelwright, S. C. (1984). *Restoring our competitive edge*. John Wiley.

Heskett, J. L., Jones, T. O., Loveman, G. W., Sasser, W. E., Jr., & Schlesinger, L. A. (1997). *The service profit chain*. The Free Press.

Hill, T. (1993). *Manufacturing Strategy* (2nd ed.). Macmillan.

Kimes, S. E., & Mutkoski, S. A. (1991). "Customer contact in restaurants: An application of work sample." *Cornell HRA Quarterly*, May, 82-88.

Kimes, S. E., & Sinha, K. K. (2000). "Design and delivery of electronic services: Implication for customer value in electronic food retailing." In J. A. Fitzsimmons, & M. J. Fitzsimmons (Eds.), *New service develop-*

ment: Creating memorable experiences. Thousand Oaks, Calif.: Sage Publications.

Kingman, J. (1989). "The ABCs of service system blueprinting." In M. J. Biterner, & L. A. Crosby (Eds.), *Designing a winning service strategy.* Chicago: American Marketing Association.

Lovelock, C. H. (1983). "Classifying services to gain strategic marketing insights." *Journal of Marketing, 47*, 12.

Maguire, J. (2000). "Operations management, service designing, planning and controlling." Module guide for MBA programme in Sunderland Business School

Obborne, D. J. (1995). *Ergonomics at work* (3ed ed.). John Wiley.

Parasuraman, A., Zeithaml, V. A., & Berry, L. L. (1988). "SERVQUAL: A multiple-item scale for measuring consumer perceptions of service quality." *Journal of Retailing, 64*, 38-40.

Porter, M. (1985). "Competitive Strategy." In *Competitive advantage: Creating and sustaining superior performance.* New York: Free Press.

Rubenowitz, S. (1992). "The role of management in production units with autonomous work groups." *International Journal of Operation and Production Management, 12*(7/8).

Slack, N. (1998). *Operations management* (2nd ed.). Prentice Hall.

Tooher, P. (1996, March 31). "Eddie and his clean machines." *Independent.*

Walley, P., & Hart, C. (1993). "IKEA (UK) Limited." Loughborough University Business School, Modified by John Maguire in Sunderland University Business School in 1994.

Wemmerlov, U. (1990). "A Taxonomy for service process and its implication for system design." *International Journal of Service Industry Management, 1*(3),29.

Wit, B. D., & Meyer, R. (1998). *Strategy-process, content, context* (2nd ed.). International Thomson Business Press.

Zeithaml, V. A., Berry, L. L., & Parasuraman, A. (1988). "Communication and control process in the delivery of service quality." *Journal of Marketing, 52*, 36.

藍伯雄、程佳惠、陳秉正（1997）。《管理數學（下）——運籌學》。北京：清華大學出版。

服務產品設計

餐旅叢書

著　　　者／陳覺

出　版　者／揚智文化事業股份有限公司

發　行　人／葉忠賢

總　編　輯／林新倫

執行編輯／晏華璞

登　記　證／局版北市業字第1117號

地　　　址／台北市新生南路三段88號5樓之6

電　　　話／(02)2366-0309

傳　　　眞／(02)2366-0310

E - m a i l ／service@ycrc.com.tw

網　　　址／http://www.ycrc.com.tw

郵撥帳號／19735365

戶　　　名／葉忠賢

印　　　刷／鼎易印刷事業股份有限公司

法律顧問／北辰著作權事務所　蕭雄淋律師

初版一刷／2004年10月

定　　　價／新台幣450元

I S B N ／957-818-678-9

◎本繁體中文版由遼寧科學技術出版社授權出版發行◎

國家圖書館出版品預行編目資料

服務產品設計 / 陳覺著. -- 初版. -- 台北市：揚智
文化, 2004[民93]
　　面；　公分. -- （餐旅叢書）
參考書目：面
ISBN　957-818-678-9（平裝）

1. 服務業　 - 管理

489.1　　　　　　　　　　　　　　　93017384